国家科学技术学术著作出版基金资助出版
重庆市出版专项资金资助项目

胡斌
陈蔚 著

明清"湖广填四川"移民会馆建筑研究

MINGQING
HUGUANG
TIAN
SICHUAN
YIMIN HUIGUAN
JIANZHU YANJIU

重庆大学
出版社

内容简介

本书从明清入川移民史研究入手,以与移民社会生活关联性最强的移民会馆建筑为研究对象,采用历史文献梳理、数据分析、田野调查、比较研究等方法,从绪论开篇,以会馆文化与会馆建筑形制及其嬗变、"湖广填四川"移民与四川地区移民会馆空间分布、移民会馆与清代四川城镇聚落空间与景观构建、四川地区移民会馆建筑营造地域特色、移民建筑文化与四川会馆建筑、四川地区会馆观演空间与戏台的阐述顺序,梳理总结出明清时期长江上游区域经济、政治、文化发展作为时代性背景的移民活动及移民性社会影响下的四川地区城市、城镇、村落和建筑文化生态整体发展的基本脉络,指出这种潜在的移民文化基因,已经成为四川(巴渝)地区建筑文化地方性特征的重要内容和表现形式之一,在今天的遗产保护、文化传承、建筑创作中都应该关注和理解它。

图书在版编目(CIP)数据

明清"湖广填四川"移民会馆建筑研究 / 胡斌,陈蔚著. -- 重庆:重庆大学出版社,2022.11

ISBN 978-7-5689-3441-1

Ⅰ.①明… Ⅱ.①胡…②陈… Ⅲ.①会馆公所-古建筑-建筑艺术-四川-明清时代 Ⅳ.①TU-092.4

中国版本图书馆CIP数据核字(2022)第118051号

明清"湖广填四川"移民会馆建筑研究
MINGQING "HUGUANG TIAN SICHUAN" YIMIN HUIGUAN JIANZHU YANJIU

胡 斌 陈 蔚 著

责任编辑 张 婷
责任校对 王 倩
版式设计 张 婷
责任印制 赵 晟

重庆大学出版社出版发行
出版人:饶帮华
社址:重庆市沙坪坝区大学城西路21号
邮编:401331
网址:http://www.cqup.com.cn
印刷:重庆升光电力印务有限公司

开本:787mm×1092mm 1/16 印张:16.75 字数:400千
2022年11月第1版 2022年11月第1次印刷
ISBN 978-7-5689-3441-1 定价:146.00元

本研究受到国家自然科学基金
面上项目（51878083，52278004）资助。

前　言

社会实在在任何时空场景下都是整体呈现的，而不依从于解释水平。

——杜瓦斯

会馆是在中国封建社会的中晚期出现的分布广泛、数量众多，并且曾经发挥过重要作用的基层民间社会组织形式之一。它是"馆"的一种特殊形式，兴起于明代，盛行于清代，至民国后逐渐退出历史舞台。会馆的演变及其长时期的繁荣昌盛与中国封建社会后期人口的杂居化分布，传统农耕乡土社会结构的演变和四民群体的时代变迁都有十分密切的关系。它从单纯的同乡互助性质的义举，在更加广泛的社会历史背景下，逐渐演进成为一种较具适应性的社会管理模式。它的发展演进历史性地反映了中国传统社会管理体制的特点——基层的自治与中央集权的间接控制相结合的管理体制对社会形势变迁的不断适应。而在不同时期不同地区的城市与集镇，因为社会政治、经济、文化环境的不同，会馆设会目的的不同、服务人群的差异，会馆类型也表现出极大的差异性。

明清以来，由于受到"湖广填四川"大移民系列历史事件的影响，四川乃至整个西南地区人口迁徙流动幅度之大、涉及人数之多、时间之长，在中国古代历史上是少有的，移民成为区域社会政治、经济和文化发展与内外交流的重要载体。会馆作为各籍移民同乡聚会联谊和商议之所，从物质空间生产角度，对移民社会的形成、稳定和发展起到了阶段性举足轻重的作用，是四川地区移民社会最具代表性的物质见证；并且，会馆建筑以其突出的公共建筑形象，成为明清时期四川传统城镇聚落文化景观最重要的组成部分之一，有着深厚的历史文化价值和建筑艺术价值。而目前四川各地保留下来的一百多处会馆历史建筑遗存，正是我们深入理解这种类型建筑，进而研究清代四川地区传统聚落和建筑整体特征最重要的历史标本之一。

与其他类型建筑不同，会馆建筑作为产生并盛行于明清的公共性建筑之一，一方面受到自身产生的历史文化背景的制约，另一方面还承担着文化保持和传承的作用。这些因素都会对建筑空间、形态和技术产生影响。四川地区会馆建筑既物质化地表明了会馆所承担的社会、文化功能的意义，也从一个侧面反映出明清以来各方移民文化在四川地区所处状况和它们所经历的发展演变过程。对它的认识和探索是从更深层文化含义理解四川地区传统建筑文化谱系来源和南北杂交性特征的重要途径。这种认识基础对于我们全面理解四川文化所具有的多元性、变通性、务实性特征也有很高价值，进而对认识"四川人"有更加正面的推动意义。而以对特定历史时期典型性类型建筑研究为出发点，旨在从点到面展开对地区建筑历史整体面貌和精神内核的研究，也拓展了地区建筑史学研究的视野和方法论。

本书从以下几个主要部分就明清"湖广填四川"移民社会与会馆建筑文化的整体形态进行研究。

从历史学、社会学的角度，阐释我国会馆文化内涵与四川地区会馆文化的区域特征以及与本地区人文历史环境的关系。会馆从移民团体自发形成的民间互助机构发展到后来广泛介入地方公共生活，对社会有较大影响的公共性民间组织，其背后的历史和社会文化根源是其决定性力量。要完整剖析清代四川传统城镇中这种典型的"半公共性空间和建筑类型"的建筑本体意义和深层的文化价值、历史意义，跨学科和宏观视角是本研究的基础。

从文化地理学的角度，利用翔实的原始文献资料和田野调查数据，借助统计学和图像分析方法，就四川地区会馆类型、数量、时间等的空间分布状况以及反映出来的文化问题进行剖析。从分析移民迁徙的路线和各籍移民分布的空间状况出发，揭示移民与会馆分布之间的历史关系。

从空间生产的角度，在详细考察会馆建筑在城镇中的选址和分布状况基础上，将会馆在空间地理分布上的特征、会馆建筑在城镇中的选址策略与对明清时期四川城镇聚落的景观形态特征和空间结构的形成及精神空间的构成研究结合起来，分析会馆建筑作为移民利益团体的"物质和精神象征物"在清代四川传统城镇聚落物质空间结构形成和演变过程中举足轻重的作用和方式。揭示隐匿在城镇形态和物质空间结构背后的社会力量、经济力量和文化观念。

从环境适应论、文化决定论和文化传播学等多个角度，结合大量的实地测绘资料和模型分析，对四川地区会馆建筑在形态学层面的"地域性和地缘性"特征，以及在装饰艺术和营建技术等各个方面的表现进行综合系统研究。通过数十个现存的不同类型、不同地点的会馆建筑实例的多角度比较，主要以多方移民集中性迁入、长期商品贸易所引起的多元文化交融和文化要素迁徙流变的时代性和地方性机制，以及在会馆建筑中呈现出来的多样表现形式进行剖析，揭示明清时期的四川文化作为汇聚四方文化精神的杂交型文化形态，如何在人类最重要的物质产品之一建筑的层面，尤其是移民会馆建筑中体现出这种独特的文化"水库效应"。

目 录

第1章　会馆与会馆建筑基本形制及其嬗变

会馆，《辞海》释义为"同籍贯或同行业的人在京城及各大城市所设立的机构，建有馆所，供同乡同行集会、寄寓之用"[1]。就单字看，"会者，会面聚合之意；馆者，指接待宾客的房舍以及公共娱乐、饮食旅居之场所"[1]。在中国历史上，会馆和会馆建筑有明确的使用上和形态上的特指性，远超过单字的简单组合。就其意义的复杂性，目前学界普遍认可具有代表性的解释有以下几种："会馆是一种地方性的同乡组织，创建会馆的目的在于'以敦亲睦之谊，以叙桑梓之乐，虽异地宛若同乡'"[2]；"会馆是明清时期异乡人在客地建立的一种社会组织，它产生于明朝建都北京之后，发展于明朝中叶嘉靖、万历时期，并逐渐在全国的通都大邑兴起，清朝已达到它的兴旺时期，差不多有异乡人聚居较多的地方，就有会馆的出现"[3]；"所谓会馆，系寓居异乡城市中同一乡贯的官绅商民所建的馆舍，这是中国封建社会中后期，由于商品经济不断发展，外出商民不断增加，城市中土著与非土著矛盾日渐加剧而出现的一种封建组织"[4]等。其中第一、第二两种定义主要从移民同乡联络乡谊的角度思考会馆的组织意义，代表了会馆最初的起源。而第三种定义主要从中国商品经济萌芽与商人移民群体的利益维护角度分析会馆这种中国特殊的前商业行会组织的意义，代表了会馆发展后期的主要特征。综合来讲，会馆是出现于中国封建社会中晚期，侨寓的同乡或同业人员为联络乡谊和维护共同利益，由民间倡议建立的，在城镇商品经济发展和各类社会公共事务中都发挥过积极作用的基层民间社会组织和建筑类型。会馆具备馆所建筑并遵守各自公约规制。

1.1　会馆的起源

会馆的出现究竟始于何时呢？《辞海》中的会馆条目引用了明人刘侗、于奕正所著《帝京景物略》的观点："……尝考会馆之设于都中，古未有也，始嘉、隆间。"[1]此书也是目前学界认可的提及会馆较早的史料。因此学界普遍认为，我国会馆的出现大约始于明代嘉靖、隆庆年间，但具体日期已不可考[1]。究其兴起之根源，说法众多，王日根先生在其著作《中国会馆史》提出，"会馆的出现首先是作为流寓士大夫的乡聚组织，后渐渐服务于科举，服务于工商"[5]。此观点基本涉及会馆起源之主要因素和组织方式的基本特征，史料依据主要是对北京会馆起源之考证，代表了目前学界会馆源自京城试馆这一主要观念。但是，这种说法在解释为何会馆这种社会组织和建筑形式在明清短短几百年时间在中国各地城镇如此普及，又伴随我国封建时代的结束在民国中期以后迅速退出历史舞台，其背后更为广大的政治、经济和文化根源层面还略显不足，尤其是更为隐秘的民间社会复杂混

1　近人瞿兑之在《北平湖广会馆志略后记》一文中说："京师之有会馆，昉于汉之郡邸。""推其原始者，或云永乐已有之。"与刘侗资料在年代上有差异。

乱的祀神文化、商人文化、帮会文化对会馆起源的影响几未涉及。在综合目前最新研究成果和大量有关地方性会馆起源的史料基础上，结合词源学角度的理解，本文对中国会馆之缘起从以下层面予以分析。

1.1.1 会馆与馆

"馆"字，在许慎的《说文解字》中注云：客舍也，从食官声；"接待宾客、寓居的房舍"[1]。"馆、驿、舍和店"四大类，是中国古代在不同时期、不同类型的提供饮食旅居建筑的称谓。馆在中国出现最早为官办。《周礼》记载："凡国野之道，十里有庐，庐有饮食；三十里有宿，宿有路室，路室有委；五十里有市，市有候馆，候馆有积。"由此可见，早在周代，便有了专供朝聘之官旅途食宿的驿馆。《诗经》和《左传》的记载证实，战国时期馆舍已经普遍使用。《诗经·郑风·缁衣》中这样描述："适子之馆兮。"《左传·襄公三十一年》记载："是以令吏人完客所馆，高其闬闳，厚其墙垣。"汉时的邸（客馆）专供进朝觐拜的官吏居住，属于较高贵的食宿场所，也为官办。如汉长安藁街的蛮夷邸，归属九卿之一的大鸿胪管辖，专门接待外国商贾和官吏。北魏孝文帝从平成（今大同）迁都洛阳之后，在皇城之南曾建造四夷馆，分别为扶桑馆、崦嵫馆、金陵馆、燕然馆，用以招待临时来自东西南北的外族或外国宾客使臣。沿袭这样的做法，四方馆和鸿胪客馆成为隋唐时期接待与管理四夷贡使的馆舍与机构，同时还有吏部所设的进奏院。到宋代建有都亭驿、都亭西驿、礼宾院、怀远驿、同文馆以及朝集院等。辽南京（今北京）科举昌盛，官办馆驿也相当发达，除陪都殿东招待使臣的永平馆外，北门外有望京馆，至古北口，中途设有金沟馆。出古北口至中京，中途设有新馆、卧如来馆、柳河馆、打造部落馆、牛山馆、鹿儿峡馆、铁匠馆、富谷馆、通天馆。馆与馆之间距，少则20公里，多则40公里，为人所能承受。这些馆为往来使臣、客商、举子提供了寄宿条件。元明时期建有"会同馆"；清代建"会同四译馆"等。

除以上官办渠道的馆舍外，汉文帝以后，民间因商贸或者集会议事等所需，在一些商业发达、商人较为集中的城市，以商人为主体也逐渐兴起一种被称为"郡邸"的建筑类型，与会馆的某些功能颇有相似之处，但并不普及，并随着封建政权继续推行重农抑商的政策逐渐式微。南北朝之后，由于各地交流往来增多，民间开办的旅馆成为街市上为普通来往旅者提供食宿服务的地方，它们一般被称为邸店、客店、食店、旅店等。宋孟元老所著的《东京梦华录》中这样描述：北宋都城汴梁城内，州桥东街巷迄东，沿城皆客店，南方官员商贾兵役，皆于此安泊……此时还出现了服务专门类型客人的客店。宋《为政大要》中载："茶坊、酒肆、妓馆、食店、柜坊、马牙、解库、银铺、旅店，各立行老……"《居家必用事类全集》辛集中也有关于旅店的记载："司县到任，体察奸细、盗贼、阴私、谋害、不明公事，旅店各立行老。"可以看出这已经是兼具堆货和商店、客舍性质的市肆。但即使如此，民间却少于对馆的直接使用。由此可见，馆固与店、舍同类，但是在使用上有差异。馆一般是作为官方开办的高级专门性接待及管理场所而存在，如馆驿[6]、馆第（府第）[6]以及夷馆等。它的规模等级较高、功能更加综合多样并且有固定房舍建置。主要功能包括"接待、食宿、娱乐外以及办公、议事甚至学校等"[7]，后者最著名的就是明朝的"四夷馆"。

　　除了从典型使用功能的角度对馆的定义,在历史语境上不可忽略的是另外一些馆的出现。如司马相如《上林赋》中"离宫别馆,弥山跨谷"所描述的馆是指专为诸侯国君们游乐狩猎时临时驻跸使用的;而颐和园中的听鹂馆、园林中的馆,仅指精巧的单体建筑。可见馆者,并没有严格的类型界定,使用和形态上的随意性很大。

　　明清时期,会馆的出现是馆在类型上的发展。这一点,20世纪刘致平先生在其著作《中国建筑类型及结构》中就曾概括性地提出:"在早间很多的馆是用作招待宾客的地方,像诸侯外宾朝贡,各地行旅宿食地全设有馆,如四方馆、宾馆等。明清以来各地的会馆是馆的较大形式。"[8]之所以进一步得出这样的结论,原因在于从会馆的基本使用功能分析,它作为异地同乡停留寓居之所,所提供的接待留宿、议事宴饮等服务与馆驿无异。这一点,在目前留存下来的某些会馆建筑布局中还可窥一斑。从大量史料看出,会馆虽由民建,却是地区势力的代表,更加上其中官宦势力的存在和影响,使它具备更多的底气。会馆大多数建造精巧、嵯峨、雄伟,配得起"馆"之称谓。史料记载会馆可以被借用做官家驿馆使用,据《成都掌故》描述:"成都燕鲁公所是燕(亦称冀,河北省)、鲁(山东省)两省合建的会馆,它规模大,式样亦好。清代,皇帝派来主持乡试的正、副主考官到成都,地方行政官员为他洗尘,饯行和'做生'(四川方言,指庆贺生日),都在这里举行。"后期,不少京官到地方巡行由会馆直接留宿接待。历史上还发生了清末京官端方巡视重庆住在湖广会馆,几乎被反清的民众活捉的事件。

　　但是会馆与驿馆、夷馆等在设立之初还是有明显的区别,最核心在于对服务对象的选择和要求。店对所有旅客开放,基本不论身份;驿馆、夷馆主要为官方的公务人员及其亲属服务;会馆则仅供同乡、同籍、同业者联络聚会或寄寓。地缘和业缘是会馆建立之基础,由此,会馆的使用范围有限制,管理也较为严格。明人刘侗、于奕正所著《帝京景物略》卷之四中有《嵇山会馆唐大士像》一文中就说:"……盖都中流寓十土著,游闲屃士绅……用建会馆,士绅是主,凡入出者门者,籍有稽,游有业,困有归也。"也就是说,入住会馆,需要查清籍贯,是否属于同乡,流动的是否有正当的行业。从这个角度可以看出,会馆自开始就具有一定的组织性,它的非营利情况使它已经迥异于普通意义上的旅馆客店。在这一点上看,它应该是从历史上有类似功能萌芽的特殊性机构逐步发育而来的。例如,汉代京城长安已有的外地同郡人的邸舍,唐代在京师为吏部所设的进奏院(专为各省、州、府官绅来京居住之用),宋代在京师为同乡人所设的朝集院及南宋杭州专为外郡同乡人谋利益的场所等。其产生的核心都在于:专门的人群使用、基于特定关系的互助性行为,既有公益性方面也有基于建立利益共同体(社会关系网络)的意向。它是费孝通先生在《乡村经济》中提出的中国传统乡村社会层级结构在异地和不同社会人群(普通同乡、官僚阶层、商人阶层)的发扬。最初的会馆可能存在于商旅往来颇多的京城和各地主要城镇,以提供同乡商贾之间的互助联络为主,规模影响都比较小,也并不普遍。到了明代中叶以后,正式命名的会馆和会馆建筑作为独立的基层社会组织形式和建筑类型出现了。以此为认识基础,历史上第一处会馆到底是京城赶考同乡举人寄宿之所还是同乡商人集会聚集之所就不那么重要了。

1.1.2 会馆与会

如果说，会馆与馆的关系主要从使用功能考证其联系，那么会馆中作为定语的"会"进一步明确了会馆是"为一定目的而成立的团体或组织"[6]。它是会馆产生之真正的思想和精神根源。京城和大中城市中的会馆源于社会中上阶层互利互惠的积极愿望，其目的指向性明确，而地方城镇乡村的会馆，它们在组织建设过程中，行为仪式的安排上与地方名目繁多的"会"就有千丝万缕的联系。可以推论这些会馆在建立之初是直接借鉴了民间结社集会的基本形式，会馆中独特而固定的神灵崇拜也是源于中国地方社会广泛流传、延绵不绝的浓厚的民间宗教和信仰传统。这一体系代表了以普通中下层民众为主体的阶层的所喜所惧、所依所持，有自己喜闻乐见的形式和内容，进而影响着各个地区的民风民俗和生活行为习惯。

在中国供奉神灵、纪念先祖、祭祀先贤有着久远的传统。历朝历代各地都有国立、官立的宫观神庙以及不可胜数的民间所建的祠庙，所祭祀的对象按照功利原则因人因地而异名目繁多。传统神庙中的神灵主要分为四大统系：最重要的是宗教性神灵系统，包括道教神系和佛教神系；其次是最具有中国传统文化习俗特色的政统神系和民俗神系。前者主要分自然神和人格神，自然神如天、地、日、月、星辰、五岳、四镇、四渎、风雨雷电等；人格神如伏羲、女娲及尧舜禹汤等前代帝王，以及一些文臣武将、义士孝妇和烈女等。后者大致分自然神，如山、林、水、花神等；动物神，如狐仙、马王、牛王等；物品神，如床、门、灶、井神等；人格神，如大郎、小郎、仙姑、仙师等；行业神如鲁班、药神、戏神、狱神、窑神等。另外还有盛行于各地的地方性先贤神，如黑神、帝主等地方性先贤人物。

对于前两种系统有专门的寺院、道观供奉。后面几类或者得到国家认可得以普遍崇祀，如天地、五岳等；或者随着时代发展因统治者宣扬主流道德观念、树立社会道德典范的需要，有些祭祀对象的地位还被不断提升，如文圣孔子、武圣关羽、天后林默等。而民间社会祭祀拜神之风，有聚众滋事、传播不利言论和异教邪说之嫌，历代朝廷多以淫祠加以取缔，不予鼓励。另外，出于对以血亲关系发展起来的宗族地方势力扩张的担忧，清乾隆以来，朝廷对那些并非人人可远溯同一祖先的拟血缘同姓联宗和异姓联宗，进行严厉谱禁与祠禁，认为其是造成伦理秩序破坏和聚众借势的祸端。虽然如此，民间设会结党之风却屡禁不止，至明清以后愈烈，为躲避禁令和迫害往往以其他形式避难。例如，乾隆三十七年（1772年）广东巡抚张彭祖奏请朝廷取缔禁毁当地的拟血缘联宗祠堂，一时间，广东各地联宗祠纷纷改名书院或书室避难，明其志为照顾族人科举服务[9]。从这种历史背景可以想见，会馆的出现实际上在一定程度上变相地承担了各地民间地区性集体宗教活动和建立社会团体的需要，它的兴盛除了经济原因，还与清代中后期政府对民间宗教信仰所持的一种逐渐开放的态度有关。

从会馆供奉的神灵类型可以看出，它既包括宗教神系和政统神系中的典型性人物，如道教许真君、佛教南华老祖、先贤关羽大禹等，也涵括了民俗神系中的行业神和地方先贤神。从这个角度来看，中国会馆的文化精神根基要远早于明清，应该与历史悠久的民间行业神崇拜和地方先贤崇拜有直接的关系。如果以此为思路，我们可以更好地理解庙馆合一和宫馆合一的现象，进而推断出行业会馆与唐宋时期即出现的行业祠庙，如药王庙、蚕业祠的关系，以及移民同乡会馆和地方性集体圣贤崇拜之间的关系。如湖广会馆禹王宫可能脱胎于历史更为悠长的禹庙，江西会馆万寿宫可能脱胎于明代兴起的万寿寺，四川会馆川主庙脱胎于秦代以来即兴建于四川各地的李冰庙、二王庙等。

因此，大量散布各地的会馆，其起点绝非单纯从京城传入各地，而是在明末清初，中国民间市民社会发育前期，新兴的社会阶层对社会公共生活的一种自下而上的自发性的组织行为。它以地方小众神灵信仰和会为基础。通过研究会馆祭祀功能的形成和祭祀模式和地方神灵崇拜之间的同源关系可以得出更加详尽的结论。而这种起源说也可以佐证为什么在某些地区，如四川地区，会馆多数不称会馆，而多称宫、庙；也或可以解释为什么明清时期会馆在中国地方社会分布如此之广，会馆的兴建如此之盛。

1.2　会馆发展演变与类型特征

会馆在全国范围内的逐渐兴起始于明后期至清代康乾、咸同年间发展至顶峰。在地域分布上遍布全国并波及海外，北至东北、今内蒙古等地，南至闽、桂、越、台，东至沿海，西至甘肃、康藏、青海及新疆等地区都有会馆存在。与此同时，各地会馆数量虽不均，但是总量惊人。据统计，政治中心北京曾有会馆共计567处[1]，比较集中的前门地区就有86所[2]（图1.1）；明清江南商业中心苏州城"为东南一人都会，五方商贾，辐转云集，百货充盈，交易所得，故各省郡邑贸易于斯者，莫不建立分馆"[10]，共有会馆公所48处[3]。各省省会及中心城市大量兴修会馆，每城会馆数量多达几十所。如河南全省会馆总计约200余所，省城开封从顺治年间开始各省商人相继集资建造会馆，先后有山西会馆、山陕会馆、浙江会馆、覃怀会馆、福建会馆、两广会馆、安徽会馆、两湖会馆、山东会馆、云贵川会馆、洇水会馆11所会馆建筑[4]。广西全省各府有会馆205所，其中桂林府就有68所[5]（表1.1）。清代云南府、直隶州（厅）城镇会馆计299所[6]（表1.2）。贵州全省仅江西会馆有172处，它们多被称万寿宫、仁寿宫，也称水府祠、昭武馆、旌阳祠等（表1.3）。其中处于滇黔驿道的大约有48座，处于水陆码头城镇的有55座，占全省总数的四分之一到三分之一[7]。清军平定准噶尔部与大小和卓叛乱后，清政府为了恢复经济，在新疆开放商禁，允许内地商人到新疆长途贩运。清代陕西商人的足迹遍布天山南北的各个主要城镇，为了推进他们的商贾事业，陕西商人在新疆各地都建有陕西会馆（表1.4）。

---

1 数据来源：胡春焕，白鹤群.北京的会馆[M].北京:中国经济出版社，1994.

2 数据来源：《顺天府志》《京师坊巷志坊》《都门纪略》等书的记载，转引自《前门地区的会馆建筑》。

3 数据来源：江苏省博物馆.江苏省明清以来碑刻资料选集[M].北京：三联书店，1959.

4 数据来源：王兴亚.清代河南的商业会馆[J].中州学刊，1997（6）：121-124.

5 数据来源：侯宣杰.清代以来广西城镇会馆分布考析[J].中国地方志，2005（7）：43-53.

6 数据来源：马晓粉.清代云南会馆研究[M].成都：西南交通大学出版社，2019.

7 数据来源：李储林.明清贵州江西会馆地域分布及形成机制探析[J].建筑结构学报，2015，32（2）：80-83.

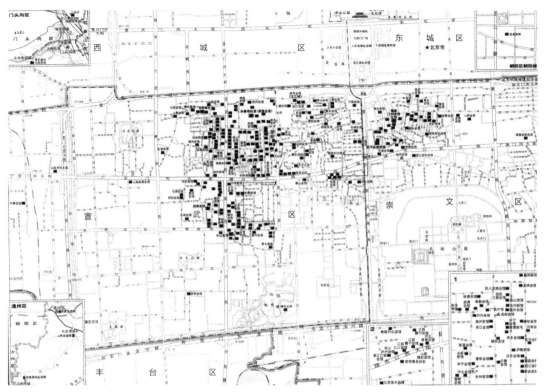

图 1.1 北京前门地区历史上的会馆分布图

图片来源：罗虹.北京会馆建筑遗存研究[D].北京：北京建筑工程学院，2004.

底图来源：《中国文物地图集 北京分册（上）》（京S〔2008〕030号）

表 1.1 清代广西各地会馆分布与数量统计表

	广东籍会馆	湖南籍会馆	江西籍会馆	福建籍会馆	其他省籍会馆	小 计
桂林府	11	22	21	1	13	68
平乐府	14	5	3	3	3	28
梧州府	14	—	—	—	2	16
郁林府	3	—	—	—	—	3
浔州府	7	—	—	—	—	7
柳州府	11	6	5	1	5	28
庆远府	4	3	1	1	2	11
思恩府	3	1	1	1	4	10
南宁府	10	1	1	1	6	19
太平府	7	1	—	—	—	8
镇安府	2	—	—	—	—	2
泗城府	5	—	—	—	—	5
合 计	91	39	32	8	35	205

资料来源：侯宣杰.清代以来广西城镇会馆分布考析[J].中国地方志，2005（7）：43-53.

表 1.2 清代云南府、直隶州（厅）城镇会馆分布与数量统计表

府州\会馆	云南府	大理府	临安府	楚雄府	澄江府	顺宁府	丽江府	曲靖府	普洱府	永昌府	昭通府	东川府	开化府	广南府	其他
省外	16	12	18	13	1	15	5	11	5	14	63	23	22	15	23
省内	2	3	3	0	0	4	0	0	2	7	0	0	0	0	0
行业	10	1	0	1	0	0	0	0	0	2	3	0	0	0	0
合计	28	16	21	14	1	19	5	11	7	23	66	23	22	15	23

资料来源: 马晓粉.清代云南会馆研究[M].成都:西南交通大学出版社,2019.

表 1.3 清代贵州江西会馆分布与数量统计表

序号	分布		数量	序号	分布		数量
1	贵阳市	云 岩	1	22	黔东南苗族侗族自治州	黎 平	2
2		花 溪	2	23		榕 江	2
3		开 阳	1	24		从 江	2
4		修 文	4	25		丹 寨	2
5		息 烽	2	26		镇 远	4
	合 计		10	27		凯 里	1
6	毕节市	织 金	1	28		黄 平	7
7		黔 西	8	29		岑 巩	7
8		七星关	1	30		麻 江	4
9		威 宁	1	31		雷 山	1
10		金 沙	2	32		三 穗	3
11		赫 章	1	33		剑 河	3
12		大 方	1	34		台 江	1
	合 计		15	35		天 柱	2
13	遵义市	正 安	1		合 计		41
14		遵 义	2	36	安顺市	西 秀	5
15		桐 梓	4	37		镇 宁	1
16		绥 阳	1	38		紫 云	1
17		仁 怀	5	39		关 岭	1
18		赤 水	2	40		普 定	1
19		道 真	1	41		平 坝	3
20		务 川	1		合 计		12
21		湄 潭	9	42	黔南布依族苗族自治州	都 匀	4
	合 计		26	43		贵 定	2

续表

序号	分布		数量	序号	分布		数量
44		独 山	2	57		思 南	2
45		龙 里	4	58		玉 屏	4
46		福 泉	1	59	铜仁市	江 口	4
47	黔南布依族苗族自治州	三 都	1	60		印 江	1
48		惠 水	3	61		德 江	2
49		荔 波	1	62		沿 河	1
50		长 顺	4		合 计		24
51		瓮 安	4	63		兴 义	3
	合 计		26	64		兴 仁	3
52	六盘水市	六 枝	4	65		册 亨	2
53		盘 县	2	66	黔西南布依族苗族自治州	晴 隆	1
	合 计		6	67		普 安	1
54		石 阡	4	68		安 龙	1
55	铜仁市	碧 江	2	69		贞 丰	1
56		松 桃	4		合 计		12
			总 计				172

资料来源：李储林.明清贵州江西会馆地域分布及形成机制探析[J].建筑结构学报,2015,32(2):80-83.

表 1.4　清代新疆地区山陕及陕西会馆分布与数量统计表

地 点	会馆名称	创建及沿革
乌鲁木齐	关帝祠	不详
巴里坤	山陕会馆	不详
乌鲁木齐	乾州会馆	建于老东门
玛纳斯	陕西会馆（会宾馆）	建于光绪十九年（1893年），供文王周公
奇 台	陕西会馆	建于清末，砖石结构，有门楼、戏台、大殿、钟鼓楼

资料来源：李刚，袁娜.论清代陕西商人在新疆的活动及其会馆建设[J].新疆大学学报:哲学·人文社会科学版,2006.

　　商帮的发育也使得明清以来商人群体将会馆这种形式带到全国各地。如清乾隆年间泌阳县《重修关帝庙碑文》称:"秦晋商人贾中州甚伙,凡通都大邑皆会建关帝庙。"根据相关研究统计,我们可以大致看到其分布状况（图1.2、表1.5）。

　　不仅大城市会馆林立,那些处于区域水路交通线上枢纽位置的商贸集镇以及拥有独特资源产业的城镇,一时间也是会馆众多,不胜枚举。根据张笑楠的研究,"河南省位于水陆交通要地的商贸城镇,如洛阳、周口、社旗、朱仙镇、北舞渡、荆紫关等地,都拥有大量会馆",总计超过百所[1]。江苏淮安地处黄、淮、运三河交汇处,是南北要冲及大运河航道上重要的河、漕、盐关重

---

1 数据来源：胡春焕,白鹤群.北京的会馆[M].北京:中国经济出版社,1994.

地，清代曾建有10座会馆（表1.6）。湖南省怀化洪江镇，地处西南同华南交界的水陆交通要道上，是湘西南重要驿站和繁华的商埠，全国竟有10省20府80余县先后在洪江建立会馆多达数十所。徐州窑湾古镇西依大运河，东临骆马河，在清代至民国年间，曾设有"山西、山东、福建、江西、河南、河北"等八省会馆。辽宁海城的会馆多建于清康乾时期，主要有建于海城城内的山西会馆、山东会馆[乾隆元年（1736年）]、直隶会馆[康熙四十四年（1705年）]，建于牛庄城内的冀兖青扬会馆，建于腾鳌镇内的山东、山西、直隶三省会馆[乾隆元年（1736年）]。在不同时期和不同地区，由于社会政治、经济、文化环境的不同，会馆设会目的的不同，服务人群的差异，会馆的类型也多种多样。

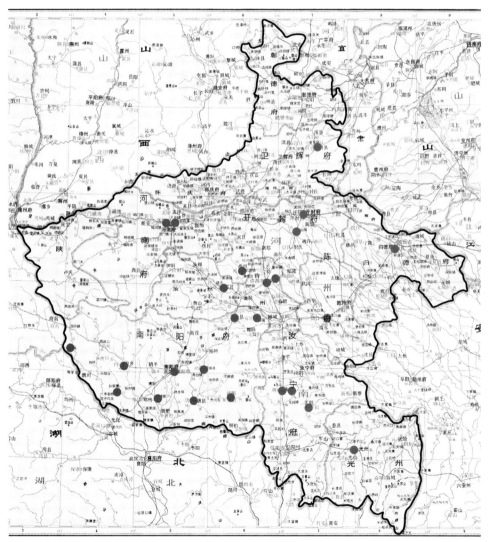

图1.2　陕西会馆和山陕会馆河南分布图

图片来源：阮乐乐.明清时期陕商会馆的地域分布及兴衰嬗变[D].西安：西安工业大学，2017.

底图来源：《中国历史地图集》第七册（2）——明时期图组（GS〔2006〕380号）

表 1.5　明清时期陕西会馆和山陕会馆的空间分布

会馆名称	地　点	会馆名称	地　点
山陕甘会馆	开　封	山陕会馆	正阳确山县
关帝庙	周家口镇	山陕庙	盘龙镇
山陕会馆	开封县朱仙镇	山西会馆	禹州许昌
山西会馆	南阳县	山陕会馆	八里桥
山西会馆	社旗县赊旗镇	山陕会馆	许　昌
山陕会馆	邓州汲滩镇	山陕会馆	洛　阳
山陕会馆	唐河县源潭镇	潞泽会馆	洛　阳
山陕会馆	内乡县城关镇	山陕会馆	郏　县
山陕会馆	淅川县荆紫关镇	山陕会馆	舞阳县北午渡镇
山陕会馆	淅川县厚坡镇韦集村	三义观	潢川县
关帝庙	泌　阳	山西会馆	滑县道口镇
山陕会馆	叶　县	山西会馆	商丘县

资料来源：阮乐乐.明清时期陕商会馆的地域分布及兴衰嬗变[D].西安：西安工业大学，2017.

表 1.6　江苏淮安会馆分布与数量统计表

会馆名称	地　址	建置者	始建年代
新安会馆	灵王庙同善堂	徽州典商	嘉庆（1796—1820）、道光（1821—1850）年间
福建会馆	福建庵	福建商人	
润州会馆	北角楼观音庵	镇江药商	
浙绍会馆	水　桥	浙江绸布商	
定阳会馆	魁星楼西马宅	山西钱商	
四明会馆	陈　宅	浙江宁波商	
江西会馆	西门堤外	江西商	
湖北会馆	都天庙旁	湖北商	
三皇会馆	不　详	不　详	

资料来源：沈旸，王卫清.大运河兴衰与清代淮安的会馆建设[J].南方建筑，2006（9）：71-74.

1.2.1　会馆的分类

1）试馆型会馆

此类会馆的发展以北京城为中心，最初是在京官吏为家乡来京赶考的举子节省开支，便于准备应试而设的免费同乡驿馆。据清初汪由敦在《松泉诗集》中说："京师为万方辐辏之地……遇乡会试期，则鼓箧桥门，计偕南省，恒数千计。而投牒选部，需次待除者，月乘岁积。于是，寄庑僦舍，迁徙靡常，炊珠薪桂之叹，盖伊昔已然矣。时则有置室宇以招徕其乡人者，大或合省，小或郡邑，区之曰'会馆'。"[11]清代闽县陈宗蕃也说："会馆之设，始自明代，或曰试馆。盖平时则以聚乡谊，大比之岁，则为乡中试子来京假馆之所，恤寒畯而启后进也。"[12]后来，此类会馆不仅应试的举子可免费居住，而且在试期之后还免费供本乡单身官吏或那些等待派遣的待任官吏居住，并成为同乡官吏、士绅聚会议事、宴客娱乐的场所，逐渐与朝廷里地区政治势力的分化以及官场裙带关系网建立了密不可分的关系，在其间演变出历代朝廷中一股股政治上的地方势力。目前所知的我国最早的会馆——"安徽芜湖籍官吏俞谟在北京设置的芜湖会馆"[1]就属于这种性质，建馆时间大致在明永乐年间。

　　清中期以后，随着各地官吏对自己乡井的子弟科举及第入朝为官与自己仕途发展之间的裙带关系越来越看重，这类以在京官吏资助设置的会馆蔚然成风。清道光《山阴会稽两邑会馆记》中有这样的描述："自举人不隶太学，而乡贡额加广，于是朝官各辟一馆，以止居其乡人，始有省馆，既而扩以郡，分以邑，筑室几遍都市，是不徒夸科目之盛，竞闾里之荣，特虑就试之士离群废学，有以聚而振之也。"[13]随着寓京人员日渐增多，成分日渐复杂，京城会馆在使用功能的安排上也产生出几种变化，王日根先生在《中国会馆史》中就提出会馆依服务的对象可分为三种：由官绅设于内城并为官绅服务的会馆，设在内城兼顾官绅和科举的会馆，设在外城服务于士子的会馆。

　　这种以各地官吏为主体发起的会馆，在清代中期逐步发展到不仅府、州、县一级在京都有设立，而且在各地省城也有设置，服务同乡子弟入京应试或者官员侨居。例如，清人统计仅江西一省在京会馆高达66所。这类会馆一般规模较大，政治文化色彩较浓。会馆服务目标和服务目的明确，更加功利；相对规格和往来人员社会层次较高，集中在官僚、士绅、举子与工商巨贾之间，活动内容和组织方式也比较谨慎。此类会馆创建形式有独资（捐赠）和集资购置两种。由于主要由官僚出资或者主持（地方商绅出资）创置，故他们把握了会馆的管理大权，居于会馆的领袖地位。而后期商人在其间的加入和捐资出力反映了商人对封建政治势力的依附和投靠，显示出较为浓厚的政治性。根据朱一新和缪荃孙《京师坊巷志稿》的统计，为了使此类会馆与其他工商会馆有所区别，有的还把会馆作了区分，如山东有山东试馆一所，山东会馆一所，更可见其特殊性。

　　2）移民同乡会馆

　　我国幅员辽阔，人口分布多有稠稀。自唐代以来，由于政府强令、经济发展的不平衡及战争饥荒等影响，人口迁徙多次出现高潮。以历史上的四川地区为例，截至清代先后经历了五次大的人口迁徙。据《晋永嘉丧乱后之民族迁徙》所作统计分析，指出"中原人民南下者集中在荆、扬、梁、益（成都）诸州"。其中"今四川成都东北沿川陕通途及陕西之汉中，其移民以今甘肃及陕北移民为主"[14]，至明清时期著名的"湖广填四川"移民，在前后百年间移民近600万。同时期较大的移民活动还包括"台湾大移民""东北大移民"等，持续的人口迁徙活动使人口构成分布呈杂居状态。移民的性质有屯军移民、垦殖移民，还有产业移民等。尤其明清以后国内地区间贸易交往兴盛，游走南北逐利而居的商人移民逐渐增多，这一群体因其经济上的优势和社会适应力成为移民群体中的代表性力量。

　　新移民由于对新环境陌生，往往同宗同乡建立与外省居民相隔离的社区，保持着自己本土原有

1 胡春焕，白鹤群.北京的会馆[M]. 北京：中国经济出版社，1994.

的制度习俗。最为典型的就是历史上客家人及客家人聚居土楼的形成。而对于那些无法再保持原来社会结构的群体，也开始建立各自的同乡会馆以联络乡谊和维护同乡人的利益。此类会馆普遍为同乡移民共同集资修建。其中商人移民因其雄厚的经济实力、尝试建立自身社会地位的愿望以及对外部社会环境的敏感性，在对待主客关系上尤其反映强烈，激发了参与建立同籍合作互助社会组织的要求，所以地方绅商群体往往成为会馆修建和管理的主体。

据统计，会馆兴盛之际各省地区均在异地存有会馆，如国内分布较广的山陕会馆、福建会馆、广东会馆等。但是也有几省移民共同出资修建，或者一省会馆逐步吸纳他省成员共同扩建而成的，如湖广会馆、山陕会馆及山陕甘会馆等。它们或产生于一省会馆依附他省，有主有次；或联合多省，分担权益。前者如河南山陕甘会馆，原为山陕会馆，后来甘肃商人加入；后者如云南昆明市总共11所会馆公所，在其中7所同乡会馆中，除贵州、四川会馆外都是几省合办。

另外还有一省移民立多家会馆，或者同省各个府、州、县同乡各自设立会馆的做法。产生的根源：一是会馆文化鼎盛时期，各地县兴建会馆日盛；二是地区利益集团各立山头。如四川地区的三圣宫、齐安公所（帝主宫）分别是为湖北省黄州和孝感黄州同乡设立的会馆。据清道光《四川新宁县志》记载："邑多楚人，各别其郡，私其神，以祠庙分籍贯，故建置相望。今以在城内者列之，乡镇所建不悉载，然名目总不外此。惟关庙、文昌宫则公祀之，亦各镇皆有。其楚籍永州人祠庙濂溪周子，城内无；长沙人祠祀禹王，仅见于乡镇。从宜从俗，相袭已久，蜀州县亦大抵皆然也。"[15]另外还有蒲圻籍人建蒲圻会馆，湖南衡州府人建寿福宫、常德人建真武庙、永州府人建濂溪祠（即永州会馆）、宝庆府人建宝庆会馆、永零人建黄溪祠，福建培元人建培元会馆、合庆人建合庆会馆，江西豫章人建二仙庙、吉水县人建吉水会馆，陕西泾县人建泾县会馆，甘肃雁州人建雁州会馆等。

3）工商行业会馆

在以上会馆类型的基础上，随着清代后期民族商品经济的迅速发育，各地之间商业贸易往来不断增多，商贸性移民在移民中所占比重不断加大。再加上商人作为一支新兴的社会活跃力量，他们出于沟通商情的需要，以及对与社会各方势力交往的兴趣和需要，他们雄厚的经济实力以及迫切获得社会主流社会地位的意识，都使得明清以后会馆内部产生出更商业化的趋向。《小方壶斋舆地丛钞·吴越风土录》中记载，"建设会馆，所以便往还而同贸易，或货存于斯，或客栖于斯，诚为集商经商交易时不可缺少之所"[16]。所以，不少会馆在言及建馆宗旨时指出，"吾郡通商之事，咸于会馆中是议"[17]。在移民中商贾阶层的作用下，会馆逐渐分化，产生了以下类型。

（1）同乡兼同行业会馆

作为与纯粹的移民同乡会馆关系最密切的会馆类型，它有两种产生途径。

第一种，同乡商帮行业会馆。商帮是以地域为中心，以血缘乡谊为纽带，以相亲相助为宗旨，以会馆公所为其在异乡联络计议之所的一种既亲密又而松散的、自发形成的商人群体[18]。商帮的成员主要是同地同乡同族之人，其社会基础是宗族或乡族势力。近代中国最成功的商帮莫过于晋商和徽商。他们因为所属地域和资源的特点，往往形成比较稳定的经营品种和经营方向，使地缘乡土关系成为连接他们形成集团化经营的纽带。如陕西泾阳、二原的商人多在甘陇经商，他们纷纷联手北上，被称为陇客；渭南的商人多经商四川，他们互相联引，入川贸易，被称为川客；户县的商人多在打箭炉经营茶叶，奔走于四川康定，故户县商人多被称为炉客。最初的商帮以行商为主，逐渐出现坐商，这使他们实质上成为移民的一种类型，不过其表现特征是趋利，选择停留定居地多是商贸集中或作为交通枢纽的中心城镇以及资源丰富的地区。而定居下来的商帮依托的物质形式就是会馆。会馆的存在推动了商帮商业集团化经营走上制度化、规范化运作的轨道，会馆是商帮作为明清时期出现的社会组织的标志。以四川自贡西秦会馆为例，它由陕西盐商所建，专营井盐的生产销售。对本域的认同和对外域的排斥，对所开辟的商业领域的极力垄断，"均表明商帮具有浓厚的狭隘地域性和封建宗族性"[19]，此类会馆中的会员也就兼具同乡和同业者两种身份。

　　第二种，同乡移民行业会馆。除了大型商帮有目的性的商业迁徙，另外在最初的迁徙移民中，少数经营某个行业成功者，为了肥水不流外人田或为了保有竞争优势，他们逐渐介绍同族、同乡参与进来，随着商业竞争的加强，成功者在一定范围内会对某个行业产生类似垄断经营的状况。如此优势积累，各个行业逐渐被来自不同省份的商人瓜分。例如，在"嘉庆年间重庆的各大行业被瓜分殆尽，各省各行不得随意逾越"[20]；"汉民到江省贸易，以山西为最早，市肆有逾百余年者，本巨而利亦厚，其肆中执事，不杂一外籍人"[21]。相较于商帮行业会馆，移民行业会馆内宗族意识较弱，而以商业利益关系结盟（表1.7）。

表 1.7　嘉庆年间重庆商行籍贯颁布表

类别 ＼ 省别	江 西	湖 广	福 建	江 南	陕 西	广 东	保宁府	合 计
铜　铅	1	—	—	—	—	—	1	2
药　材	11	—	—	—	—	—	11	22
布　行	2	2	—	—	1	—	—	5
出　货	22	7	7	—	1	1	—	38
油　行	1	—	—	—	1	—	—	2
麻　行	1	2	—	—	—	—	—	3
锅　铁	2	3	—	—	—	—	—	5
棉　花	—	12	—	—	—	—	—	12
靛　行	—	8	—	—	—	—	—	8
瓷　器	—	1	—	1	—	—	—	2
杂　粮	—	1	—	—	—	—	—	1
花　板	—	2	—	—	—	—	—	2
猪　行	—	2	—	—	—	—	—	2
酒　行	—	3	—	—	—	—	—	3
烟　行	—	—	4	—	—	—	—	4
纸　行	—	—	—	1	—	—	—	1
糖　行	—	—	—	—	3	—	—	3

续表

类别\省别	江 西	湖 广	福 建	江 南	陕 西	广 东	保宁府	合 计
毛 货	—	—	—	—	3	—	—	3
纱 缎	—	—	—	—	—	1	—	1
丝 行	—	—	—	—	—	2	2	—
合 计	40	43	11	2	9	4	14	123

资料来源:《巴县档案,嘉庆财政卷2》,卷号5-3-6。

在这种状况下,会馆逐渐成为同省商人所代表的那些垄断行业贸易之所。四川洛带广会馆《咸丰十年碑记》载:"孟兰会十三楚会、观音会、鲁班会、禹王会总捐钱支持以碑记";重庆《浙江会馆碑文》记载,"会馆由磁帮众商会建",可见各行业与同乡会馆已是水乳交融的关系。类似情况如成都簇桥镇的江西会馆、贵州会馆和陕西会馆,分别由同籍丝绸商人建立。会馆的职能由最初的联络乡谊,相顾而相恤,发展成为同业汇议之所。

（2）行业商人会馆

我国自唐宋以来就出现了城市手工业者自发组织的同业行会,它不以是否同籍作为入会标准,而纯粹以职业异同划分,在唐代即有盐商、茶商、米商等多负盛名。这些商贾势力为规范行内价格和货品等级等,也为了与其他行业展开市场争夺,故设立行会。它也具有共同的宗教活动,供奉共同的祖师爷,产生了一些共同议定的行规。至明万历年间,行会进入鼎盛时期,不仅有自己的组织,而且有了固定的议事场所,其中一部分就是借靠同乡同行会馆。

清朝的乾嘉年间,以强烈的地域观念和封建宗法制度结合起来的同乡会馆限制了同行业间的自由竞争,不能适应需要更大市场的商品贸易的要求,终于有少数同业性会馆从地域性会馆中脱颖而出,如"原属江苏各府木商所建的地域性行馆大兴（木商）会馆,道光以后,改弦易辙,允许他省在苏州的木商加入,成为木商行共同会馆"[22]。这部分会馆成为更加纯粹的商人组织,人们故称之为行馆。它成为后来同业公所和商会的前身。但是这类会馆仍贯有同乡会馆的称谓,或以其膜拜行业神的名义命名。据《传统与近代的二重变奏——晚清苏州商会个案研究》载,"此时苏州的钱江会馆即绸商会馆,仙商会馆即纸商会馆,东越会馆即烛商会馆,大兴会馆即木商会馆,武安会馆即纸商会馆,毗陵会馆即猪行会馆等"[23]。

当然也存在于建立之初就没有依托地缘关系的纯粹同业会馆。例如,乾隆六年（1741年）的北京颜料会馆的碑记上就记载,"我行先辈,立业都崇祀梅、葛二仙翁,香火筵长,字（自）明代以来至国朝百余年矣。……每岁九月恭遇仙翁圣诞,献戏设供,敬备金钱云马香楮等仪,瞻礼庆贺"。而行业不同,崇奉的神祇也各异。到清代中后期,随着城镇商品经济的发展,同行会馆在各地城市和商贸重镇的兴建成为会馆建设的主流。例如,江苏商业重镇如城（如皋）城内建同行会馆多达16所,涉及城镇生活各行各业,可见这一时期行业会馆公所在维护行业利益、平衡市场、合理化竞争等方面已经获得了各行业从业人员的普遍认可。

（3）行业工人会馆

同是属于一个行业，作为商人的行业会馆和工人自发组织的工会性行业会馆逐步分离。这种情况主要是近代民族资本主义发展到一定规模程度之后的表现。王日根先生在《明清会馆与社会整合》中就提到："在北京也有学徒或手工业者单独建立的会馆……这种工人会馆，成为维护工人利益并与工商业主和封建把头进行交涉的有效工具。"[24]这种情况在一些工商业发达的城镇表现突出。

1.2.2　会馆的空间分布

会馆类型的分布存在地区差异性。北京作为全国政治、经济、文化中心，会馆的类型最完整，既是以政治利益、同乡同籍裙带关系为主要纽带的试馆主要所在地，又拥有全国几乎所有省份包括州、府、县来京移民所建的各级同乡会馆以及大量行业会馆。商品经济较为发达的江南地区及国内重要的大中城市、商贸型集镇的会馆以工商行业会馆为主体。例如，苏州的48所会馆中有27所为商人出资兴建，其他21所为官商合建。另据《夏口县志》载，汉口有来自湖北和全国各地商人所组成的会馆、公所，有明确成立时间的共有123所会馆、公所，其中建于道光以前的有37所，建于宣统之前的有70所。而在移民数量大但是商品经济发育程度略为滞后的一般城镇和地区，移民同乡会馆数量则远大于行业会馆数量。

各籍会馆的分布与各籍移民的性质和特点也有关系。以明清著名的晋商为例，晋商会馆的设立随着晋商的足迹遍布全国甚至海外。它们有的直接称为山西会馆，也有的称为山陕会馆、全晋会馆、西晋会馆或秦晋会馆。所有山西会馆的共同特征是都拜关公，有关公殿或者春秋楼。据《明清晋商会馆时空分布及选址特征分析》一文统计的数据显示，从明代中叶的山西颜料商在北京前门外芦草园建的"颜料会馆"算起，经历明代、清代、民国约400余年，各地晋商会馆约有563处，其中河南所建晋商会馆最多，数量达89处，其余依次为北京71处、山西65处、内蒙古58处、山东34处、四川25处、甘肃22处、河北22处、陕西20处、云南13处、贵州12处、江苏10处、辽宁9处、湖南9处、安徽7处、宁夏6处、新疆6处、青海5处、上海4处、江西4处、天津3处、重庆3处、广西3处、黑龙江2处、广东2处、吉林1处、浙江1处、福建1处、西藏1处、台湾1处。晋商会馆具体在各省的设置地点与晋商活动区域有关，大多选址于政治、经济、文化中心，通往南北方贸易的必经之路，资源产出地及商贸中转地，呈现以山西周边地区为核心，向南北、东西地区辐射，形成分布广、分布点集中的整体空间分布格局。[1]

在小的区域范围内，这种因商而设的性质对商帮型会馆的空间布局影响更加明显。例如，清代河南山陕会馆主要分布在其东部、南部地区，就是因为这些地区毗邻汉水、淮河，可通达湖北及江南地区，占据交通枢纽地位。[2]湖北清代山陕会馆的分布主要围绕棉布产地而建，呈现出依商品来源地而设的空间分布规律。主要集中于盛产扣布的汉阳府的汉阳、汉口（也产葛仙布）、江夏、黄

1 杨平.明清晋商会馆时空分布及选址特征分析[J].图书情报导刊，2011，21(36)：156-158.

2 郭林林.清代河南山陕会馆的区域分布及建筑艺术初探[J].大连大学学报，2012，33(3)：5.

陂、沔阳、汉川,产"景布"的黄州府的黄冈、黄安、衡水、蕲阳、麻城、罗山、广济,产"荆庄大布"的荆州府的沙市、砖桥、后港、拾回桥等地。此外,江汉平原其他棉布产地如远安县、江陵县、宜昌县、公安县、石首县,鄂中鄂北的安陆、随州、孝感、应山、襄樊等地也都有山陕会馆。[1] 对于非资源地,山陕会馆则主要依商路而建。如明清甘肃山陕会馆就广泛分布在陇西、陇中、陇南、兰州附近和河西走廊沿路重要市镇。分析全境26处山陕会馆,可见其基本循山陕商人丝绸之路的传统西北官道和山陕商人西北茶叶商路而修建。究其原因,明清时期,在推动和实现商品流通的过程中,山陕商人一般都会沿商路而逐渐分化为坐商与行商。行商沿商路而行,坐商也基本围绕商路,在商路沿线重要的商品产销地、交通要道产生并发展。这样,伴随着山陕商人在各地经营所需产生的山陕会馆,也基本上沿商路而建,从而使明清甘肃山陕会馆在空间分布上形成对上述两条商品入陇路线的经济依赖性。[2](图1.3)

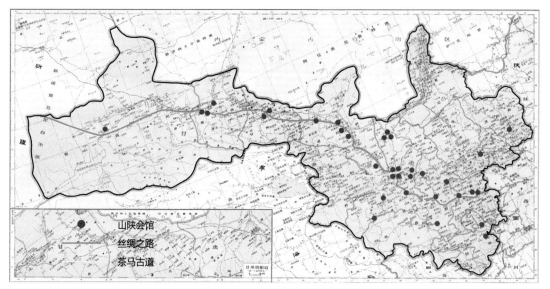

图 1.3　明清甘肃山陕会馆分布示意图
图片来源: 宋伦,田兵权.明清山陕商人在甘肃的活动及会馆建设[J].西安电子科技大学学报: 社会科学版,2008,18(4):158-162.
　　　　王俊霞,李刚.论明清山陕会馆空间分布的经济依赖性——以甘肃、湖北、河南为例[J].兰州学刊,2015(7):121-126.
底图来源:《中国历史地图集》第八册——清时期图组(GS〔2006〕380号)

　　各籍会馆在一定区域内的分布与当地城镇经济水平、交通环境和邻近地区移民热度和方向性也有比较明显的关联。以清代广西62处天后宫的地理分布格局为例,广西全境大体上以三江—融安—柳州—来宾—南宁—钦州为线,分为桂东与桂西两地区:桂东地区主要是指桂林府、柳州府、平乐府、梧州府、浔州府、廉州府及郁林直隶州,经济比较发达,靠近广东;桂西地区主要指南宁府、思恩府、庆远府、太平府、泗城府、镇安府、百色直隶州、上思直隶州、归顺直隶州。桂东与桂西地区天后宫数量呈现明显的分布不均衡以及东多西少的格局。桂东地区共51处,占天后宫总数的

---

1 郭林林.清代河南山陕会馆的区域分布及建筑艺术初探[J].大连大学学报,2012,33(3):5.

2 王俊霞,李刚.论明清山陕会馆空间分布的经济依赖性——以甘肃、湖北、河南为例[J].兰州学刊,2015(7):6.

82.26%；桂西地区除南宁府6处之外，其余地区仅有5处，占天后宫总数的17.74%。这种格局刚好与清代广西区域社会发展不平衡的现实有关，而这种现实又与推动建立天后宫的主要社会力量有着紧密的关系[1]（图1.4）。

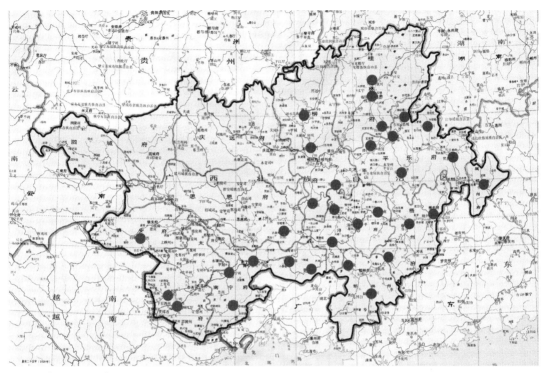

图 1.4　清代广西天后宫分布示意图

图片来源：滕兰花.清代广西天后宫的地理分布探析[J].中国边疆史地研究，2007，17（3）：89-100.

底图来源：《中国历史地图集》第八册——清时期图组（GS〔2006〕380号）

明清苏州城内的会馆分布与城市经济形态的变化以及苏州城市空间性质的改变也有直接联系。明初的经济恢复过程中，受大运河的吸引，新的商业中心区自发地向城市的西北方向（即阊门地区）跃迁，至万历年间，以阊门为中心的西北经济区逐渐形成。阊门地区的繁荣吸引了大量的行旅商贾、富庶的达官贵人和闲居的缙绅士大夫们云集此地。为了使"士商之游处四方者，道路无燥湿之虞，行李有聚处之乐"[乾隆六年（1741年）苏州《全秦会馆碑记》]；"访缔造之艰难，联任恤之淳谊，相颤相劝，期无替前修焉"（苏州《新修陕西会馆记》）。明清之际，会馆尤其是工商会馆在苏州兴盛起来，并以康乾时期为最，《苏州市志》所载59处会馆，至少有27处集中于阊门一带，包含阊门、山塘、上塘、下塘、南壕等区域，另有6所位于上津桥、桃花坞、小日晖桥、留园、西园等地，也都在阊门附近，总比例达到了55.93%。[2]

1 滕兰花.清代广西天后宫的地理分布探析[J].中国边疆史地研究，2007，17（3）：89-100.

2 曹文君.明清会馆对苏州经济的影响[J].世纪桥，2010（7）：34-36.

1.2.3　会馆的蜕变与衰落

会馆的发展在经历了清代中期的全国爆发性发展之后，到清咸同时期逐步进入蜕变时期。一方面，随着国内商品经济的发展，商会组织逐渐产生；另一方面，科举制度的取消，直接使会馆的发展陷入停滞。到民国时期，即使在东部沿海通商口岸因为对外贸易的增长带来商贸行业会馆的短期兴盛[1]，但是从全国范围来看，各地会馆不再大量兴建。究其原因，集中于原有物质和精神功能的丧失和转移，会馆背后支撑力量的衰落，以及社会管理机制现代化进程对传统基层社会组织模式的瓦解等。

首先，会馆功能被其他机构或者组织分解取代。从商业组织角度，会馆所具有的平衡行业纠纷、争取行业利益和协调管理市场等作用逐步被同业公会和商会取代。带有封建宗族意识和组织方式的同乡行业会馆，逐渐向更加纯粹的，符合资本主义商品经济发展要求的，突破地域界限的，按行业组成的工商组织同业公会演变，并逐步为后来由政府规定建立起来的商会组织所取代。1904年清政府颁布《商会简明章程》26条，明令各省城市旧有商业行会、公所或会馆等名目组织，一律改为商会；并规定："凡属商务繁富之区，不论系会垣、系城埠，宜设立商务总会。而于商务稍次之地，设立分会，仍就省分隶于商务总会。"[25]在旧的工商业组织统一于同业公会和商会的过程中，不少工商会馆归并到这一行列之中。例如，苏州的"高宝会馆、江鲁会馆改为腌腊火腿业同业公会；浙绍会馆改为染业同业公会；东越会馆改为烛商业同业公会；武林会馆改为箱业同业公会；宁吴会馆归并到铜锡业同业公会；人参会馆归并到药林参燕业同业公会等"。另据1934年陕西省银行的调查资料，当时西安城有商户5000余家，有39个行业成立了同业公会。1937年抗日战争全面爆发以后，外地工商业相继迁入西安。1941年国民政府制订《工商业同业公会组织章程》，对公会进行改组，至1941年底，共成立了49个同业公会。截至1948年，西安市共有商业同业公会67个，工业同业公会6个。这些行业公会的性质在很大程度上与会馆相同，起着对本行业会员进行协调管理，维护共同利益的作用，而且大多数商会核心人物就是由原来各会馆的会首和行帮头目转换身份而来。例如，1904年10月17日，重庆总商会成立，以九大会馆首事及8个行帮代表为总商会董事，在总商会院内（今中大街）树立创建石碑。至此，会馆作为原来部分社会利益群体联盟关系载体的地位被取代而逐步退出历史舞台也是顺理成章的。

城市戏场和其他纯粹商业娱乐场所出现。会馆之演剧观戏功能，在会馆后期表现得越发突出，但是碍于会馆区分身份，祭祀和办公功能与娱乐贸易功能总有相左。城市中逐渐兴起的完全开放式的茶园戏院及劝业场一类集中贸易地逐渐将会馆演剧和会馆贸易功能代替。据《成都通览》记载，"清末提倡实业，光绪三十四年（1908年）成都劝业道周善培倡议，由商人集股为建场资金，购买总府街以北华兴街以南原普准堂之一部及部分民房，作为基址，兴建新式商场，初名劝业场，后来更名商业场。场内设有百货、餐馆、川剧院等。"[26]这成为成都第一个以商业为主，兼有文化娱乐服务功能的综合性商场。

---

1 民国版《上海指南》记载，1910、1914、1916、1922、1930年上海的会馆数分别为26、34、44、53、62，一直呈上升的发展趋势。

原来的同乡联谊方式被同乡会取代。民国初年，政府颁布了《临时约法》，规定人民有集会结社的权利，这就为新的团体的产生提供了法律依据。1931年，国民政府又公布了《人民团体组织方案》及其修正案，积极开展社会团体的组建和登记工作。这样，一种新的社会团体同乡会便产生和发展起来。民国初年至抗日战争前的20余年间，是同乡会组织在全国各地蓬勃兴起的时期。据国民党中央民众运动指导委员会1934年10月编印的《全国民众运动概况》记载，当时经调查登记的同乡会，南京有54个，上海有65个，汉口有23个，江苏有73个，湖北有38个，云南有24个，广西有20个，安徽有16个，于此可见全国之一斑了。同乡会产生后，也就部分地代替了会馆的社会功能，于是不少会馆随形势之需转化为同乡会[27]。功能的丧失，直接性摧毁了会馆存在的社会基础。

其次，缺乏支持力量到后来自然衰败破落。清末以来民族商人阶层的整体实力倒退，民族手工业和商业在外国产品和外国不平等条约及武装力量的冲击下陷入发展困顿，自顾不暇，也就无法保证捐助会馆。会馆实际功能，尤其是扶助同乡同行功能的丧失，直接导致会众人心涣散，丧失了对会馆的兴趣。如此日久，会馆经费不足，无力维持会馆的经营和建筑的修缮，导致会馆馆舍的衰坏。如北京的浮山会馆，因年代久远，"房屋倾塌甚多，即或存其一二，亦皆墙败而顶漏。名曰会馆，亦只虚设而已"[28]。有的会馆无人管理，沦于他人之手，北京的临襄山右会馆即是如此，"惟年烟日久，管理无人，或改荒迷遗失，沦于他人之手"[28]。如此，强占、变卖会馆产业屡禁不止，各省会馆的产业流失、纠纷增多，官司、诉讼不断，过去兴旺繁盛的会馆开始衰落，会馆的职能也逐步削弱。

再次，民国后逐渐推进的现代社会管理模式，使会馆一类民间自发性基层管理机构参政议政的作用被遏制，会馆参与社会管理的方式逐步向慈善公益性发展。会馆原本功能逐渐失去，商人逐渐减少了对会馆的经济支持，由于经济的难以为继，会馆逐渐衰落。新兴的社会管理机构也大量征用或者侵占会馆产业作为办公场所，这也是会馆凋零的历史原因之一。据史料记载，在20世纪三四十年代西京建设时期，西安不少会馆就被军队、市场和住宅占用，如军方征用了四川会馆、周至会馆、郃阳会馆等，解放路的关南会馆被国民市场占用，而山东会馆被利用为民宅。另据《民国金堂县续志》（卷二）"建置"部分记载，"……民国以后，大量祠庙会馆被新设的局所占用，原功能逐渐丧失。金堂征收局（城隍庙后殿）、怀口镇统捐分局（川主庙）、邑内烟酒公卖分栈（川主庙）"。

综合而论，会馆这种传统的带有强烈中国文化特色的基层社会组织形式属于一种资本主义商业关系初期发育阶段的过渡性形式。其阶段性过渡性特点，导致它在经历了中国封建社会中后期民族资本主义自由萌芽阶段的快速成长后，在共和国社会政治结构和经济模式变化中被其他形态取代，最终逐渐淹没于历史长河。

1.3　会馆的功能与文化内涵

1.3.1　会馆核心功能："答神庥、联嘉会、笃乡情"

会馆内联乡谊的重要行为和途径之一就是"答神庥"。所有会馆内都供奉着他们共同信仰的神灵乡贤，奉祀这些神祇，既祈求保佑平安吉利，又借以树立各地域特有的形象，因此定期祭祀是会馆的重要活动内容之一。在逢年过节（端阳、中秋、春节）以及祀主的生辰、祀主原籍的地方节庆日，各个会馆都要聚集会众办会酒共同祭祀。在祭祀仪式后还举行演戏酬神和宴会，通过宴饮谈论，敦乡情，崇信行。以山陕会馆为例，由于关羽是山西运城人，陕西是关公改姓之地，关公又是武财神，因而山陕会馆多祭祀关羽，每年农历五月十三、七月十五的关公诞辰和关公磨刀日以及农历春节，会馆均要举办大型庙会活动，以演戏、酬神为主。四川《彭山县志》也记载，"五月十二秦人会馆，工歌庆祝"。四川金堂山陕会馆"十三日为关帝会，乡镇士女骈集喧闹，市为之哄"。（图1.5）

图 1.5　光绪北京茶园演戏图
图片来源：《中国戏曲史》编写组.中国戏曲史[M].北京：高等教育出版社，2017.

　　到会馆活动鼎盛时期，会馆里除了本省、本行的会期祭祀酬神演戏之外，因为商业宣传需要或者联络各方关系，举行了越来越频繁的宴庆和表演活动。四川的陕西会馆"在太平全胜时，无日不演剧，且有一馆数台同演者"[1]；"俗人借会以为娱，农工商借会以为交易物品"[2]。后来商家庆祝开市大吉和工程完工后酬谢神佑而演戏；行会成立或新开设店铺请同行看戏；违反行规罚其破财献戏或给工匠加薪演戏庆贺等，不胜枚举。也就是说，凡是遇到重大活动会首都要办平台（请戏班子唱戏），而为了炫耀实力，活动常常会持续十余日。这虽然都带有浓厚的封建地方势力色彩，但却有很强的公共活动性能，给城镇居民封闭、单调的生活增加了丰富多彩的文化娱乐内容。杨恩寿所著《坦园日记》虽在乾隆之后，但也可以聊供参考，其中明确记有在各地会馆看戏的日期三十余处，观剧的时间月朔月望年初年终皆有，所记会馆分属各省地所建，凡"晴、公宴、酒阑、哺后"皆观剧，可知会馆戏台上戏曲演出之盛，以致清晚期会馆演出场所同戏庄戏园类营利性商业剧场相提并论了。杨懋建《梦华琐簿》称："有戏庄，有戏园，有酒庄，有酒馆。戏庄曰某堂，曰某会馆，为衣冠揖逊，上寿娱宾之所。清歌妙舞，丝竹迭奏。"

　　由于共同的语言风俗，趋近的心理文化，"同乡偕来于斯馆也，联乡语，叙乡情，畅然荡然，不独逆旅之况赖以消释，抑且相任相恤"[29]。这一点上，几乎所有会馆公所的创建者和撰文纪事者都留下了大量内容文字。仅以苏州地区会馆为例，"漳州会馆之建，'以事神而洽人，联情笃谊，所系

1　江玉祥著.中国影戏[M].成都：四川人民出版社，1992.

2　《汝南县志》，作者陈伯嘉等，民国时期于台北成文出版社出版。

录重'；三山会馆'宫之建，不特为答神而资游览，且以敦乡谊，讲礼让'；金华会馆'虽苏之与婆，同处大江以南，而地分吴越，未免异乡风土之思，故久羁者，每喜乡人决止，幸来者，惟望同里为归，亦情所不能已也'，'为想春风秋月，同乡偕来于斯馆也，联乡语，叙乡情，畅然蔼然，不独逆旅之况赖以消释，抑且相任相恤，脱近市之习，敦本里之淳，本来面目，他乡无间，何乐如之'"[25]。如此种种，不胜枚举。

由此可见，会馆最初是因同乡同业联络感情、互通信息、缓解思乡之情而创立的，人们将对原籍家族的依附转向对乡亲的依附，而乡音、乡俗、乡土神灵都成为乡人集合的纽带。会馆作为乡情亲情的表征，其功能及文化显示出较强烈的地域内倾性[5]。会众极容易在乡土的旗帜下结成一种自发而松散的联合，这些联合体便构成了一个个"亚文化群体"。依靠群体的力量，人们在政府没有能力妥善安排他们命运的时候，自发地"互以乡谊联名建庙，祀其故地名神"[30]。

1.3.2　会馆的社会管理功能

在基本功能之外，会馆作为客籍移民共同认可的公益性权威组织，在一定程度上也开始行使宗族祠堂的功能，也就是对内协调本籍人士之间的矛盾和纠纷，对外协调主客籍关系，维护本籍利益，参与社会公共事务管理等。这一方面反映出明清以来，中国传统社会从以血缘到地缘到志缘为纽带的群体关系组织方式的变迁；另一方面，反映出在人口迁徙和商品贸易加剧的清中后期，民间社会自组织结构和方式的逐步成熟，成为封建社会管理体制的有效补充。

1）对内的自我管理和协调平衡功能

首先，共襄义举。会馆公所要有持续有效的感召力，要使异地异业的众多同籍之人对会馆公所长久保持向心力，光凭联乡谊与祀神祇是远远不够的，因而大多公开声明将力行善举，即社会救济，将其放在重要地位。

会馆内为初来的同乡或商贾提供帮助，如为同乡、士绅、商旅驻足和贮存货物提供方便。因此各会馆都设有客房、仓库，有如现今的招待所，招待来此地的本籍官绅、候差的官吏和本籍过往客商，为他们安排食宿和货物存放。客房是不收房钱的，可以长期居住，但只接待单身客商。不得携带女眷，违者将被逐出会馆。除了外省会馆外，省内各州县也设有会馆，每逢科举府考，会馆接待本州县来赶考的童生，为他们安排食宿。

其次，加入会馆、公所的会众士商共同集资为会馆积累资金。有些会馆如江西会馆，还规定按经营所得抽取一定比例的资金，会馆、公所通常还置有房屋田产作为会产以收取租息，这些收益的主要用途包括会馆培修，维持会馆日常运作，以及资助救济同乡中贫病无依者、失业者及在异地死亡者。在这方面，徽州商人、潮州商人、宁绍商人等较为突出。其中一项内容非常重要，就是行善举、葬同人。中国人自古有厚葬、落叶归根等观念，外乡漂泊的游子最担心的就是身后无法魂归故里。会馆往往为客死异地的会员寄放灵柩，代为运回本籍安葬。另外，对于无法回到原籍者，会馆大都购有墓地，承办病故同乡的殡葬事宜。如北京正乙祠，在康熙庚寅（1710年）创建之初，即购地六十余亩，建土地祠义园。雍正年间，又于土地祠旁建二郎庙、回香亭，收葬死于北京的浙江银号商人，并于每年孟秋"祭之以楮帛及食，使无鬼馁"[28]。在鬼神信仰浓厚的时代，集体能承诺和保证个人的入土为安，是异地开拓过程中维护社会稳定与维续生产力的重要因素。有的会馆还设有义学，让本地的贫寒子弟也能有读书识字的机会。

会馆既是同籍人士联络感情、抒发思乡之情之所，也是大家沟通信息、争取合作，共谋发展的重要渠道，同时还是彼此矛盾得到有效裁判和调解的场所。在生存竞争中，即使是同籍同行也难免有矛盾和冲突，这时起到化解内部矛盾，维护社会秩序稳定作用的机构和组织就是会馆，乡民"遇公事群集于此"[31]。民国《四川犍为县志》记载，"同籍团体以会馆为集中地。客籍领以客长，土著领以乡约，均为当时不可少之首人。他如争议事项，必须先报约、客，上庙评理。如遇诉讼，亦经官厅饬议而始受理也。故约客地位实为官民上下间之枢纽，非公正素著之人，不能膺斯选也"。如长乐钟氏入川三世，钟昌贤在担任客长期间，"数十年为诸客长之冠，其排难解纷之处，人多不及"[32]。会馆都立有章程，推举有财力权势的头面人物充当首事主持，每当同籍集会时，首事主持要对全年的同籍政务作一通总结，对此民国《犍为县志·居民志》记载较具体："每年庆神演戏并查全年会内之事务"。除公共事务外会馆还进行经济和社会活动。在保留下来的河南山西会馆碑记中就有晋商杂货行于乾隆五十年（1785年）公议杂货行规。行规部分如下："买货不得论堆，必要逐宗过秤，违者罚银五十两。不得合外分伙计，如违者罚银五十两。不得沿路会客，如违者罚银五十两。落下货本月内不得跌价，违者罚银五十两。不得在门外拦路会客，任客投至，如违者罚银五十两。不得假冒名姓留客，如违者罚银五十两。结账不得私让分文，如违者罚银五十两。不得在人家店内勾引客买货，如违者罚银五十两。"由此可见会馆也是公议行规监督执行的场所。而会馆权威的加强提高了会馆在现实政治经济环境中的功能作用和地位，促进了会馆的发展，同时在保护弱者、规范行业管理方面也起到一定作用，无形中得到会众拥护，间接提高了会馆的威信。

而会馆对商业活动的参与最直接的就是会馆内设市（场）。会馆的商业活动与会馆形成的历史渊源很深，前面已有详述。据《山志临襄会馆为油市成立始末缘由专事记载碑记》载："油市之设，创自前明。后于清康熙年间，移至临襄会馆迄今已数百年。该馆极宽敞，可容数百人，最宜建为商市。然实因管理得人，苦心筹划，力为布置，用多数之金钱，成宽阔之地基，使同行无不称便，实为吾油市之幸。"

2）对外争取自身利益并且参与城镇社会管理活动

除了协调内部矛盾，处理本籍事务，作为移民社会生活的代言人，会馆成为移民和其他团体商议集会的重要场所。主要是为了维护同籍移民群体的权益，使本籍团体免受地方不良势力欺凌，并争取集团在社会政治经济生活中的利益最大化，协调市场竞争和客地社会的各方关系。由于实力的增强，以会馆为代表的地方民间势力往往可以一定程度左右地方政府的管理决策。顾德曼在著作《家乡、城市和国家——上海的地缘网络与认同，1853—1937》中指出，"国家对会馆的依赖、上海的同乡官员频繁出席会馆会议、会馆经常担任官方机构维持秩序的职能，使同乡组织日益进入全市性的官僚网络之中"[33]。

---

1 乾隆十五年（1985年）河南舞阳北舞渡"晋商杂货行"所立碑文。

这种模式到了清代中后期更加普遍，也成为会馆与一般祠庙场所最本质的区别。清道光年间，有人明确提出在江南利用会馆管理都市人口的构想，"省垣五方杂处，易成朋党，易起衅端。此中查访难周，最难安放。窃意各省有各省会馆，各行有卫，而终不若出于会馆，事从公论，众有同心，临以神明，盟之息壤，俾消衅隙，用济艰难，保全实多，关系殊重。推之拯乏给贫，散财发粟，寻常善举，均可余力及之，无烦类数。此会馆之建，所不容缓也"[34]。为了平衡各省移民的利益和要求，地方官员在决策城镇重大公共事务，如修路、建桥，参与征税事项以及消防和救济，处理民众纠纷等，往往需要多个会馆和地方政府官员共同商议。清乾隆以后的重庆八省会馆对城市的管理权就相当大，参与的地方事务很多，涉及警卫、慈善救济、商务、征收、生产五大类。四川犍为县"道咸时，各场承办地方公务，有五省客长之目"[35]；四川大竹县在清末光绪年间由原来的五省会馆，"议立五省公所，办理地方公务"[36]。会馆广泛地参与地方事务，有助于提高移民在城镇中的社会地位，反过来，也使得会长的权力变得更加重要，以至于地方官员有时也多按其意图处理有关事务。例如，清末重庆主城里行帮提出的建议需要经过八省会馆会长的一致同意才能生效。乾隆五十六年（1791年）重庆布行提出使用三联照票，因客长们认为客不愿用而废之。清道光二十六年（1846年）机房工匠间为工资银钱折算发生争执，县衙则"批仰八省客长妥议章程"[37]。由此可见，会馆已经成为地方政府加强治安管理、处理社会公共事务，特别是对外来人口进行管理的重要辅助力量。

1.3.3　会馆的文化内涵

1）神灵文化

会馆无论省籍和类型必供奉神祇。神灵崇拜和祭神活动为会馆树立了集体象征和精神纽带。所谓"神祇"，在裴骃著《史一记集解》书中引马融语曰："天曰神，地曰祇。"在会馆设置的最初阶段，各省对神祇的筛选和认定就具有不同于其他传统建筑类型的特征。

其一，会馆的神灵设置不避人物的真实与虚构、宗教派别，仅以本籍代表人物或者对本土有重大贡献者或者行业保护神为准。如福建人供奉林默娘为天后圣母，山西人奉关羽为关圣大帝，江南人祀准提，浙江人奉伍员、钱镠为列圣，云贵人奉南霁云为黑神，广东人奉慧能为南华六祖，四川人奉李冰父子为川主。

其二，奉祀的神灵皆为传统文化美德的化身，因而能发挥规范人心的作用，如忠、义、勇、智等。设置者们认定"人无论智愚，未有对明神而敢肆厥志者，爱鸿资为祠以宅神，别构楹为之宴所，岁时赛祀，集同人其中，秩秩然，老者拱，少者枢，以飨以饮，肃肃然，雍雍然，自是善过相规劝，患难疾病相维持"[38]。关公作为古代忠义化身，在不少会馆公所作为祭祀对象。

其三，会馆神灵崇拜经历了从单一神（多为乡土神）崇拜到乡土神为主的众神兼祀的发展演变。前者仅仅作为整合的精神纽带，后者附祀的增加则包含了其追求全面或多方面发展的性质。如北京的山西临襄会馆不仅供奉协天大帝，同时供奉增福财神、玄坛老爷、火德真君、酒仙尊神、菩萨尊神、马王老爷等诸尊神像。徽州商人所建会馆大多最初只奉祀乡土神朱熹，如湖北汉口市镇旧有新安商人建的新安会馆专祀徽国文公；而设在吴江盛泽镇的徽宁会馆则把拜祭烈王汪公大帝（即汪华,称吴王,封越国公)、张公神(即张巡,唐代的忠臣良士)也放到同等重要的地位。

其四,即使同省移民会馆,供奉对象起初可能各不相同,后来在一定地区内逐渐统一,但是全国范围内每省供奉的对象并不一定相同,具备地方性特色。以四川省内土著的川主庙为例,县志中记载,"荣昌土主庙,祀宋将杨明;铜梁土主庙,祀唐刺史赵延之"[39];"金堂县川主庙,并祀药王孙思邈、秦守李冰及子二郎和望帝杜宇"[40];"成都忠利白马土主庙,祀汉将庞统"[41];"重庆川主庙,祀唐刺史赵延之"[42],此类现象在会馆发展的后期逐步由政府出面统一。据记载"川中各县皆庙祀李冰曰川主,清雍正五年礼部题请四川巡按德疏称灌县都江堰祀李二郎未有封号应请敕赐,是年九月初六日奉旨封李冰为敷泽兴济通佑王,而郎为承绩广惠显英王"[43]。

就广东会馆而言,四川地区供奉南华老祖,北京地区则供奉明代忠臣袁崇焕,苏州两广会馆祭祀明代广东籍名宦海瑞和广西桂林官员陈宏谋;江西会馆,四川地区供奉许逊(许真君),北京地区则供奉宋代忠臣谢杨得;四川会馆,四川地区供奉李冰父子,北京地区则供奉明代四川名将秦良玉,云南昆明供奉的又是三国刘备和蜀相诸葛亮;山西会馆,四川地区供奉关羽,或者刘关张,北京地区还有供奉明朝忠臣张铤、高邦佑、何廷槐的,如此种种,各地不尽相同。这也从一个侧面反映出会馆这种社会组织形式虽然依托于民众对神灵的信仰,但是并没有形成全国一致的神灵系统,也不具有像宗教寺观建筑一样的文化和管理层面的规范性(表1.8、表1.9)。

表 1.8 中国古代各行业供奉神祇统计表

行　业	供奉的神祇	行　业	供奉的神祇
纸　行	蔡　伦	洗皮行	河神、孙膑
屠宰行	张飞、真武大帝	牲畜行	马　王
修鞋行	孙　膑	医药行	药　王
裱糊行	吴道子	颜料行	梅葛仙翁
酒　行	李白、杜康、吕祖	钱　行	财　神
泥、木、石业	鲁　班	铜铁冶金业(金银器)	太上老君(吕祖)
机织业	机　仙	豆腐行	淮南王、关羽
织履业	刘　备	缝衣业	轩　辕
理发业	吕洞宾	厨　业	詹　王
演剧业	唐明皇	餐饮业	易　牙
船　行	镇江王爷	盐　业	管　仲
蚕丝业	嫘　祖	商　业	赵公元帅
中医业	扁　鹊	制笔与造纸业	蒙恬和蔡伦
织布业	黄道婆	印刷业	仓　颉
茶　业	陆　羽	竹篾业	绿衣人
糕饼业	诸葛亮	油漆业	虞　氏

资料来源:自制

表 1.9　各地会馆公所供奉神祗统计表

会馆、公所名称	祭祀神灵	会馆、公所名称	祭祀神灵
上海、苏州地区		四川地区	
上海潮慧会馆	前殿天妃、后殿关帝、左右财神、双忠	湖广会馆	大禹
上海泉漳会馆	关帝、天后、观音	江西会馆	许真君
苏州三山会馆	天后、文昌、武帝、水仙财神	福建会馆	妈祖、天后
苏州钱江会馆	关帝、文昌	广东会馆	南华老祖、南岳大帝
苏州东齐会馆	关帝、天后	陕西会馆	关帝
上海靛业公所	天后、关帝	山西会馆	关帝
苏州纸业两宜公所	关帝、蔡伦、文昌	黄州会馆	财神
盛泽米业公所	先农后稷、文圣、武圣	川主庙	李冰
苏州水木作业	关帝、鲁班		
苏州药业太和公所	伏羲氏、神农氏、有熊氏		

资料来源:《清代会馆、公所祭神内容考》,地方志资料。

2）宗族文化和寻根文化

会馆中封建宗族文化意识的形成基于两个方面的原因：一是宗族意识是移民所熟悉和习惯的情感归依及社会身份确认的方式；二是保持对宗族文化的热爱是异地拼搏的移民在现实生存中的选择。会馆宗族文化是对封建社会严格意义上宗族文化的拓展和演变。

宗族文化的直接来源是血亲文化，其核心在于以严格的血缘关系界定亲与疏。但同时宗族概念更意味着一定的组织方式与活动。著名历史学家冯尔康先生对宗族的内涵做出了清楚的说明："宗族，就是有男系血缘关系的人的组织，是一种社会群体。它不只是血缘关系的简单结合，而是人们有意识的组织，血缘关系是它形成的先决条件，人们的组织活动，才是宗族形成的决定性因素。"[44]中国传统社会以宗族为基础建立，在整个农业经济占主体的封建时期，宗族的规模维系在"九代"[1]和"亲族聚居地"[45]。后者是中国乡村社会居民居住和活动的基本单元。明清以后伴随传统农耕社会的解体，宗族社会也发生变异，表现为成员的不断迁出，原籍宗族社会解体和原籍宗族支持成员外出发展，并且继续依靠原来的宗族关系在竞争中获利。商帮就是后者的集中表现。而对于独自迁徙异地的移民在建构新的社会组织结构时参照过去的方式，寻找与血缘关系最接近的地缘关系、乡亲乡谊作为纽带也是自然而然的选择。这种因生存竞争的需要，寻找集体力量作为依靠，表现出对本域的认同和对外域的排斥，对所开辟的生存空间（地理、行业）的极力垄断，均表明传统地方宗族社会血缘意识对文化的影响。

会馆中封建宗族文化是如何体现的呢？明清以来，宗族势力和宗族文化发达，他们往往利用宗祠、族规对族人进行管理。族规是宗族内族人均要遵守的行为规范和准则。与之类似，会馆里也是

---

1 《礼记·丧服小记》："亲亲以三为五，以五为九。上杀、下杀、旁杀，而亲毕矣。"

利用会馆章程、简章履行类似的管理职能[1]。这些规范在实践中起到了与族规相似的作用，是会馆封建宗族文化的重要体现。

宗族文化的另一种表现方式就是寻根文化。寻根就是对故土的怀念，它引申出地缘意识和乡土意识，会馆是这种文化的最直接产物。民国《四川达县志》称，会馆是"他省人赛会娱乐之所，亦表示不忘故土之意也"[46]。与传统的宗族文化不同，寻根文化实际上依托的是更加虚幻的精神纽带，它的基础相较于宗族的族规和家庭血亲的约束而言，本身的约束力更加薄弱。但是会馆这种传统社会组织方式的长期存在就不能不让人思考寻根文化背后国人的心理结构特点。其中文化传统保持的自觉意识就成为会馆文化很重要的表征。

3）商业文化

在传统的农业社会中，士农工商的四民格局被视为圭臬。可是到了明中期以后，随着市场行为的发育，人口的激增导致可耕土地的不足，使社会各阶层既感受到商品经济的影响，逐利而弃本业从商，又使得部分人不得不考虑离开土地到外面寻找发展空间，由此以至于农、儒、童、妇亦皆能贾。其中尤以山西、安徽及珠江三角洲等地区为主流[47]。所谓安徽休、歙"贾人几遍天下，良贾近市利数倍，次倍之，最下无能者逐什一之利"[48]。

而商人凭借手中的财富雄踞于社会经济生活的上层，也要求提高其社会地位。其中反映在观念上首先就是明清社会四民观念的模糊化和以"四民异业而同道"[49]为核心的新四民论的出现。人们在择业问题上将对利的追求作为自己的主动追求加以选择，从心理上突破了士农工商的传统社会等级观。其次，商人阶层开始要求更多的话语权和场合，表达他们的思想理念和价值诉求。一方面，他们通过结交官宦，以钱权交易的形式借助官僚的力量间接地申述自己的价值取向以获得社会认可；另一方面，在民间通过积极组织商人会馆公所等民间组织，在会馆的组织建设、管理使用过程中通过大笔捐资、慷慨解囊的方式获得对会馆管理和使用上较强的支配权，表达商人集团自己的人生追求和目标。因此，会馆等作为商人的社会组织，是明清商人在认识明清社会的基础上，建立的一种适合自己生存、发展的社会组织，凝集了商人阶层在精神层面的"商业道德观、伦理心态、经营哲学及文化素养等知识体系和价值体系"[21]。其核心内涵首先是以诚信为主体的儒家道德规范影响下的商业价值观。诚信是儒家重要的道德规范和社会交往的基本准则。其中诚实作为"仁义礼智信五常的根本，孝悌忠顺等行为规范的本源"[2]，是几千年中国人精神生活中很重要的部分，也符合前法律时代商业交往彼此约束的基本准则要求，因此这些基本原则逐渐被商人阶层作为经商之根本予以遵守。会馆作为绅商阶层精神世界的物质代言也体现了这一新兴群体的精神追求和价值准则。例

---

1 管理职能主要内容包括：一、对经营范围的明确，维护同乡共业利益，限制同乡共业竞争，保持传统生产习惯，以及对原料产品价格和规格、帮工待遇、劳动条件、学徒制度、违章争议裁定和公共福利的规定。例如，光绪年间《上海茶业会馆条规》"年来生意艰难，人心小占，成规日坏，弊窦滋多"而出台，全文共计三十款，近三千字，对当地茶商与洋商交易的程序、价格等作了严密的规定，声明"有意违犯、贪做生意，罚银一千两"。二、各地会馆一般都提倡良好的商业道德，主张经商者自律，诸如重信义、除虚伪、敦品行、贵忠诚、鄙利己、奉博爱、薄嫉恨、喜辛苦、戒奢华等内容往往被列入行业条规中。三、对会馆祭祀神贤等重大活动的规定。

2 《朱子语类》卷94《通书·诚上》："圣，诚而已矣。诚，五常之本，百行之原也"。

如，河南社旗山陕会馆主楼"悬鉴楼"上镶嵌着巨匾"既和且平"，寄托了商人和气生财，平安生利的商业期盼；开封山陕会馆拜殿两山的悬鱼上破例写着"公平交易、义中取财"的标语，都反映出会馆作为明清新兴商贾阶层文化代言的身份。

1.4　会馆建筑基本形制及其嬗变

1.4.1　会馆建筑的来源

明清早期会馆建筑有多种基础与来源。除了完全新建，大多采取舍宅为馆和寺观祠庙改造两大类方式。北京早期的试馆型会馆不少是由官宦士大夫捐赠私人宅第进行改建的。例如，北京芜湖会馆就为当时在京任工部主事的京官俞谟（安徽芜湖人）于明永乐年间在前门外长巷上三条胡同买地建造的旅舍，曾作亲朋寓居或涉足商界活动洽谈之所。俞谟后来辞官时，产业交给了同籍的京官晋俭，逐渐成为同籍人聚会的场所。北京福州会馆原在福州馆街，为明万历年间叶向高私宅捐建。位于下斜街的全浙会馆，是清康熙年间赵恒夫寄园旧址之一，后捐为会馆。北京汀州会馆北馆始建于明万历十五年（1587年），由裴应章尚书捐宅为馆。北京安徽会馆原是明末清初著名学者孙承泽寓所"孙公园"的一部分，清同治十年（1871年）李鸿章兄弟在此集资创建安徽会馆。北京湖广会馆原是明万历朝宰辅张居正的宅邸，张宅抄没后改建为全楚会馆。河南开封晋商会馆是在明代中山王徐达后裔的府第旧址上，于清乾隆四十一年（1776年）由旅汴晋商集资兴建。

除了此类有特殊官宦背景的试馆型会馆，各地的移民会馆、行业会馆的兴建与各地祠庙寺观的关联性更强。它们部分由原有寺观改造而来，或采取庙馆合一的形式。安徽芜湖秦晋会馆最初在护国庵，后搬到严家山下的定慧寺，改名为山陕会馆。陕西永寿县监军镇山陕会馆原为龙王庙，后改为山陕会馆。湖北西山陕会馆最初为关岳庙，后以此为山陕会馆。徐州山西会馆最初是云龙山石佛寺（今兴化寺）弥勒殿北的伽蓝殿改关圣祠，后由"明季晋商重修之，为晋商祭祀、集会场所"[引自清顺治十八年（1661年）所立"重修云龙山关圣殿记碑"]。云南昆明湖广会馆始建于明代晚期，又称东岳宫、寿福宫，中轴线上前殿为禹王宫，中殿为东岳宫，后殿为寿福殿，供奉药师佛、月光菩萨和日光菩萨"东方三圣"，另有韦驮亭、娘娘殿等，各种信仰汇集一堂。山西山阳骡帮会馆，关帝庙（会馆）和马王庙（祠庙）南北并列，不分彼此。这种情况在因为经济原因无力单独建馆的县乡镇会馆和小型手工业者行会会馆中更为普遍。民国二十八年（1939年）《巴县志》（卷二十·金石）周开丰《芥观堂铭》一文注明，"东水门准提庵客堂，即（重庆）江南会馆"[50]。四川新繁县福建会馆（福圣祠）原为当地重光寺旧址[51]，成都温江江西会馆原为迎寿寺[52]。

另一些会馆是以先贤祠为直接依托，在历史演变过程中增添功能，逐渐扩建完善成为大规模同乡会馆。安徽亳州山陕会馆先有正殿三间，后加戏楼，再加大殿和东西看楼而成；上海商船会馆是上海最早由同业商人修造的公所，也是先建正殿，后加建戏楼，再加钟鼓楼和厢房。甘肃张掖陕西会馆，初建于清雍正二年（1724年），原为关帝庙，清雍正八年（1730年）由山地客商结帮会改建为会馆。北京有谢枋得祠，谢公在绝食殉国的当年，就有同乡人士在家乡建祠纪念，明代江西人士时常有为谢公请谥祭奠的举动；自明代敕建谢公祠之后，这里就渐成江西人士汇聚的场所之一，江西会馆毗邻而建。以河南省几个著名的山陕会馆为例，皆为山西、陕西商人为祀神明联桑梓集资合建而成，以关帝庙的形式出现。河南社旗山陕会馆，是以清顺治末康熙初年山陕商贾所修关帝庙为基础，在清乾隆时期扩建而成。未修馆舍先修祭祀关羽的春秋楼，后来逐步完善其他功能，并完善建筑形制，突显祭祀功能在会馆中的核心地位。河南洛阳潞泽会馆系清代乾隆九年（1744年）居住洛阳的潞安府（今长治）、泽州府（今晋城）两地商人集资所建，所建之初为关帝庙，后改为会馆。河南开封山陕会馆是清乾隆年间由陕西旅汴商人与山西旅汴商人商定联合建立，后来甘肃商人加入会馆遂易名为山陕甘会馆（图1.6）。建筑格局随各代增建情况有所替兴，整体布局呈扩大态势。会馆的前半部为关帝庙，西部和后半部为办公场所。清光绪二十八年（1902年）又在大殿后增建了春秋楼使建筑形制达到顶峰。从几个会馆共同拥有的门楼倒座、两进院落，戏台坐南朝北面对拜殿、后殿为祭祀关羽之春秋楼等可以明显看出与解州关帝庙建筑格局的相似性。类似做法在全国各地山陕会馆中比较有代表性的还有甘肃张掖山西会馆、四川自贡西秦会馆、青海西宁山陕会馆、辽宁海城山西会馆和山东泰安山西会馆等。（图1.7）

行业会馆也有直接附设于祭祀行业保护神祠庙的做法。据《咸宁长安两县续志》载，陕西西安于清道光九年（1829年）创建的畜商会馆，就附设在西关的瘟神庙，立碑纪事。四川自贡桓侯宫为屠宰行业会馆依附于祭祀行业保护神张飞庙、炎帝庙，实为盐业工人会馆。

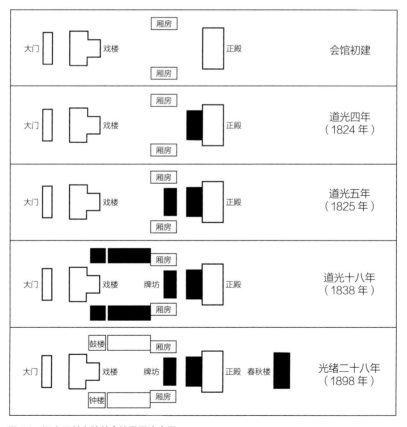

图 1.6 河南开封山陕甘会馆平面演变图
图片来源：冯柯.开封山陕甘会馆建筑（群）研究[D].西安：西安建筑科技大学，2006.

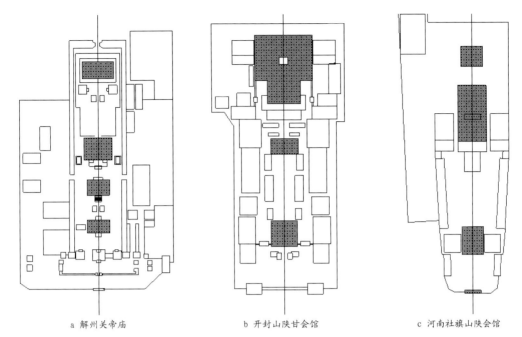

a 解州关帝庙　　　　　　　b 开封山陕甘会馆　　　　　　　c 河南社旗山陕会馆

图 1.7　比较解州关帝庙与开封山陕甘会馆、河南社旗山陕会馆平面
图片来源: 自绘

1.4.2　会馆建筑基本形制

会馆因其功能以"酬神、娱人、议事、旅居、互助"为核心, 故在建筑形制上受到祠庙、寺观、馆驿等多种建筑类型的综合影响, 其中又以先贤祭祀和会馆主要的祭祀酬神活动有着相近的文化背景和仪式需要。因此会馆建筑普遍表现出与先贤纪念性祠庙建筑更为相似的布局特征和功能组成特征, 或以其为核心进行发展。

中国古代礼仪性的祭祀建筑, 主要包括坛和庙以及相关附属。历史上, 名贤祠庙与宗庙、自然神祇祠庙同步发展。自鲁哀公为纪念孔子立祠, 先贤祠庙以孔庙为盛 (图1.8), 系统也最为完整。自汉代始建孔庙于孔子故里鲁城阙里, 历代增扩。唐武德二年 (619年) 在京师国子学内建立周公及孔子庙各一所, 按季致祭, 为在国学内建文庙之始。唐贞观四年 (630年) 令州县学内皆立孔子庙, 文庙制度遍及全国。其建筑格局一般可分为前导、主体、后部等三部分。前导部分包括照壁、泮池、棂星门等; 主体部分包括大成门、大成殿以及两庑等; 后部主要有崇圣祠 (启圣祠)。此外, 还有明伦堂、尊经阁和钟鼓亭、碑亭等从属性建筑。

但是地方性先贤祠庙因为影响力并不及于此, 故多依附故居旧宅或者寺观等修建, 建筑规格制度也并未严格遵循。南宋以降, 朱熹参照司马光私撰的礼书《书仪》"影堂图"制《朱文公家礼》, 提出了祠堂建筑基本形制。"祠堂之制, 三间外为中门, 中门外为两阶, 皆三级。东曰阼阶, 西曰西阶, 阶下随地广狭, 以屋覆之, 令可容家众叙立。又为遗书衣物祭器库及神厨于其东缭。以周垣别为外门, 常加扃闭。""三间"的祠堂以供奉祖宗牌位的功能为主, 举行祭祀典礼只需要在阶下的空地处便可, 或者以简单的屋棚满足基本功能, 尚未对"中堂"(享堂) 有相关确切叙述。到《明会典》所示

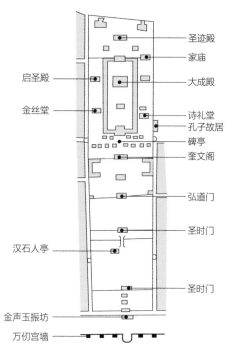

圣迹殿
家庙
启圣殿
金丝堂
大成殿
诗礼堂
孔子故居
碑亭
奎文阁
弘道门
圣时门
汉石人亭
圣时门
金声玉振坊

万仞宫墙

图 1.8　孔庙总平面图
图片来源：自绘

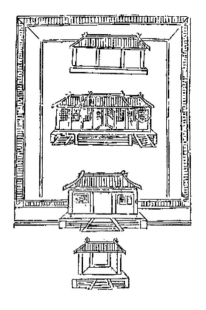

图 1.9　《书仪》（宋司马光）中的影堂图《明会典》中的家庙图
图片来源：豆瓣网《祠堂的变迁始末》

"家庙图"，中堂建筑被明确化，逐步定义了民间祠庙建筑基本形态（图1.9）。尤其是它的中央主体部分，形成了一种由于功能而程式化的空间。其中轴线上依次布置"门屋、拜殿（中堂）和寝室"[53]三部分，形成"中轴对称、前后两进院落、东西两侧为庑或厢房"[1]的基本结构。享堂为祭祖举行祭祀礼仪和宗族议事的场所；寝室用于供奉神主（祖先牌位）之所（图1.10）。这种结构也被民间先贤祠庙借鉴（图1.11）。故清代学者任启运对"庙制"作注曾说："庙外为门，中为堂，后为寝，此言庙制也。一庙之外周以垣，垣有门。"可见祠庙大都呈现院落式格局，并且建立了前堂后寝的空间格局。

会馆建筑的形成历史晚于祠庙，使用功能较祠庙更加复杂，它包括祭祀、观演、宴请、议事、义举和寓居等多项活动，为了合理解决因功能繁杂带来的问题，会馆建筑以先贤祠庙建筑形制格局为基础，祭祀与观演功能为核心，形成"中轴对称、前后两进院落，前院观演议事，后院祭祀酬神，多进多路纵横发展"的基本形制（图1.12）。在具体组织方式上，照壁、东西辕门、戏楼、大拜殿（看厅）以及寝殿依次置于主轴线前后，轴线两侧布置耳楼、钟鼓楼、配殿、厢房，创造层次丰富的空间序列，同时满足礼仪规制和观演需要。为适应节庆日会众观戏、宴饮以及公共祭祀活动的需要，第一进院落往往根据环境形成大的广场院坝。这样的组织方式使建筑群体主从关系分明，空间收放适宜，动与静、亲与疏分区明确，既合乎礼仪制度，又满足了实际使用要求。其中戏楼毗邻街道，每逢

1　光绪《合肥邢氏家谱》记载："家庙者，祖宗之宫室也，制度即隘，亦少不得三进两院，前门户，中厅事，后寝室。"转引自陈志华、李秋香．"乡土瑰宝"系列宗祠[M]．北京：生活·读书·新知三联书店，2006:38.

开戏鼓锣热闹以彰显势力；正对戏楼的拜殿兼具会首看戏、日常商谈接待以及举行祭拜仪式多项功能，同时也是内与外的分界线。以戏楼为中心的前区，是由街道延伸的半公共空间，会众以及乡场中的普通民众在节庆时都可进来观戏吃茶，设市买卖。后区封闭，一般人不得随意进入后面供奉神位的寝殿以及两侧配殿跨院。

在会馆左右厢房的使用上，也依据昭穆制，以左为尊、以东为上，男左女右（也有的地方是男下女上）的原则，东西厢房分别为男性、女性客人使用，男孩在12岁以上皆不得进另侧玩耍，以防发生有损礼仪之事。这种讲究甚至扩展到对院落空间的使用，看戏之众亦需男左女右分地而坐，互不牵扯。会馆建筑这种相对固定的布局方式与空间结构与会馆文化内涵也达到了极好的契合。

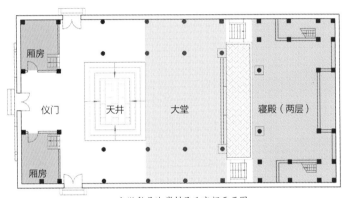

a 安徽歙县池岸村吴氏宗祠平面图

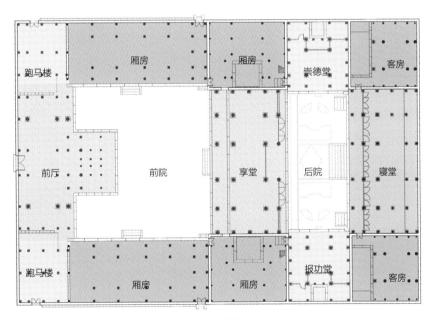

b 江西祝氏宗祠平面图

图 1.10　古徽州地区祠堂建筑布局案例分析

图片来源：单德启.安徽民居[M].北京：中国建筑工业出版社，2009.

姚糖，蔡晴.江西古建筑[M].北京：中国建筑工业出版社，2015.

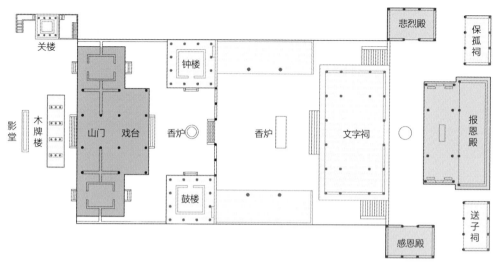

图 1.11　先贤祠建筑布局案例
图片来源: 王菁.从盂县藏山祠探究先贤祠庙建筑艺术特征[D]太原.: 山西大学, 2018.

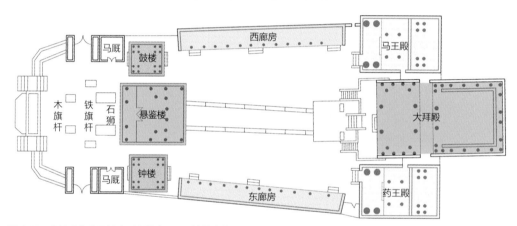

图 1.12　会馆建筑布局基本形制模式图（以社旗会馆平面图为例）
图片来源: 根据网络图片绘制

　　以河南社旗山陕会馆建筑群为例, 除去悬鉴楼前面的前导性空间外, 会馆主体部分前后两进院落。会馆第一个主要院落是面积为2000多平方米的广场, 它是山陕会馆的中心地带, 是人群聚集、举行祭祀仪式的地方。首先, 以下沉式广场连接居于中轴线上的"悬鉴楼和大拜殿、大座殿"几个主要建筑单体。其次, 利用两侧的钟楼、鼓楼, 药王殿、马王殿, 东西马棚围合组成错落有致、庄严肃穆的建筑组团, 在建筑组团面街一侧, "悬鉴楼"与并列排布的左右钟鼓楼三者组合形成一组巍峨完整的建筑形象。最后, 以高台阶、三座石牌坊和东西八字石墙把"拜殿"建筑组团的艺术感染力推向极致。而拜殿后面的第二个院落面积和纵深尺度都远小于前面的院落, 虽然在中轴线末端建有三重檐之春秋楼, 作为建筑序列的有力结束, 起到了精神升华的作用, 但是, 从空间结构看, 其节奏的收、展、放、升（收）变化, 仍然基本体现了会馆建筑功能活动的影响。最重要的拜殿正好处于序列的中心, 前后悬鉴楼组团和春秋楼与之呼应。从建筑形态来看, 南立面沿主街（瓷器街）建筑左右展开，第一层次为照壁，第二层次为悬鉴楼、钟楼、鼓楼、东西马棚与辕门，第三层次为大拜殿、大座殿、药王殿、马王殿，第四层次为春秋楼。从侧立面看，从照壁，到悬鉴楼、大座殿、春秋楼逐渐升高，天际轮廓线丰富多变，依靠纵深的次序设计展示建筑组群变化。（图1.13）

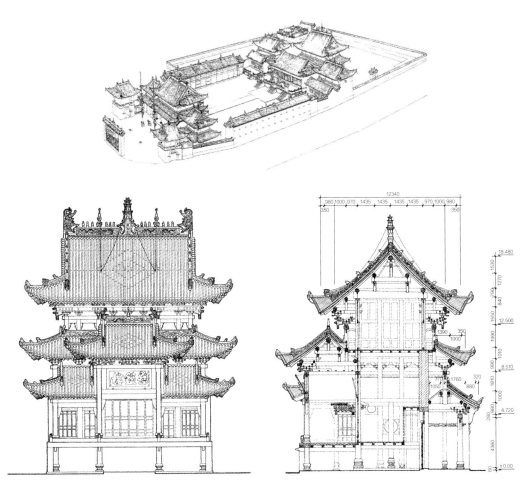

图 1.13　河南社旗山陕会馆鸟瞰图（上）及立面图（左下）、剖面图（右下）
图片来源：社旗县文化局.社旗山陕会馆[M].北京：文物出版社，1988.

1.4.3　会馆建筑布局和空间组织方式的演绎

由于会馆设立之初缘由的不同，功能的侧重、规模的大小的差异，以及会馆所处社会环境条件的差异，全国各地的会馆建筑面貌并不完全类同。

大型会馆一般是实力强劲的省级会馆或者由富商巨贾鼎力资助的行业会馆，建筑规模、功能和装饰都远胜于一般。它们沿用中国传统建筑基本演绎模式，组成多进多路规模庞大的组群，有些还打造花园、游廊等园林环境。北京清末规模最大的安徽会馆，总建筑面积5047平方米，坐北朝南，分中、东、西三路，各路庭院间以夹道相隔，每路皆四进院落。中部为聚会、议事和祭祀的场所，从前到后排列广亮大门、文聚堂、戏楼（魁星楼）、神楼和碧玲珑馆；东路为乡贤祠祭祀部分，排列思敬堂、奎光阁、藤间吟屋等；西路为接待用房，附属园林楚畹堂。河南洛阳潞泽会馆建筑群，采用严格的中轴对称布局,坐南面北,轴线上依次为戏楼、大殿和后殿,这几座建筑严格对称,以此来突出中心强调轴线;另有东西厢房、耳房、钟鼓楼和东西配殿,左右两侧略有变化,布置有九龙壁、文昌阁、魁星阁等(图1.14)。会馆建筑在其鼎盛之际,其规模大得多,有横纵几重院落组成,戏楼多至七至八座。湖北汉口山陕会馆建筑群,分东、中、西三路建筑,西路、中路各有四套院落,东路有两个院落和一座花园,根据馆志记载,会馆正殿前,正殿两侧,财神殿、天后殿、七圣殿、文昌殿前均建有戏楼,其规模、形制远远超出了常规(图1.15、图1.16)。江苏扬州湖北会馆建筑于清同治年间由湖北籍众盐商捐资建造,会馆占地千余平方米,由东、西两路组群布局,房屋数十间;东纵轴线房屋原有前后共五进,有门厅、照厅、正厅、厢廊、后宅,西轴线住宅原有前后三进和院落;大厅排列在原门房之北,面阔三间,檐口较高,大厅以南原有三间照厅,照厅设仪门,大厅与照厅的两端用厢廊连接,形成一个封闭的院落。扬州岭南会馆建于清同治光绪年间,占地5000余平方米,有屋宇近百间,分东、中、西三路并列,中间夹道深巷相隔相通;中路主殿前后五进,依次排列门楼、照厅、

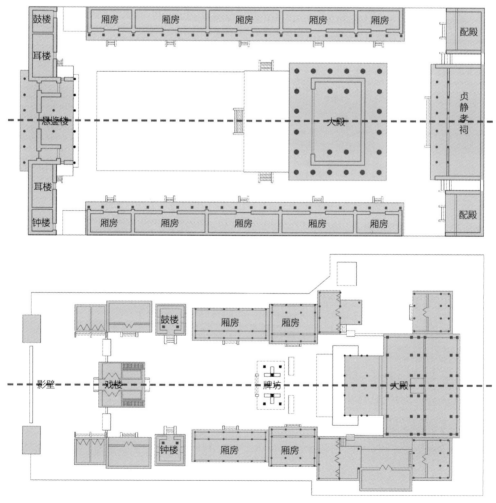

图1.14 洛阳潞泽会馆平面图(上)、开封山陕甘会馆平面图(下)
图片来源:张笑楠.河南地区明清会馆建筑及其室内环境研究:兼论可持续的古建筑保护[D].南京:南京林业大学,2007.

正厅、后殿，两旁置披廊，殿后筑楼宅二
进，再后为园林。山东聊城山陕会馆位于
京杭大运河西岸的东关双街南，始建于清
乾隆十八年（1753年）；会馆坐西面东，
南北阔43米，东西深77米，占地总面积为
3311平方米，由山门、过楼、戏楼、夹楼、
钟鼓二楼、南北两看楼、南北两碑亭、关
圣帝君大殿、财神大王北殿、文昌火神南
殿、春秋阁、望楼、游廊、南北两跨院等组
成，共计160余间。

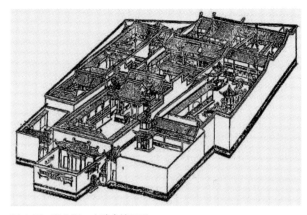

图 1.15　湖北汉口山陕会馆旧影
图片来源：中国戏曲志编辑委员会.中国戏曲志·湖北卷[M].香港：文化艺术出版社，1993.

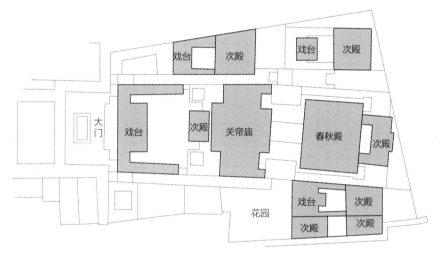

图 1.16　湖北汉口山陕会馆平面结构关系分析示意图
图片来源：刘剀.汉口会馆对汉口城市空间形态的影响[J].机械工程学报，2012（S1）：137-143.

　　而对于那些散落于一般集镇的小型会馆，虽然在规模上远无法与前者比较，但也会结集一方之
力尽可能彰显威仪。据史料记载，四川仪陇县江西会馆修建者陈典润原籍江西吉水，鉴于"铺多故乡
人，乾隆中集议捐赀（资）百钱为会。自道光初徙亡过半，会赀（资）不绝如缕，赖陈君率从子礼泰、
礼柄善经纪之。权其子母累百成千。……同治戊辰（1868年）春，始谋鸠工，创修万寿宫，正殿越二
年成巍然杰构中肖许真君像，而以诸神附飨马事葳"[54]。四川剑阁下寺场陕西会馆，乾隆五十七年
（1792年）陕人建馆三楹，为岁时赛神之所；道光初，增建月楼，至末年廊而新之，置左右廊房；凡
六十年而馆之规模大备。如此竭心尽力，使各地的会馆建筑在清代中后期已然成为城镇中重要的公
共建筑和景观。

　　除去建筑规模大小的影响，因为功能侧重的不同和社会环境及地区差异，各地会馆建筑也呈现
出丰富多姿的形态。

（1）侧重酬神祭祀活动的会馆建筑布局方式

会馆中多神共祀文化的存在，表现在建筑上就是根据增加的祭祀对象，分主祭和从祭（主祭为各省供奉的各自的神祇，从祭的对象主要包括财神、文昌君等）增设专门的祭祀空间，如祭祀关公的春秋楼、关圣帝君大殿，祭祀财神的财神大王北殿，祭祀文昌君的文昌阁、魁星阁等；再就是体现在注重礼制祭祀类建筑对环境氛围的要求上，加强礼仪性前导空间的营造，并使用诸如照壁、牌楼、牌坊、旗杆等建筑小品起到烘托环境的作用。河南社旗山陕会馆根据礼仪规制的要求，在悬鉴楼外设置了一进院落组织照壁、东西辕门、木旗杆、铁旗杆、钟鼓楼、石狮等众多建筑及小品。为了

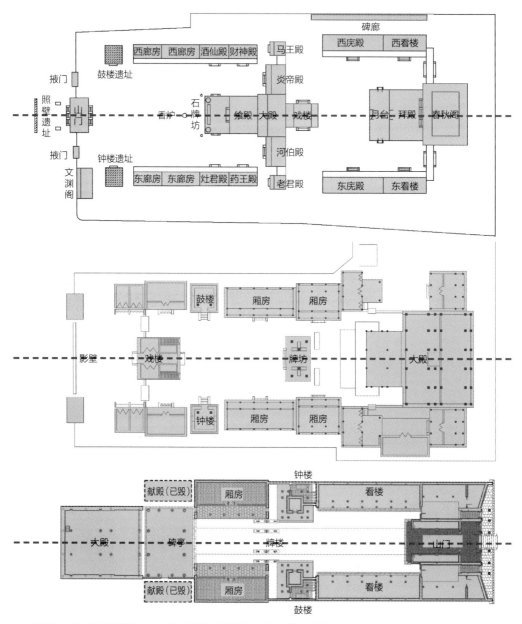

图 1.17 周口山陕会馆（上）、河南开封山陕甘会馆（中）、张掖山西会馆（下）示意图
图片来源:冯柯.开封山陕甘会馆建筑（群）研究[D].西安:西安建筑科技大学,2006.

扩大空间视野,加强院落与周边的联系,在钟楼、鼓楼的一层仅设柱网,形成空间狭小而视野开阔、布局闭合而形象丰富的会馆前导空间。在祀神与娱人的关系上,纪念性和酬神祭祀功能被放在首要地位,娱人功能处于从属地位,带来建筑布局和处理上的变化,有时甚至牺牲观演关系的形成。周口山陕会馆,乐楼与拜殿形成倒座,乐楼直接面朝寝殿,使演戏只是服务神灵而存在。河南开封山陕甘会馆,由于在乐楼和拜殿之间竖立了高大的彰显武圣丰功伟绩的纪功柱——木牌楼,在无形中阻隔了乐楼和拜殿之间的视线关系,使适合观戏的角度很有限。为了酬神,观演空间被追求礼制建筑所需要的空间序列和层次感打破。相同做法见于甘肃张掖山西会馆。(图1.17)对于那些占地不宽松、规模不大的会馆,对祀神功能的注重也会在建筑体量上尽量体现出来。例如,在北京明清会馆中以祀神为主的类型"主体必有一座体量较大,规格较高的殿堂,殿内供奉本行业主神或本乡先贤,兼议事场所。东西厢房为办公用房,倒座常为过厅,如节日酬神演戏,则在院中搭台,倒座房成为扮戏房"[55]。

但是与正统的先贤祠不同的是,因为会馆中议事、集会等公众性商业活动的加入,会馆多少会压缩掉部分祭祀空间。能够参与每年直接祭拜神位的只是会中的会首及重要成员,一般会众的祭拜活动在前区院落进行。这种行为方式上的差异体现出会馆祭祀与祠庙祭祀的差别。

(2)演剧功能占主导地位的会馆建筑布局方式

清代中后期,各地会馆演剧活动的兴盛对会馆建筑布局形式的影响主要有两种:一种表现为"一馆多戏楼"结构的出现,即一组会馆内配置两个甚至多个戏楼。实例见于湖北汉口山陕会馆、浙江宁波庆安会馆、云南会泽江西会馆、四川广汉福建会馆、陕西山阳县骡帮会馆等(图1.18)。它们反映出清中期以后市民文化娱乐生活中戏曲演出的频繁和受欢迎程度,也反映出各省会馆联络乡谊的方式逐渐世俗化,会馆唱戏从最初的娱神仪式转变为日常社交娱乐活动。会馆经济实力之强,在这些雕琢精细、造型优美的戏楼中也可窥一斑。在具体处理上,多戏楼会分出"主与次"。主戏楼位于中轴线前段,小戏楼另设别院布置。云南会泽江西会馆包含主次两处戏楼,分别服务于大众和少数特殊宾客,后者结合侧院布置。也有一些会馆主次戏楼是在中轴线

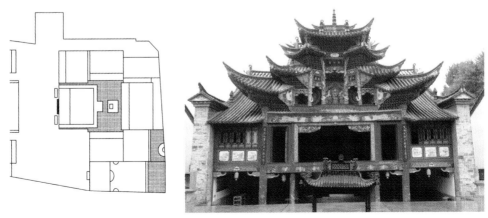

图 1.18　云南会泽江西会馆平面图（包含主、次两处戏楼）（左），江西会馆戏楼近影（右）
图片来源:自绘,自摄

前后进行位置。例如，宁波庆安会馆中轴线上有前后两处戏楼，前戏楼位于宫门、仪门之后，后戏楼位于正殿之后，在祭祀妈祖和行业聚会敬神演戏时各有作用。陕南地区山阳县漫川镇骡帮会馆拥有关帝庙盒马王庙两座院落，对应的戏楼是并排相连的两座，风格装饰各异。（图1.19）

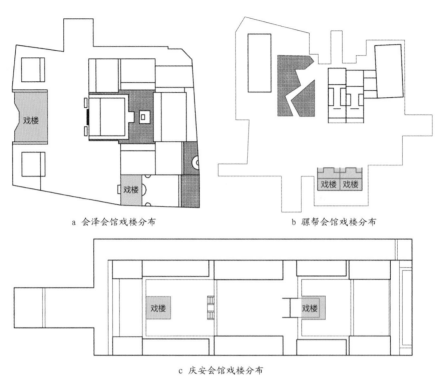

a 会泽会馆戏楼分布　　　　　　　　b 骡帮会馆戏楼分布

c 庆安会馆戏楼分布

图 1.19　会泽会馆、骡帮会馆和庆安会馆三种双戏楼布置方式

图片来源：车文明.中国现存会馆剧场调查[J].中华戏曲，2008（1）：27-51.

李珍玉.陕南清代会馆建筑保护研究[D].西安：长安大学，2017.

另一种会馆演剧活动对建筑布局的影响是伴随着清代后期至民国年间中国城市戏曲演出场所逐步专门化、专业化和日常化需求而出现的。会馆演戏不同于寺庙酬神演戏，在清晚期和近代以后具有更强的俚俗性和商业性。在经历了早期比较严格的仅限于会期演出的阶段后，因为各种理由的商业性会馆演戏活动使会馆观戏逐渐成为城镇居民重要的日常性娱乐方式。明末《祁彪佳日记》中记载，崇祯五年（1632年）八月十五日，"出晤钟象台、陆生甫，即赴同乡公会，皆言路诸君子也，冯邺仙次至，姜崑愚再至，余俱先后至，观《教子传奇》，客情俱畅，弈者弈，投壶者投壶，双陆者双陆"；崇祯六年（1633年）正月十八日说："午后出于真定会馆，邀吴俭育、李玉完、王铭韫、水向若、凌茗柯、李洧盘、吴磊斋饮，观《花筵赚记》"；二十二日说："即赴稽山会馆，邀骆太如、马擎臣则先至矣。再邀潘朗叔、张三峨、吴于王、孙湛然、朱集庵、周无执饮，观《西楼记》。"祁彪佳反复在各地会馆里看戏的经历表明，当时的会馆演戏已经是十分经常的活动，会期演戏也逐渐演变为买票看戏，一天有多场演出的状况。清代后期，一些会馆甚至逐渐放弃祀神的功能成为戏曲演出的专门性场所。创建于清嘉庆十二年（1807年）的北京湖广会馆的戏楼是道光十年（1830年）才增建的。舞台坐南朝北，为方形开放式，台沿有矮栏。台前最初为露天平地，后改为室内戏楼，加建了屋顶。室内连池座加上三面的两层看楼，能容纳近千人观戏。（图1.20）北京阳平会馆建于清嘉庆七年（1802年），以戏楼为主体，十二檩卷棚前后双步廊式，室内空间分上、中、下三层，每层之间有方形通口，底层有坑道，在扮演神仙鬼怪戏时，演员可以在各层舞台之间上下自如，已经和清代宫廷大戏楼相似。北京正乙祠（浙江银号会馆）戏楼在清康熙五十一年（1712年）扩建加盖，罩棚为大卷棚顶。清末，正乙祠、湖广会馆、安徽会馆及阳平会馆的戏楼被誉为"京城四大戏楼"。从此类会馆建筑平面布局的方式可以看出，会馆的观演空间已经替代祭祀空间成为最重要的部分，戏楼与主殿堂及附属廊庑围合成的院落构成了会馆主体，相应的交通流线组织和附属建筑功能的安排更加注重与观演活动和人流疏散需要相配合。（图1.21）

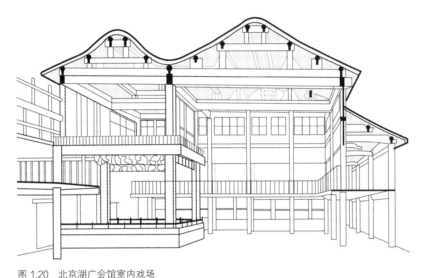

图 1.20 北京湖广会馆室内戏场
图片来源：王世仁.宣南鸿雪图志[M].北京：中国建筑工业出版社，1997.

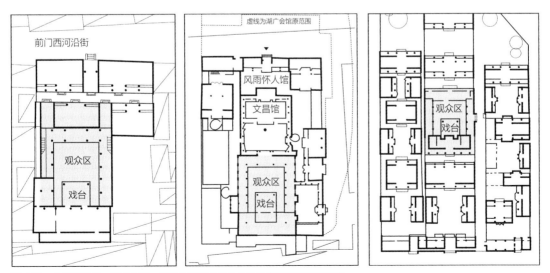

图 1.21 北京正乙祠、湖广会馆、安徽会馆以戏楼为主体的会馆平面布局方式
图片来源：薛林平.中国传统剧场建筑[M].北京：中国建筑工业出版社，2009.

（3）托身于其他建筑类型或受其影响的会馆建筑布局形式

从起源来看，驿馆的功能与会馆最初的使用需要比较接近，但是根据目前获得的历史文献记载和建筑遗存分析来看，大部分已知会馆建筑的形制与传统驿馆、栈房已经没有太多关联。现存会馆中可以明显看出彼此联系的实例以湖南怀化地区洪江古商城会馆为最，古商城会馆建筑平面布局与其他地区的会馆不同，其形制被当地人称为窨子屋。对于窨子屋名称的来历，有两种说法：一种认为窨子屋通印子屋，建筑四周为高墙，外形方正，有如印章，类似云南的一颗印；另一种认为窨子屋通窖子屋，有储存货物留宿客人之意，说明建筑的商业会馆性质。会馆建筑的基本组成一般是"入口处为天井，作采光通风用，有的也有楼梯联系二楼；中间围绕内天井布置，平面布局对称，中间厅堂，两侧厢房，楼梯在厅堂前后或在左右两侧；后部厨厕杂物间部位形成一后天井，作为生活部分"[56]。（图1.22—图1.25）

会馆建筑还受到各地传统民居建筑空间格局影响。云南昆明石屏会馆，建于清代乾隆年间，是石屏在昆明读书学生临时寓所和商贸集会场所。会馆布局受到地方传统民居形式"四合五天井"影响，二层的院与院之间均采用"走马转角楼"回廊连通各个房间。受住宅形式影响而进行建设的会馆建筑更常见于北京，主要原因在于北京有较多由私宅捐赠或者改扩建而成的会馆。它们中间又分为两类比较典型的情况。一类是服务于官宦阶层的大型会馆。"这类会馆基本是省级，多数是本省做了大官的人捐出的大宅，沿用北京大宅三轴并列的格局。所谓三轴，即中部的堂邸轴，原是大宅的礼仪厅堂部分，改为会馆后即成为拜祭乡贤、官绅议事之处。另一类是与其并列的宅院轴，原为官员内眷的住宅，一般是两三进规整的四合院，改为会馆后可成为有身份人员较长期的住所。第三轴是又一并列的斋馆轴，原为主人退居休息，接待私有的书房斋馆，布局灵活，房屋精巧，兼有园林，改为会馆后专供客居京师的高官居住，或本乡官绅诗酒宴集的场所。这三部分以外，原有的厨、库、厕、役等附属用房用地，改为会馆后仍保留服务的功能，或翻建成居住房舍。总之这类大型的会馆

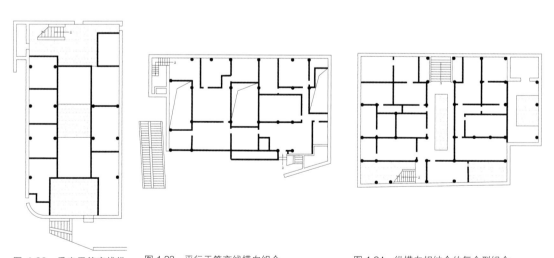

图 1.22　垂直于等高线纵
向三进院组合

图 1.23　平行于等高线横向组合

图 1.24　纵横向相结合的复合型组合

图片来源: 蒋学志.洪江古商城明清会馆建筑研究[J].中外建筑，2005（6）:77-80.

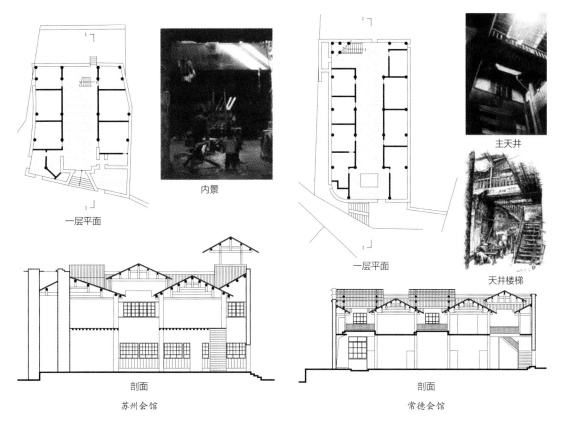

一层平面

内景

主天井

天井楼梯

一层平面

剖面

苏州会馆

剖面

常德会馆

图 1.25　湖南洪江古城会馆建筑群
图片来源:蒋学志.洪江古商城明清会馆建筑研究[J].中外建筑,2005(6):77-80.

一般不接待没有身份地位的府县举子居住"[55]。例如,北京广东南海会馆,清道光年间由官宅改建,光绪年间扩建,南北并列四组院落,最南面一组是光绪年添的三进四合院,北面三组是典型的清代"三轴四部分"官宅格局;中轴主院为礼仪部分,有两进院落,南偏院为居住部分,北偏院为休闲活动部分。

另外,从现存的北京前门地区一些小型地区性会馆建筑看出,规模不大的府县级会馆、省级的别馆或者一般行业会馆在城市中心房屋密集地区,它们没有强大实力实现对类型建筑形态的完全尊重,也就是利用一个或几个四合院,专供同乡试子、低级官员或者来京办事商贾临时居住。在后期添改建方面,从实际需要出发,建筑组织关系比较任意,没有特殊规制。"唯一标志性建筑是会馆大门,都是广亮式或金柱式大门,置于院子中轴线上,门上悬会馆名称的大木匾。但限于体制,尽管内部庭院重重,大门尺度可以很大,但只能是一间。"[55]。北京朝外山东会馆就是当时在京的山东海阳县商人捐款所修之义园(为客居北京的家乡人养病、停枢之所),为简单的一进四合院带东西跨院。(图1.26)

除此之外,会馆也有托身于书院建筑、寺观建筑被设计实现的。湖北汉口新安商人作为最先到达汉口的商人群体,徽州商人在康熙初年创建自己的组织时不忘他们的缔造者身份和朱子道统继承人的身份,所以试图给商人会馆赋予一层区分于其他商人群体组织的文化意义,创建了集会馆和书

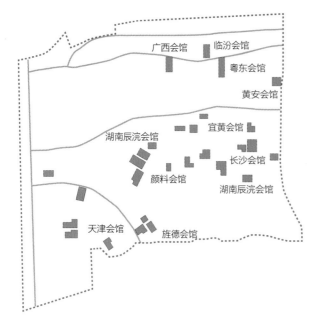

图 1.26　北京前门地区现存会馆分布图、阳平会馆平面及现状　　图1.27　浙江湖州钱业会馆平面图
图片来源: 罗虹.北京会馆建筑遗存研究[D].北京: 北京建筑工程学院,　图片来源: 根据网络图片绘制
2004.

院功能于一体的机构。他们在建设紫阳书院（新安会馆）之初即提出"昔乡先生之旅处于斯也，其心未尝一日忘新安之教，故于乡里聚会之余，共敦孝友睦姻任恤之谊，思有所托以行之永久，乃议创建书院"[57]。他们一方面参与汉口地方商业文化的建设，另一方面则担当起复兴道统、确立秩序、教化民风的文化实践。紫阳书院修建了义学、启秀书屋、藏书楼和六水讲堂，制订了详细的讲学之规和为学之要，并请了硕儒、学者、仕宦和当地官员莅临书院进行讲学，力图将书院的文教功能体系化和规范化。同时，书院内主祭朱子，每年春秋二祭都会请极具权威的仕宦和官员来主祭，并把摹刻的康熙皇帝赐予婺源书院优崇朱子之祭的匾额悬挂于书院醒目之处。书院内的活动除一般的会馆功能外，还多举行文人聚会，以倡兴当地文风。会馆主体建筑格局也主要体现书院建筑的格局，以"尊道堂、六水讲堂、寝室、御书楼、藏书阁、魁星阁、文昌阁、朱子祠、愿学轩"等为主体。

除此之外，明清时期园林文化和私家造园之风也影响到会馆的建造。除了在会馆内利用庭院布置山石树木，营造悦目的园林小景，一些大型会馆的建设与园林营造结合在一起，使会馆建筑在原来规整的序列之外增添了更多自由的情趣。尤其是多戏楼形成的小型观演空间和园林结合起来更丰富了会馆建筑的空间层次。浙江湖州的钱业会馆是江南最大的园林式会馆。会馆始于清咸丰初年集资，购市屋作钱业公产，清光绪三十二年（1906年）建成，占地3000多平方米，是典型的江南园林景观，由三条轴线组合，馆之正宇，前为轿厅，然后是武圣殿和玄坛宫，正宇东边大院前为水池、假山、水榭，后为主建筑拜石草堂和茶楼，后面是主建筑财神阁、经远堂和景行祠（图1.27）。

1.5 小结

会馆是在中国封建社会中晚期形成并且迅速发展的一种地方社会组织形式。会馆的演变和繁荣与我国明清以来人口的杂居化分布、广泛的土地开发利用、商贸活动频繁导致的传统血缘宗族社会结构的破裂，以及近代商贾阶层的崛起等因素都有十分密切的关系。它从最初单纯的同籍同乡之间互助性质的义举，在更加广泛的社会历史背景下，"逐渐演进成一种较具适应性的社会管理组织。它的发展演进历史反映了中国传统社会的管理体制中基层的自治与中央集权的间接控制相结合的管理体制对社会形势变迁的不断适应"[5]。在不同的时期和地区，因为政治经济环境的不同，会馆设会目的也不尽相同，服务人群存在差异，表现为会馆起源和类型的多样性。

会馆建筑在建筑布局方式和空间形态方面形成了与功能相适应的基本程式做法。在其发展过程中，基于会馆建立之基础功能与祠庙具有根本的共通性，以及彼此精神价值取向的一致性，主要借鉴先贤祠庙建筑的基本布局形制，表现会馆寻根文化和地缘文化内核。部分会馆也表现出清代中期逐渐兴起的室内戏场建筑的影响，或结合宅院府第的宜居元素，同时具备本土建筑形式和外来移民建筑文化融合的特色，其突出鲜明的形象成为清代中后期城镇重要的标志性景观。

参考文献

[1] 辞海编辑委员会.辞海[Z].上海：上海辞书出版社，1989.

[2] 李华.明清以来北京工商会馆碑刻选编[M].北京：文物出版社，1980.

[3] 吕作燮.南京会馆小志[J].南京史志，1984（5）.

[4] 韩大成.明代城市研究[M].北京：中国人民大学出版社，1991.

[5] 王日根.中国会馆史[M].北京：东方出版中心，2007.

[6] 商务印书馆编辑部.辞源[M].北京：商务印书馆，1988.

[7] 张秀燕.中国历史上最早的翻译学校——明朝四夷馆[J].内蒙古农业大学学报（社会科学版），2008（6）：324-325.

[8] 刘致平.中国建筑类型及结构[M].北京：中国建筑工业出版社，2000.

[9] 钱杭.中国宗族史研究入门[M].上海：复旦大学出版社，2009.

[10] 苏州博物馆，江苏师范学院历史系，南京大学明清史研究室.明清苏州工商业碑刻集[M].南京：江苏人民出版社，1981.

[11] 刘文峰.山陕商人与梆子戏[M].北京：文化艺术出版社，1996.

[12] 李景铭.闽中会馆志[M]//王日根，薛鹏志.中国会馆志资料集成：第一辑.厦门：厦门大学出版社，2013.

[13] 宗稷辰.山阴会稽两邑会馆记[M]//王汝丰.北京会馆碑刻文录.北京：北京燕山出版社，2017.

[14] 谭其骧.晋永嘉丧乱后之民族迁徙[J].燕京学报，1934（15）.

[15] 卷3祠庙[M]//开江县地方志办公室.新宁县志：清.道光十五年版.北京：中国文史出版社，2014.

[16] 吴越风土录[M]//王锡祺.小方壶斋舆地丛钞：影印本.杭州：西泠印社，2004.

[17] 江苏省博物馆.江苏省明清以来碑刻资料选集[M].北京：生活·读书·新知三联书店，1959.

[18] 张海鹏，张海瀛.中国十大商帮[M].合肥：黄山书社，1993.

[19] 广西壮族自治区通志馆.太平天国革命在广西调查资料汇编[M].南宁：广西壮族自治区人民出版社，1962.

[20] 隗瀛涛.近代重庆城市史[M].成都：四川大学出版社，1991.

[21] 张明富.明清商人文化研究[M].重庆：西南师范大学出版社，1998.

[22] 江苏省博物馆.江苏省明清以来碑刻资料选集[M].北京：生活·读书·新知三联书店，1959.

[23] 马敏, 朱英. 传统与近代的二重变奏: 晚清苏州商会个案研究[M]. 成都: 巴蜀书社, 1993.

[24] 王日根. 明清会馆与社会整合[J]. 社会科学研究, 1994(4): 101-109.

[25] 苏州市工商业联合会, 中国民主建国会苏州市委员会. 苏州工商经济史料: 第一辑[M]. 苏州: 吴县文艺印刷厂, 1988

[26] 傅崇矩. 成都通览[M]. 成都: 巴蜀书社, 1987.

[27] 万江红, 涂上飙. 民国会馆的演变及其衰亡原因探析[J]. 汉江论坛, 2001(4): 77-80.

[28] 李华. 明清以来北京工商会馆碑刻选编[M]. 北京: 文物出版社, 1980.

[29] 刘建生, 王云爱. 山西会馆考略[J]. 中国地方志, 2003(S1): 70-74.

[30] 卷5 风俗[M]//四川省南充县志编纂委员会. 南充县志. 成都: 四川人民出版社, 1993.

[31] 卷1 秩祀[M]//王正玺, 周范. 同治毕节县志稿, 1874(同治十三年).

[32] 蓝勇. 清代西南移民会馆名实与职能研究[J]. 中国史研究, 1996(4): 16-26.

[33] 顾德曼. 家乡、城市和国家——上海的地缘网络与认同, 1853—1937[M]. 上海: 上海古籍出版社, 2004.

[34] 单强. 江南区域市场研究[M]. 北京: 人民出版社, 1999.

[35] 居民志[M]//罗绶香. 犍为县志, 1937(民国二十六年).

[36] 四川省大竹县志编纂委员会. 大竹县志[M]. 重庆: 重庆出版社, 1992.

[37] 窦季良. 同乡组织之研究[M]. 重庆: 正中书局, 1943.

[38] 王日根. 论明清会馆神灵文化[J]. 社会科学辑刊, 1994(4): 101-106.

[39] 王梦庚, 寇宗纂. 道光重庆府志: 卷2 祠祀志[M]//中国地方志集成: 四川府县志辑. 成都: 巴蜀书社, 1992.

[40] 谢惟杰. 嘉庆金堂县志: 卷1 建置·会馆[M]//中国地方志集成: 四川府县志辑. 成都: 巴蜀书社, 1992.

[41] 冯任修, 张世雍. 天启新修成都府志: 卷3 祠庙[M]//中国地方志集成: 四川府县志辑. 成都: 巴蜀书社, 1992.

[42] 朱之洪, 向楚. 民国巴县志: 卷2 建置下·庙宇[M]//中国地方志集成: 四川府县志辑. 成都: 巴蜀书社, 1992.

[43] 朱之洪, 向楚. 民国巴县志: 卷5 礼俗[M]//中国地方志集成: 四川府县志辑. 成都: 巴蜀书社, 1992.

[44] 冯尔康. 中国家谱综合目录[M]. 北京: 中国书局, 1997.

[45] 钱杭. 中国宗族史研究入门[M]. 上海: 复旦大学出版社, 2009.

[46] 蓝炳奎, 吴德准. 民国达县志: 卷9 礼俗·风俗[M]//中国地方志集成: 四川府县志辑. 成都: 巴蜀书社, 1992.

[47] 王文禄. 策枢: 卷四[M]. 北京: 商务印书馆, 1936.

[48] 卷2 风俗[M]//何东序, 汪尚宁. 嘉靖徽州府志. 北京: 书目文献出版社, 1998.

[49] 余英时. 中国近世宗教伦理与商人精神[M]. 合肥: 安徽教育出版社, 2001.

[50] 周开丰. 芥观堂铭[M]//国家图书馆善本金石组. 明清石刻文献全编. 北京: 北京图书馆出版社, 2003.

[51] 顾德昌, 张粹德. 嘉庆新繁县志: 卷21 寺观[M]//四川省地方志编纂委员会. 四川历代方志集成: 第二辑. 北京: 国家图书馆出版社, 2015.

[52] 张骥, 曾学传. 民国温江县志: 卷21 寺观[M]. 成都: 温江区地方志办公室影印本, 2004.

[53] 陈志华, 李秋香. "乡土瑰宝"系列宗祠[M]. 北京: 生活·读书·新知三联书店, 2006.

[54] 卷4 艺文[M]//曹绍樾, 胡晋熙, 胡辑瑞. 同治·仪陇县志: 清光绪补刻本, 1907(清光绪三十三年).

[55] 罗虹. 北京会馆建筑遗存研究[D]. 北京: 北京建筑工程学院, 2004.

[56] 蒋学志. 湘西南洪江古商城建筑源流与形态特征[J]. 南方建筑, 2006(3): 55-59.

[57] 张明富. 试论明清商人会馆出现的原因[J]. 东北师大学报, 1997(1): 41-46.

第2章　明清移民与四川地区移民会馆地理空间分布

　　"移民"是指在空间上离开本土迁入新区入籍，或在时间上多年移居新区但并未入籍的区域间人口移动。"移民"与短暂游离本土的"游民""流民"相别。在历史上，战乱、灾荒以及政策性政治移民、经济移民等都曾导致大规模的人口迁移，这在四川地区历史上明清以前曾有过。

2.1　明代移民与移民会馆的早期兴建

2.1.1　明代移民的动因和分布

　　明代自东部向西南部地区的长期移民活动从元末战乱、夏政权建立开始，直至明中后期，主要包括夏政权时期的移民、明初的政府移民以及明中后期的自发移民等。究其原因，各个历史阶段各不相同。有避元末战乱的，有随明玉珍入蜀的，有从征留戌四川卫所的，有奉旨填川的，有因罪流徙充军的，有仕宦不返的，等等，大致可分为政治逼迫和经济利益驱动两大动因，地方志书多有记载。前者如民国《灌县志·赋辞·谱牒》记载"杨氏，河南灵宝县人，明嘉靖中宦游来蜀，遂家于潼川府三台县之桃子园居数世"。而经济利益驱动型移民主要指自明洪武二年（1369年）始，明朝出现自东部向西南方向的大移民，开始是"江西填湖广"，随后演变成"湖广填四川"。因为经过宋金、宋元、元明之际的战乱，两湖平原已是人口稀少、土地荒芜，而江西却经过宋元时期的发展，成为中国第一人口大省。与此同时，湖广的面积却是江西的2.5倍，人口与土地的这种关系成为江西填湖广的基本原因。随着明朝统一战争的进行及明初移民政策的推行，出现了江西人口大量流入湖广的所谓"江西填湖广"现象，并直接引发了移民继续西进的"湖广填四川"移民潮，即"自元季大乱，湖湘之人往往相携入蜀"[1]。明朝的屯边政策又导致了不少于20万军队移民西南，而其家属随军使入川人口数量更远超过这个数字。明代的移民一直到明灭亡仍未结束，只是后期稍有减少，这一历史事件被历史学家们称为四川移民历史上的第一次"湖广填四川"移民潮[2]。

　　从人口来源上看，明代移民主要迁出地为"湖北麻城孝感乡"[3]。这一点通过查阅各地志书和留存族谱可以看出。民国《荣县志》记："明太祖洪武二年（1369年己酉），蜀人楚籍者，称是□年由麻城孝感入川，人人言然。"民国《内江县志》称："内邑旧户祖籍多属楚麻城，邻邑亦然，人多不识其故，沿称洪武二年奉诏迁麻城之孝感乡人实蜀。"民国《资中县志》称："玉珍为楚北随州人，其乡里多归之，逮今五百余年，生齿甚繁。考其原籍，通曰湖广麻城孝感人为尤多。"简阳《汪氏族谱》称："汪氏世居江西徽州府黟（黝）县，地名猪市街竹林嘴。后迁湖广黄州府黄冈县高河坎汪家集，后又分迁麻城县孝感乡蒿枝坝大松树。至明朝洪武四年，我远祖兄弟四人奉旨入川。"不一而足。除此之外，江西、河南、安徽等省份也陆续有迁徙入川者众多。《道光重庆府志·氏族》记载，"姬姓、涂山氏、巴氏、平阳氏、谒氏为本土土著,刘氏其先本湖广兴国州人,六世名珉,一者元末迁蜀卜居巴县;粟氏,自称蹈虏子,其先楚松滋人,本宿姓,元末避乱入蜀;周氏,其先世名天禄者,本江西清江人,贡生;程氏,其先河南人,宋南渡后家徽州,复迁楚之麻城孝感乡,徐州孝辉兵起,卒二避乱入蜀;江氏,本黄冈人,在元时避乱入蜀居江津石桥里"。综合统计志书中记载,明代四川约80%氏族来自外省。(表2.1)在此次移民活动中,也首次出现了四川移民史上移民来源以南方人居多的现象。

从方言构成角度看,四川方言中的老湖广话和赣方言主要是明代移民所遗留。在考证了现在老湖广话主要分布地(四川的中江、金堂、广汉、德阳、绵阳、乐至、遂宁、蓬溪、蓬安、资中、内江、宜宾、三台、绵竹、安县、江油、潼南、威远等县市)可以看出,明代移民多分布在四川盆地的中部地区[1]。由此反映出这一阶段的外来移民深入巴蜀腹地,主要属于农耕移民,多分布在土地肥沃、自然条件比较优越的四川中部地区。

表2.1 方志族谱所载各时期湖广籍入川移民家族分区统计(单位:个)

时 间	湖广地区入川移民家族数量				同期迁入四川的移民家族总数
	原 籍			合 计	
	麻 城	孝感乡	其余州县		
元 末	28	12	28	68	96
夏时期	30	51	24	105	121
明洪武时期	73	45	35	153	196
明永乐至明后期	109	48	90	247	438
合 计	240	156	177	573	851

资料来源:谭红.巴蜀移民史[M].成都:巴蜀书社,2006.

2.1.2 明代四川地区移民会馆的早期兴建

明代大量的湖广入川移民相比于唐宋以来,四川的原住民属于外来力量,他们与本土居民的融合过程开启了明清以来四川移民社会形态的最初建构。在此期间,一些界定族群关系、联络地方乡土势力和建立"客与主"认识的川主庙、土主庙以及湖广移民的禹王宫,江西移民的万寿宫、萧公庙、水府宫等开始修建。地方志书中的较早记载可见《明天启新修成都府志》(卷三)"祠庙"记载,"禹王宫,府治东万历七年建,都御史罗公瑶、王公廷,瞻御史何公汝成虞公怀忠先后经始布政刘公庠李公江发布,成都知府张大器修建;射洪祠,祀陈子昂,为射洪土神;忠利白马土主庙,内江治南半里,祀汉将庞统一,洪武中建(注:此例的建庙时间,已经早于前人研究之会馆创建最初时间);濛阳土主庙,彭县东,祀陈韦;铁风土主庙,彭县北五十里,祀隋桃;蜀先主庙,崇庆治西四十里,有唐碑及房琯文;孝感庙,德阳治西北四十里,祀汉姜诗"。早期外省人的会馆可见《重

---

1 资料来源:崔荣昌.四川方言的形成[J].方言,1985(2):6-14. 崔荣昌.四川省西南官话以外的汉语方言[J].方言,1986(3):186-187. 崔荣昌,李锡梅.四川境内的"老湖广话"[J].方言,1986(3):188-197.

庆市江北区志》载："明正德七年（1512年），江北旧城修建弋阳观；明崇祯元年（1628年），江北旧城修建水府宫（萧公庙）。"《明嘉定州志》记载："萧公庙，会江门内，永乐十二年建。万寿宫在会江门内，祀许真君、萧公，江西省客民建。"此外，南充、广元、达州等地方志中也有万寿宫、禹王庙的记载。不过，相比于清代会馆的普及，明代四川地区会馆建设的数量和见于史料的分布都非常有限，远不及当时兴建寺庙、道观和地方先贤祠的状况。以明代《天启新修成都府志》（卷三）"祠庙"记载为例，所记祠庙寺观总共58所，会馆仅7所[1]。现存明代成都地图中也还没有会馆的身影。（图2.1—图2.3）

据考证，四川地区现存最早的会馆遗构是德阳中江县仓山镇明代禹王宫大殿。它在修建时间上与目前学界普遍认为的会馆始建时间明嘉靖年相近。

图 2.1　明代四川地区移民会馆分布图
图片来源：自绘
底图来源：谭其骧.中国历史地图集[M].北京：中国地图出版社，1987.（GS〔2006〕380号）

---

1 笔者根据明代《天启新修成都府志》所载祠庙会馆名录统计而成。

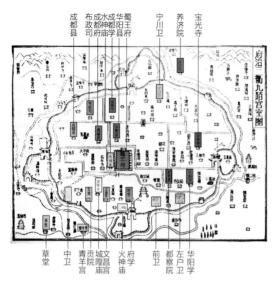

图 2.2　明代成都府城内主要公共建筑分布图
图片来源: 张新明.巴蜀建筑史[D].重庆: 重庆大学, 2010.

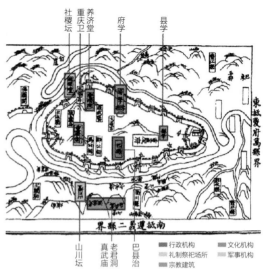

图 2.3　明代重庆府城内主要公共建筑分布图
图片来源: 张新明.巴蜀建筑史[D].重庆: 重庆大学, 2010.

2.2　清代移民历史及移民人口地理空间分布

2.2.1　清代移民历史背景和特点

明崇祯末年到清康熙初年,四川地区经过了继宋末元初之后又一次长期战乱。整个四川境内的汉族广大地区,只有川西南所受战祸较轻,其他绝大部分地区均处于兵祸战火之中,地区人口大幅度下降。欧阳直《蜀乱》中记载了清兵平定四川后的情形,"自此,东、西、南三川归清,蜀乱暂定矣,自乙酉以迄戊、己(亥),计九府一百二十州县,惟遵义、黎州、武隆等处,免于屠戮。上南一带,稍有孑遗。余则连城带邑,屠尽杀绝,并无人种。且田地荒废,食尽粮空。未经大剿地方,或有险远山寨,间有逃出三五残黎,初则采芹挖蕨,继则食野草,剥树皮。草木俱尽,而人遇且相食矣"。《四川通志》记载:"蜀自汉唐以来,生齿颇繁,烟火相望。及明末兵燹之后,丁口稀若晨星。"与此同时,清初四川又相继发生大旱、大疫、大饥荒,甚至"虎患"[1],造成人民逃亡,土地荒芜。正如众多史料所描述的那样:"顺治康熙之间,蜀中如草昧初开"[4];"百里无烟,人民所存有数,频年进剿,迁移仅存皮骨"[5]。据康熙二十四年(1685年)人口统计,经历过大规模战事的四川地区仅余人口9万余人[2]。从清顺治后期起政府开始逐步实行与民休息的政策,其中最重要的就是移民入川政策。这股移民潮开始于清顺治十年(1653年),高潮迭起自康熙中叶至乾隆年间,嘉庆年间是尾声。据统计,仅从清康熙十年(1671年)算起,至乾隆四十一年(1776年),前后一个世纪内,四川地区合计接纳移民共达623万人,占是年四川总人口的62%[据统计到清乾隆五十六年(1791年),四川全境人口

1　康熙初年,四川广安文人欧阳直著有《蜀乱》一书,记述了虎患的情况,"蜀中虎患,自献贼起营后三四年间,遍地皆虎"。
2　据《清朝文献通考》卷19记载,康熙二十四年(1685年)四川为18509丁。有关"丁"的定义参见林成西《移民与清代四川城镇经济》。

已达948.9万][1]。同时，移民来源也十分广泛。据清末《成都通览》对当时成都人口构成所作的统计，"现今之成都人，原籍皆外省人。其中，湖广25%，河南、山东5%，陕西10%，云南、贵州15%，江西15%，安徽5%，江苏、浙江10%，广东、广西10%，福建、山西、甘肃5%"。在一个时期内如此大量的移民竞相迁入同一个省区的现象，在中国历史上也是十分少见的。清代的入川移民主要表现为以下几种类型。

1）初期：政策强制性移民

清初，政府为了安抚地方，稳定局势，在顺治十年（1653年）宣布"四川无主荒地听凭百姓垦种，永占为业，并免田赋五年；本省逃亡在外者，准予回籍；外省移居四川者，准予入籍"[6]。但是当这样的政策还不足以迅速回流人口的时候，清康熙开始出台了更加强硬的移民政策，即由政府强令川籍人口回流和外省人口迁移入川。据载，清康熙七年（1668年），四川巡抚张德地上奏折提出"要重振四川天府之美名，惟有招徕移民开垦土地，重建家园，除此似无别的良方上策"[7]。具体措施包括："将因战争等原因逃亡在外的原籍四川人遣返回川。对那些已经置业外省不愿弃业回籍的川绅，捆绑押解上路。同时来自秦楚等地转战入川，被清军战败的农民军等，作为俘虏，清兵也可能把他们捆绑押解归农，定居四川。通过行政手段从人口密集省份移民入川，主要包括两湖、江西、广东和福建等地。"[2] 这样的举措又包括两种情况：定期强制迁移和给予一定鼓励政策。康熙元年（1662年）颁下移民垦荒诏，将两湖、两粤、陕西、福建等十余个省内部分地区的人口集体迁移入川。康熙十年（1671年）规定"各省贫民携带妻子入蜀开垦者准其入籍"[8]。康熙二十九年（1690年）"定入籍四川例，凡他省民人在川垦荒居住者，准其子弟入籍考试"，同时限制入川移民回流。[9] 为了组织移民入川，顺治和康熙年间，还两度在湖广和四川地区共设一个总督，时称川湖总督，先驻湖北荆州，后驻重庆，从而推动形成一股巨大的移民洪流。《潼南县志》记载，著名的双江镇杨氏家族远祖杨文秀，原籍江西吉安府泰和县，南宋末年曾在湖南永州府零陵县当县令，第二年，宋亡，不能归籍，就在湖南辰溪县定居。清康熙三十五年（1696年），杨文秀的后裔光字辈的堂兄弟三人先后来到四川，沿涪江北上，分别在蓬溪、遂宁、江油三县落户。《邓氏族谱》和《广安州新志》均记载广安邓氏原籍为江西吉安府庐陵县，后迁移至湖北，再至广安。

2）中期：自愿耕殖移民

到康熙中叶，由于长江东南部人口增加过于迅速，因人多地少，某些地区的人民自愿移民四川。据成都龙潭乡《范氏祖谱》记载，祖先是由广东长乐县迁移入川的客家人，其入川始祖范端雅（广东范氏第十一代）在其家谱中指出："丈夫志在四方，奚必株守桑梓，吾闻西蜀天府之国也，沃野千里，人民殷富，天将启吾以行乎。"《奉节县志》记载《邓氏族谱》，"闻蜀兵燹之余，田土广有，奉文招民开垦承粮。康熙三十六年（1697年），我伯高祖文奇公入川"。在清政府的政策鼓励下，大批来自外省的移民纷纷进入四川垦荒，形成一个规模宏大的移民运动。据载，"康熙中期，

---

1 数据来源：鲁子健.清代四川财政史料：上[M].成都：四川社会科学出版社，1984. 谢中梁.二千年间四川人口概况[J]. 四川大学学报（哲学社会科学版），1978（3）：103-114.

2 引自《唐氏宗谱》中《圣祖仁皇帝招民徙蜀御诏》，四川省图书馆影印本。

湖北宝庆、武冈、沔阳等处人民托名开荒携家入蜀者,不下数十万"[10]。到雍正时期,这股移民潮有增无已,"雍正五年(1727年),两湖、广东、江西等省之民'因本地歉收米贵,相率而迁徙四川不少数万人'。由长江水路入川的外省移民,是日以千计"[11]。乾隆年间,仍有大批广东、湖南移民假道贵州入川。仅乾隆八年到十三年(1743—1748年),"由黔赴川就食者共二十四万三千余人"[1]。而总体估计"清代入川的福建移民数量在三十万左右,广东移民数量在八十万左右"[10]。如此移民大举入川之势,到乾隆中叶以后逐渐衰减,乾隆末年才渐趋停息。

3)中后期:商业、手工业移民

清乾嘉以来,四川地区以其丰富的物资资源,如井盐、茶叶、丝绸、猪鬃、棉粮等吸引了大量入川经商的异乡人,他们将本地特产运往东南部及中原等地区,并将各地物资返销回四川,带动了不断增长的东西部资源互补性流动;同时,因为特殊的地理位置,四川地区是西南内陆省份及地区(贵州、云南、西藏等)通向我国东南及中原经济发达地区的交通枢纽和物资中转站;再加上川西及云贵少数民族地区的逐步开发,带来大量因商而迁移入川的移民。如四川新津县,"乾隆中叶以后仍有外省闽、粤、福建、湖南、云贵诸人经商来县,遂家于是。其后有山陕、江西等数省人亦因经商留寓斯地"[11]。

这种商贸性质的移民在分布上较之普通迁居式移民有更强的目的性,即以资源为目标,追求利润。因而移民扎根之地,或是产业中心,或是各级交通与商贸中心,或是政治文化与信息中心等。以这一时期著名的山陕商人为例,他们在四川地区经营的商品品种广泛,包括颜料、食盐、纺织品等。据载,"山西商人在天津开的日升昌颜料庄,其经营之铜绿来自四川,晋商遂来往于川、津之间"[12];而最重要的川盐运销,"所称盐商者,多山、陕之民,而且本地之商殷实者少,大半皆西商"[13];自流井光绪年间"积巨金以业盐业者数百家,规模最盛之时直接或间接从事盐业生产的人数达数十万人,这些人中间十之八九为外地移民"[14];山西商人还从事川丝、夏布等商品的大宗贩运,如川东生丝交易中心綦江扶欢坝丝市,"每岁二三月,山陕之客云集,马驮舟载,本银约百万之多";川西生丝交易中心成都簇桥镇,丝店林立,每逢场期,大量生丝由山陕商运销陕西、山西、甘肃、北京。四川荣昌、永川、江津等县盛产夏布,富商大贾购贩京货,遍于各省,这些商贾也多是山陕商人。

2.2.2　外籍移民入川的迁徙方式及路线

清代"外省移民入川"主要包括三个方向:一是湖北、湖南、广东、福建、江西、浙江等东南部省份移民;二是陕西、山西、甘肃等北部省份移民;三是云贵地区移民。主要迁徙方式包括水路和陆路两种,迁徙路线的形成和选择受到"自然条件、交通便利与否、移民经济条件以及历代官道、驿道、商道线路变化"等的影响(图2.4、图2.5)。

四川地区自然环境在影响交通路线的形成与选择上主要表现出两大特征:一是境内山脉众多。东西陆路交往困难,但是南北方向利用谷地交通较为通畅。二是境内水系比较发达。长江横贯东

---

1 数据来源:陈振汉、熊正文、萧国亮.清实录[M].北京:北京大学出版社,2012.

西, 同时境内河流及支流众多, 有大小河流千余条, 其中流域面积在500~1000平方公里的有230余条, 通航河流124条。正是由于这种独特的地理环境和发达的水系, 自古以来, 四川逐步形成了"利用长江以及支流航道由西南向东的水运交通"和"自北向南沿横断山脉走向的陆路交通"两类交通体系, 区域内以及与外界的所有交通联系及经济贸易往来皆与这两类交通方式息息相关, 这也基本决定了各时期移民迁徙的方向与路线。

图 2.4　清代以来四川地区水陆交通网络示意图

图片来源: 自绘

底图来源: 谭其骧.中国历史地图集[M].北京: 中国地图出版社, 1987. (GS〔2006〕380号)

图 2.5　清代以来四川地区水陆交通网络沿途风物

图片来源: 《1946年长江三峡》老照片

1）东南省份入川

（1）水路

水路主要包括两条路径。最主要是指"利用长江的上水行船，溯长江过三峡，途经川东各沿江州县到达重庆，进而利用岷江西进直至成都"。民国《达县县志》载录的刘行道的《况猷顺刘杜氏合葬墓表》中就记载，"先世江西高安县人……自其祖懋迁，转侧溯江入蜀，始卜居蜀东北达州麻柳场"。这条航线成熟较早，自古也是淮盐入川"扬州—成都"的水运路线，在隋唐时期就已经广泛使用。[1]（图2.6）但是作为人数规模庞大的清代移民，来源包括福建、广东、江西、江浙等地，经由湖南、湖北逐次迁往，前一个阶段多采取走陆路，湖北麻城作为重要中转站，从"中（西）馆驿、歧亭至阳逻，从阳逻才溯江而上，经武昌、嘉鱼、城陵矶、监利、石首、荆州、松滋、宜昌、秭归、巴东、巫山、夔州、云阳、万县、忠州、丰都、涪陵、长寿，最后到达重庆，行程大约3400余里"。虽然路线比较成熟，但据考证这条水路并不是东南部移民的主要途径，究其缘由，主要因为上水行程长、资费较贵、水路风险大等。尤其三峡水道"起自奉节，经瞿塘峡、巴峡、巫峡，终于湖北宜昌"，长1200余里，落差大，水流急，险滩多，故翻船事故屡有发生。

图2.6 淮盐入川"扬州—成都"的水运路线

图片来源：自绘

底图来源：谭其骧.中国历史地图集[M].北京：中国地图出版社，1987.（GS〔2006〕380号）

---

1 据《四川盐业志》载："隋唐时，商人贩运江淮海盐，集于扬州，以木船装载沿运河南行25里进入长江，溯江上行经重庆至戎州（今宜宾）进入岷江，经乐山而至成都。扬州至成都水程5777里，为长江中下游与西川间重要航运干线。"

另外一条水路是指"江西、广东、福建、湖南各东南省份移民先到四川酉阳州的秀山，再沿乌江向北，抵达重庆，转逆长江而西，到泸州、宜宾，再沿沱江逆流而上，最终到达自贡、资阳、成都平原地区"。自贡的盐巴也是从这条路销往湖北及其他省份的，它被誉为"酉州通道"。

（2）陆路

除水路外，大部分东南各省移民仍然从陆路入川。据学者考证，此类入川移民路线有多条。一条线路自湖北荆州一带，由麻城中馆驿——西馆驿、歧亭、阳逻，再从阳逻经黄陂到孝感，由孝感往西，经云梦、应城、京山、钟祥、荆门、当阳等中转站至宜昌。在宜昌渡郎水河与四渡河至秭归、巫山、夔州（奉节）、云阳、广安、蓬溪、中江、新都至成都。这条迁徙路线途经32地，行程大约3000余里，大约要花两个月甚至更久。这一方向还有两种路线：一是依清代"湖广路驿道"，即"从云阳到万州，经梁平、长寿到重庆，再经隆桥马驿、内江、资阳、龙泉驿至成都"；二是依清代宜昌大路，即清代修建的"官马大道"，"从云阳到万州，经南充、三台至成都"。还有一条路线自湖南湘西进贵州，翻越黔西山区，进入川南，或翻越大巴山，进入涪陵地区再向川中和川西迁移。特别是在川西成都平原周边定居的移民，他们在四川境内的迁移少则十年，多则二十多年，往往历经两三代人的努力，而最终得以休养生息。（图2.7）

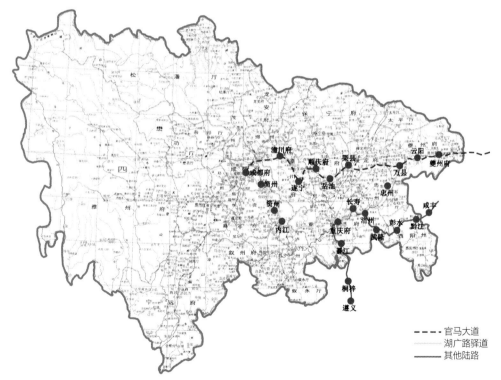

图 2.7　东南省份入川移民陆路迁徙路线示意图
图片来源：自绘
底图来源：谭其骧.中国历史地图集[M].北京：中国地图出版社，1987.（GS〔2006〕380号）

客家人作为一个特殊的族群，其迁徙路线主要有三条：第一条是从粤东、粤北经湖南的汝城、桂东、茶陵，浏阳、平江再抵长江。第二条是从粤东、粤北经湖南的宜章，郴州、祁阳、邵阳、常德，最后沿长江流域经湖北的恩施溯江而上入川。在川东垦殖若干年后，分北上和西进两条路线迁徙。北上的客家经广安、仪陇，向巴中、通江方向移动。西行部分的客家在泸县、隆昌、富顺、威远等川南地区垦殖相当时期后，一部分仍留在川南，一部分沿沱江、岷江河谷北上，抵达川西，至成都等川西地区垦殖定居。第三条是途经贵州入川的路线，经毕节、遵义南路入川。

2）北方省份入川

北方跨省移民的入川路径主要集中在四川北部地区的"川陕"和"川甘"通道上。自古关中地区就有和蜀地的陆路交通，史载"武王伐纣，蜀亦从行"，"武王伐纣，实得巴蜀之师"，说明早在商周时期，四川就与中原、西北有交通联系。另据《四川盐业志》载："在北宋以前，就有自陕西通向成都的陆路运输线，……途中山路险峻，峭壁悬岩，尚有虎豹出没，商旅聚徒而行，屡遭噬食……"而历代"川陕通道"确是颇为发达，主要包括"川陕北路，越秦岭开辟的四条道路：陈仓道、褒斜道、傥骆道、子午道；川陕南路越岷山、米仓山、大巴山往东的古道主要有：阴平道、金牛道、米仓道"[15]。

"陈仓道"起自先秦，至秦汉时已形成由四川穿越秦岭通往陕南、关中的惯行路线。以道路北端为陈仓县而得名；因途中沿嘉陵江上源故道水而行，又名故道。其路线自长安西行至凤翔、陈仓、黄花川，沿故道水行至凤县，经勉县、百牢关，沿金牛道入蜀或经褒城至汉中。

"褒斜道"是古代咸阳、长安越秦岭通往陕南、四川的主要道路，历史最为悠久。《华阳国志》称其始通于三皇五帝，《读史方舆记要》称 "褒斜之道，夏禹发之"。史载秦王、蜀王打猎时在褒斜道相遇，秦王以"赠能屎金石牛"骗得蜀王派五丁开通金牛道，说明褒斜道历史远早于金牛道。此道因沿斜水与褒水两条河谷而行，北端在眉县斜谷，南端在汉中褒谷，故称褒斜道。其路线自长安出发，由斜谷口入秦岭南行，经桃谷川、太白县、两河口、褒姒铺，穿石门或越七盘岭出褒谷口南下汉中。

"子午道"是古代四川通往关中的重要通道之一。《汉书·地理志》云："北山为子，南山为午，共成子午道。"子午道因其走向南北而得名。古有新旧道两条。旧道是汉王莽时修建的，出长安，沿子午谷、翻秦岭经石泉、饶峰关至汉中。新道是南北朝时梁朝改建的，从长安起，沿子午谷，经喂子坪、子午关，翻秦岭经江口、腰岭关等至宁陕老城，南下过饶峰关至子午镇，沿黄金峡，洋县、城固至汉中。

"傥骆道"得名于其南端路口位于汉中洋县傥水河口，北端路口位于周至县西骆峪，是川陕北路中与褒斜道、子午道、连云栈道齐名的，最快捷也最险峻的一条古道。

"阴平道"起自甘肃阴平（今文县），穿越岷山东去汉中，南接梓潼，至四川平武，江油等地；途经金牛道侧绕过剑门之险，经绵阳、绵竹等地而达成都；又可西入南坪、松潘，北接武都、陇西。公元263年，魏将邓艾伐蜀，在原有山间小道上凿山开道偷渡阴平灭蜀。之后此道便是秦、陇入川的要道之一，史称 "邓艾伐蜀道"。

"金牛道"是战国末以来川陕间的重要交通线。史载秦国欲取巴蜀而难逾山河之阻，故秦王诈言以能便金之石牛赠蜀王，蜀王贪而遣五丁开路以迎石牛，公元前316年秦军由此入川灭巴、蜀，故此道称金牛道或石牛道。其路线自陕西勉县始,过七盘关至广元,再经剑门关出剑阁、武连、梓潼直抵石牛铺,南下达成都。

"米仓道"是古代陕西汉中翻越米仓山入蜀之古道。它从汉中南郑起,翻大、小巴山,过米仓山进入蜀地,由南江至巴中,再沿巴河、渠江南下重庆;又可经南充、合川直抵江州;还可经南部、三台、中江直达成都。

清代山陕移民入川的主要路线基本利用了以上古道的部分线路及当时所修"川陕驿道"。主要指西通路和东通路。其中,西通路又称"彰明陆路",指从陕西越秦岭入川达广元穿剑门、梓潼、绵阳直达成都;或者从广元分路,经盐亭、潼川、中江、广汉至成都;同时,也有穿剑门而东行再南下达川北上部要地巴中、苍溪、阆中、仪陇、南部。因此该区域为四川川北地区县镇密集地,以这些城市为点而连接起的道路成为入川后移民分散川北各县的重要通道。东通路是指在川东北"从万源经宣汉(古东乡县)、达县,直达重庆"(图2.8)。

图2.8 北方省份入川移民迁徙路线示意图
图片来源:自绘
底图来源:谭其骧.中国历史地图集[M].北京:中国地图出版社,1987.(GS〔2006〕380号)

3)云贵地区入川

部分广东、广西、湖南(接近贵州的地区)的移民和贵州、云南两省移民入川主要沿东南部的渝黔通道和西南地区的川滇通道。有移民高峰时期的部分统计:自乾隆八年至十三年(1743—1748

年),"广东、湖南二省人民由黔赴川就食者共二十四万三千余口",五年中经过黔赴川移民人数平均每年近5万人。移民从这些方向进入四川东南部和南部,再逐步扩散到其他地区。

从贵州入川主要通过清代官马大道"巴县大路"的支路"綦江大路(焚溪道)",从遵义到桐梓,经綦江到达重庆,或者沿乌江向北进入酉、秀、黔、彭等渝东南地区。

从云南入川主要利用历史上著名的"古代南方丝绸之路"基础上逐步发展出的陆路交通网络。

"南方丝绸之路"是指由天府之都顺横断山间南北向的民族走廊而下,在横断山底部西向跨越深沟巨壑,途经缅印直通欧洲的这样一条沟通东西方经济、文化的商贸路线。主要线路根据不同历史时期略有改变,称谓也不尽一致,基本包括:

南路(或称东路):秦国蜀郡守李冰时开始修凿,秦朝时在云南设置郡县,续修此路。汉武帝时征调巴蜀民续修,于公元前112年完工,称"焚道"或"西南夷道",包括两部分。(一)"岷江道":由成都出发,沿岷江南至焚道(宜宾),因宜宾为汉楚道县所在,故又称为楚道。(二)"五尺道":由宜宾渡江,至南广(高县)、云南盐津县,再至大关、朱提(昭通)、宣威等县,复至黔西北威宁,转向西入云南味县(曲靖),经平原镇到谷昌(昆明)。以后一途入越南,一途复西至普朋驿与西路汇合于下关。因此线险隘,驿道不可能遵秦常制,仅宽五尺(合今三尺),故名五尺道(也有学者将以上两部分合称为五尺道)。它是四川盆地通往云贵高原的重要通道。根据目前所能见到的文献资料,最早走这条线路的古蜀先民的知名人物是秦灭蜀后南迁的蜀王子安阳王。安阳王率领兵将3万人沿着这条线路进入了越南北部红河地区,建立了瓯骆国,越南历史上又称之为"蜀朝"。

西路:此为汉代司马相如沿古牦牛羌部南下道所辟筑,故又称"牦牛道"。其余分段以地名称之(如临邛道、始阳道、产道等)。此道由成都出发,南下汉代铁都临邛(邛崃),青衣(名山),复南至雅安,严道(荥经),越邛崃大山(唐之大相岭,今泥巴山),至旄牛(汉源),出清溪至甘洛、阑县(越西)、喜德诸县,途经汉灵关、过泸沽峡,进入亦宁河流域的串珠状盆地,至汉越嵩郡、邛都(西昌);再沿河南下至拉酢,渡金沙江至云南大姚、阑县(大理)等地,西向至普朋驿,过云南驿至下关。

永昌道:西南丝路在下关以西至保山一段。因保山为汉永昌郡,是经营西南的最前哨。到保山后道路再延伸至缅甸的密支那或八莫,进入缅甸和东南亚。这条路最远可达"滇越"乘象国,可能到了印度和孟加拉。

清代"大理大路"是在明代云南路驿道发展而来的从成都到西昌的官马大路。至西昌分两路:其一,自西昌沿安宁河南行,渡雅砻、金沙二江的会合点入云南境,经盐丰、宾川至大理;其二,自西昌西行,渡雅砻江,经盐源,入云南永北,复渡金沙江而达大理。

从移民迁徙路线选择的多样性可以看出,大规模的各路移民充分借助了四川地区既有的水陆交通网络(干道—支路—小路),通过经年的不间断渗透,新移民逐步进入到四川地区绝大部分的城镇和乡村。(图2.9)

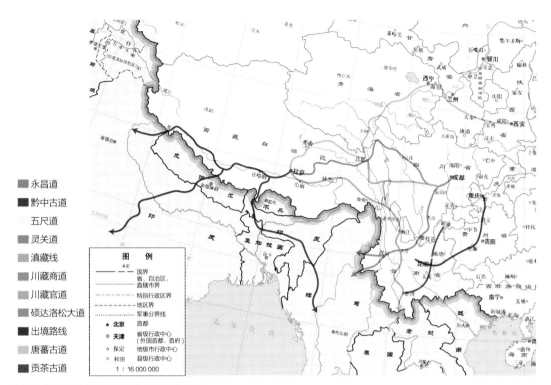

图 2.9　云贵地区入川移民迁徙主要路线示意图

图片来源：自绘

底图来源：自然资源部标准地图服务系统（GS〔2016〕2925号）

2.2.3　清代四川地区各籍人口地理分布特征

1）外籍移民入川后的地理分布

　　各籍移民在四川地区的空间分布不仅取决于移民入川的路线，还受到"地理位置反映的距离递减规律，移民来源的社会历史因素和移居地的自然和社会环境状况"[16]，以及移民从事行业性质与地理空间的关联性等因素的影响。

　　清代中期以后，最初的入川移民由于受到四川省境内社会、文化、经济、自然资源各种力量综合的影响，导致了再迁移的持续发生，反映在历史上不同时期各地人口统计数字的变化上。以重庆为例，据考证，"清康熙末年，重庆府占全川人口的19.3%，夔州府占11.9%；雍正以后最初的农耕移民逐渐由川东向川西、川南、川北疏散，到嘉庆中期，重庆府和夔州府的人口占全省的比例分别降至11.3%和3.2%；而随着四川经济重心的东移，重庆人口又出现回升，至清宣统二年（1910年）统计，重庆府人口占全省人口的15.8%，位居全省第一"。从人口数量超自然增长水平的大幅度变化，可以看出后期迁移的特点主要表现为川内的广泛流动和移民逐渐向资源丰富地区、平坝地区以及沿江河（长江，嘉、涪、岷、沱及其他主要支流）经济较发达城镇的集中。前者是大规模人口迁移的基本规律，后者则是受到经济因素的驱动。（表2.2）

　　从空间形态上则表现为，中期移民东西横向迁移，即自川东地区向川西平原地区的再迁移；南北纵向迁移，即自川北地区向川南腹地及云贵地区迁移和不规则地扩散性迁移；从移民迁徙路线上表现为,相对的中心(城镇)区域或沿江中心(城镇)地区向不沿江、地势偏僻、经济不发达、未开垦或自然资源相对贫乏的地区迁移,以及从汉民族聚居区向少数民族聚居区的迁移。中后期移民则表现为相对快速地向经济发达地区、资源丰沛型、交通枢纽型城镇和重要场镇的再聚集。这一过程最终带来各籍移民在四川地区地理空间分布上的差异。

表 2.2 清代入川移民籍贯的地理分布差异表

地 区	各地所占比例(%)								
	湖 广	江 西	陕 西	广 东	福 建	浙 江	贵 州	云 南	其 他
成都平原	31.3	20.6	19.4	17.8	7.9	2.7	—	—	—
川东地区	47.2	18.4	8.1	—	4.3	10.8	10.8	—	—
川中地区	29.7	6.4	7.8	21.2	15.9	7	7.6	1.2	2.8
川北地区	30.4	16	18.8	20	8.8	3.2	2.8	—	—
川南地区	31.7	21.4	4.5	21.4	19.6	—	2.1	2.4	2.4
全省合计	32.9	13.9	10.4	18.2	12.8	4.62	4.76	0.94	1.4

表格来源:蓝勇,黄权生.湖广填四川与清代四川社会[M].重庆:西南师范大学出版社,2009.

从移民来源可以看出湖广两省是移民的主要力量,基本占到入川移民总量的三分之一甚至更多。清康熙年间陆箕永《锦州竹枝词》"村虚零落旧遗民,课雨占晴半楚人"恰是其写照。其次为江西、广东、福建移民;陕西、山西移民再次之;其他省份移民相对数量更少。黄权生先生根据研究明清四川地区移民后地名空间分布状况也对各籍移民数量比例提出看法,进一步指出湖广籍移民在明清入川移民的主体地位。在移民籍贯地理空间分布上,川东地区的湖广、江西移民最多,超过半数;陕西移民集中在川北和川西地区,继续南迁者主要集中在产业资源丰富的少数地区,如川盐产销地区的城镇;川南地区湖广、江西、广东、福建、云贵移民比例比较均衡。这些都反映出各省移民入川迁徙路线和产业形态对移民分布的重要影响。川中地区除早期湖广移民为主外,后期广东、福建移民较多,这反映出省内地区间长期迁徙的结果。

2)客家移民入川后的地理分布

客家是汉族中的一个重要民系,四川是全国五大客家聚居省之一。他们大部分是随着"湖广填四川"的移民潮入川垦荒创业,从此在四川繁衍生息。此一现象又被称为客家人迁徙史上的"西进运动"。根据史料、家族谱牒统计分析,整个四川人口主要由湖广人和粤、闽、赣、桂客家人两大部分构成,湖广人和客家人分别占四川当时总人口的40%和33%。其中广东地方文献和四川地方志以及客属族谱等史料证实,来自广东的四川客家人大多数从嘉应、韶州、南雄、惠州、潮州等地区迁入。由于善于保持传统习俗,来自闽粤赣边迁入四川的"客家人"群体逐步形成了比较独立的聚居区。通过考证四川客家方言的分布,大致可以看出四川地区客家移民的主要分布区域有四片:川西以沱江流域及成都东郊为中心,包括龙泉驿区、成华区、青白江区、新都、金牛区、锦江区、金堂、广汉、德阳、双流、新津、温江、郫县、彭县、都江堰、什邡等。川南以隆昌为中心,包括内江、资中、资阳、简阳、仁寿、彭山、富顺、宜宾、威远、合江、泸州及凉山州所辖的西昌、会理等三十八县（市、区）。川北的江油、三台、安县、仪陇、盐亭、巴中、通江、广安。川东地区的环境客家人较难适应，大部分客家人从川东进入四川后，沿着金堂境内的沱江流域迁徙后翻过龙泉山到达成都平原地区，少部分客家移民在重庆巴县、涪陵、荣昌、合川一带聚居（图2.10）。

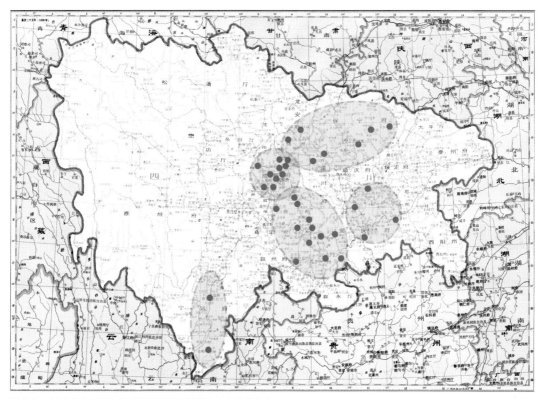

图 2.10　清代至今四川与重庆地区客家人及客家方言岛的分布

图片来源：自绘

底图来源：谭其骧.中国历史地图集[M].北京：中国地图出版社，1987.（GS〔2006〕380号）

3）清代四川土著居民的地理分布

清初四川人口锐减，据载，清顺治四年清军入成都人户尚有"残民千家"，到了康熙三年（1664年）仅剩残昆"数百家"[1]。例如，崇庆县在康熙六年（1667年）仅有"一百三十三丁，不过数百人，此为崇庆历史上最少记录"[17]；新津县"土著仅余数姓，然皆逃外县，匿迹洪雅"，"民无子遗，荒榛满目"[18]；郫县"土著之民，靡有子遗。如孙村、范村、刘村等，皆因其姓而名之，而户口则甚寥寥"[2]。重庆城在康熙元年（1662年）"为督臣驻节之地，哀鸿稍集，然不过数百家"；"合川（今合川县）领三县，兵火合计遗黎才百余人"；"大足县止逃存一、二姓，余无子遗"[19]。到清初，四川全省土著"为33%左右"[3]。可见明末战乱对各地的破坏程度不一，四川各地存留的土著居民并不相同。从张献忠五次入川作战区域来看，前三次受战乱影响较大的地区主要在川东和川北地区，后两次虽

1　佟世雍，等.康熙成都府志：卷10[M]//成都市地方志编纂委员会，四川大学历史地理研究所.成都旧志.成都：成都时代出版社，2008.

2　《郫县乡土志》（清）黄德润、姜士夸纂，1908。

3　蓝勇，黄权生."湖广填四川"与清代四川社会[M]. 重庆：西南师范大学出版社，2009.

然影响到川南地区,但战乱中川南除泸州曾有激战外,其他州县是"所至多迎降"[1],人口耗损相对较轻。清初其他地主武装战乱不已,如川南杨展抢掳叙州、马应试抢掳泸卫,使得下川南受到战乱影响与其他地区一样酷烈。但由于前面所受损耗较小,人口基数还相对较大。况且上川南地区受清初战乱影响十分小,如顺治三年(1646年),周士祯将嘉定城大门打开,居民连夜出逃以致"全活甚多"[2]。当时川北及川东地区的许多居民为了躲避战乱,都纷纷躲到川南地区和黔北、滇中地区。据统计"明末清初四川居民外逃共24例"[3],有21例可知外逃地点,其中外逃上、下川南和云贵地区的有14例之多,分别是在川南、洪雅、嘉定、天全、建昌、雅州、云南和贵州遵义,约为可考的66%。如新繁刘文义逃往"蜀南穷谷中",何奇根逃往"川南"[4];同时一些土著也外逃到川西地区。民国《灌县志》记载"献忠祸川,文物殚尽,遗民西入山中,侨寓松、茂、威、理"。傅迪吉《五马先生纪年》记载了顺治五年(1648年)邓蛛一带"其地人民极其富庶,朝朝请酒,日日邀宾,男女穿红穿绿,骑马往来者不可胜数,且鼓锣喧天,酒后欢呼之声彻于道路。又有修造之家,斧凿之声相闻不绝"。这种场面显然不是刚经重创的情景。故任乃强先生称:"至顺治七年时,蜀人大体已尽。惟嘉定、峨嵋、犍为一区最称丰足。叙、泸、重、涪、万、遵义与松、茂、雅州、保宁一带,略有人迹而已。"[20] 另有刘景伯《蜀龟鉴》记载:"川南死于献者十三四,死于瘟、虎者十二三,而遗民百不存一矣。川北死于献者十三四,死于摇黄者十四五,死于瘟、虎者十一二,而遗民千不存一矣。川东死于献者十二三,死于摇黄者十四五,死于瘟、虎者十二三,而遗民数万不存一矣。川西死于献者十七八,死于瘟、虎者十一二,而遗民十万不存一矣。"《蜀龟鉴》的记载明显表明当时川南地区所受损失相对较小,川东地区和川西地区损伤较大,当时川东北地区几乎全是移民,无土著可言了。总体上由于战争因素,原住民保留较多的是川南和川西南以及川西地区。

2.3 清代四川地区移民会馆的地理空间分布

2.3.1 清代四川地区移民会馆的建设

由于移民迁徙和大家庭结构的破裂,明清时期四川移民社会宗族势力发育起点比较低,时间比较晚,整体势力不及江南豪族。由于宗族势力是中国封建社会的一类组织细胞和宗法制度的重要组成部分,清代中期四川各地出现了迅速恢复和修建宗祠的现象。除了一些依靠宗族集体迁入,在定居后迅速得到恢复,建立了自己的宗族体系的之外,他们入川后,"不完全靠繁衍后代的方式建立本姓家族,而是在立足移民地后,建立祠堂,形成家族声势"[21]。在《张氏溪南祠序》里有这样的记载:"溪南者,福建南靖大溪之南也。吾族来蜀数百家,州祠凡三,言溪南所以自别也……经始乾隆戊申冬,落成于壬子嘉平,历五稔而藏事,共费八千缗有奇。"[22] 即张氏从入川到建祠,经历了约60年的时间。

---

1 任五采.直隶泸州志:卷9[M]//中国地方志集成:四川府县志辑.成都:巴蜀书社,1992.

2 欧阳直《蜀警录》,三味堂刻本,1912年(民国元年)。

3 胡昭曦.张献忠屠蜀考辨[M].成都:四川人民出版社,1980.

4 出自四川省图书馆藏《中江县黄氏族谱》。

除此之外还是有更大部分移民，或受制于单姓宗族建祠所需费用，多是"富贵之家有宗祠，有蒸尝公产"[23]，或还无力形成宗族的聚居，所以另一种超越单纯血亲血缘的，以多姓氏同籍同乡地缘关系为纽带的社会组织——移民同乡会馆在宗族关系重建的清代中后期迅速兴盛。它使清代四川地区民间社会组织方式从单一的宗族亲缘组织向范围较大的地缘组织转变。民国《灌县志·礼俗纪》这样记录了当时会馆的情状："……县多客籍人怀故土，而会馆以兴彼各祀其乡之闻人，使有统摄于以坚，团结而通情谊，亦人群之组织也。"民国《大足县志》中记载："吾国人民向无团体。清初移民实川，于是同籍客民联络醵资，奉其原籍地方通祀之神，或名曰庙，或名曰宫，或名曰祠，通称会馆，是为团体始。"[24] 还有民国《西昌县志》载："原夫间关万里，邑聚一方。或动祀典之思，或兴枌榆之念，势宏力厚，则广厦而细旒；地僻孤村，亦数椽而小筑。或春秋隆祈报，或风雨话乡邦。"[25] 类似文献记载在四川地区各县县志中均有。

清代四川地区会馆兴建始自清康熙年间。根据《成都通览》中的记载，最早的清代会馆是康熙二年（1663年）修建于成都的陕西会馆和《雷波县志》记载修建于康熙五年（1666年）的郫县南华宫。此后各地关于会馆修建的文字记录和形象资料逐渐丰富。到清代中期，随着移民在四川各地扎下根来，经济力量逐步积蓄，移民会馆大量集中性修建起来，乾嘉时期四川出现了"争修会馆斗奢华"的奇观。重庆主城著名的八省会馆主要集中兴建于清中后期。据《民国巴县志》（卷二）《建置下·庙宇》中记载，"巴县建有外省移民会馆总十所，即湖广会馆、江西会馆、广东会馆、福建会馆、山西会馆、陕西会馆、浙江会馆、江南会馆和云贵公所、齐安公所"，涉及十二省的移民。其中最早建立的湖广会馆始建于乾隆十五年（1750年），云贵公所是建立最晚的一个，系光绪二十一年（1895年）由云贵商人捐资而建。而其他七个会馆基本在此之前建立（图2.11）。

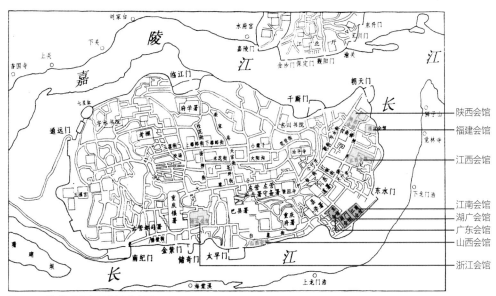

图2.11　清代重庆市区会馆分布图

图片来源：自绘

底图来源：隗瀛涛.近代重庆城市史[M].成都：四川大学出版社，1991.

从成都市会馆修建先后时间可以看出，成都平原最初以陕西移民为主，陕西会馆是城中建成时间最早的会馆，后来才逐步有湖广与江西会馆等。同时，由于湖广、江西移民数量增多超过了陕西移民，因此后期修建于成都地区的湖广、江西会馆数量还是超过了陕西会馆。从一个侧面印证了"江西填湖广""湖广填四川"的历史渊源。由于地理区位的关系，成都平原地区陕西移民的数量本来相对比例就较大，占到了13%，因湖广移民迁入成都平原比陕西移民迁入成都平原相对更慢，故成都平原最初陕西移民最多，这一点从移民会馆的建立时间上也得到了印证（图2.12）。康熙时王士正就谈到当时成都大半为秦人的状况；清初余生生《蜀都行》也谈到当时成都"经商半是秦人集"的状况。在后来的雍正、乾隆时期大量湖广移民进入后，湖广移民才占了多数。

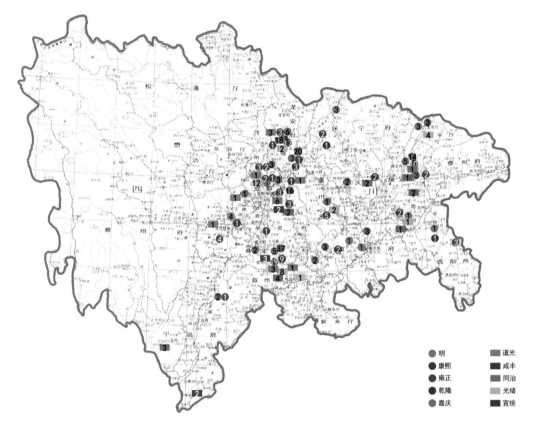

图2.12　明清四川地区会馆建设时间及分布图
图片来源：自绘
底图来源：谭其骧.中国历史地图集[M].北京：中国地图出版社，1987.（GS〔2006〕380号）

不仅中心城市如此，移民在各自聚居地兴修会馆的风气也非常兴盛。仅以福建会馆为例，据各地县志考证，"在四川12个府、7个直隶州和1个直隶厅及其他们所辖的90个州县厅内都有福建会馆。若按清嘉庆年间四川的行政建制来看，除茂州直隶州和松潘、石柱、杂谷、愁功、太平五个直隶厅境内无福建移民会馆建置的记录外，其余的直隶府州厅内均有福建移民会馆的建立，其中成都府所辖的3州13个县全都有福建会馆的建置"[26]。也就是说，除了移民数量极少的部分地区，大部分移民在聚居地都会建立自己的会馆。会馆类型主要包括湖广、广东（含客家人）、广西、江西、福建、陕西、山西、贵州、云南、江南、河南、安徽、山东等会馆,往往是一个城镇多省会馆并存,也有一个城镇同省会馆分立多个的情况。在此基础上,一些移民大省还大量建立地区级会馆。如嘉道时期在云阳从事棉布贩运的"多湘汉人,故城内外多两湖会馆,并有岳、常、澧、衡、永、保诸府分馆"[27];大足县城与各场镇共计有湖广会馆21所,其中省级会馆禹王宫10所,其余均为地区级会馆,如"濂溪祠(湖南永州会馆)4所,帝主宫(湖北黄州会馆)3所,召公祠、宝庆宫、四府宫、黄州庙各1所"[1];或者在一个大会馆下设本省不同地区移民使用的专区,如清代重庆江西会馆因规模较大,会馆内又分成"八府"。而对于移民少的地区,往往根据地源接近的原则共建一馆。如清代成都的燕鲁公所,实为直隶、山东、八旗和奉天各省地共同兴建。

根据最新的文物考察结果和对四川134部有会馆记录的县志进行核查,各类会馆共计2152所。不少县志对会馆已经做了专门分类记载和描述,例如民国《大足县志》明确记载境内各地"共14个场镇的44个会馆",足见会馆之普及。但是这个数量还并非清代四川移民会馆之全部,还有大量散布在场镇、乡村中的会馆没有被完整统计。因为与其他地区会馆多集中在大城市和重要商贸口岸城镇不同,四川地区会馆分布非常广泛,以清嘉庆二十一年(1816年)刊印的《四川通志》记载为依据,县志中有会馆记载的城镇占到总数的90%以上。以重庆地区为例,不仅老城内分布着十处会馆,下属1495个乡镇中基本都有会馆的记载或存在,它们往往被人们称为"九宫八庙、九宫十八庙",和当地其他寺观祠庙混杂在一起。这一时期甚至在偏远的川西藏彝地区和渝东南土家族苗族少数民族聚居区也有会馆记载。茂县亚坪有川主庙、凉山越西县有川主庙、凉山西昌有川主庙、南华宫和禹王宫;石柱西沱镇有禹王宫、万天宫;秀山县有帝主宫、万寿宫等。综上所述,与全国其他地区比较起来,清代四川地区会馆总量应居全国前列。(表2.3)

表2.3　清代四川地区地方志中记载会馆数量统计表

会馆	厅州县	湖广	广东	江西	福建	陕西	贵州	云南	山西	四川	江浙	地方	行业
数量	2152	523	361	361	149	198	59	20	70	300	9	46	56

表格来源:自制

会馆修建时间相对集中的状况通过研究各地方志也可以看出,乾隆以前的县志版本少有会馆记载,县志中大量出现会馆记载的多是嘉庆以后的版本,考虑到史志记载的都是建成的会馆,移民同乡组会和修馆的时间应该在记录之前,因此可以推断四川地区会馆大量修建在嘉庆修志以前。学者黄友良考证了23个县的客家移民会馆资料,总结出"107所已知修建时间的客家会馆中建于乾隆、嘉庆两代者占到了总量的56%"[26],也可从一个侧面印证这一推断。

嘉庆以后,四川地区会馆修建热潮继续持续,尤以道光、咸丰时期为主,"庙产益富,神会愈多"[28]。不过这样的热潮在清同治时期迅速褪去,至宣统已少有新建会馆的记载。这一点和东部商品经济发达地区有一些差别,如上海、武汉等大型城市直至民国初年还有积极兴建商人和行业会馆的记载。可见清末长江上游区域民族手工业经济迅速衰落使会馆这种组织形态和其建造热情受到

1　郭鸿厚,陈习删.民国重修大足县志:卷2 方舆 [M]//中国地方志集成:四川府县志辑. 成都:巴蜀书社,1992.

很大冲击。到新中国成立前,四川地区会馆基本退出历史舞台,曾经的辉煌湮灭在历史尘烟中。

2.3.2 清代四川地区移民会馆分布的总体特征

影响会馆类型和会馆分布状况的因素主要是移民数量、移民籍贯来源和移民类型在四川各地的分布情况。根据各地史料文献和学者们的长期研究[1],基本规律是某地移民人口越多,会馆越多;某地移民来源越复杂,移民会馆类型越多,得以形成 "九宫八庙" "九宫十八庙" 或者 "十宫八庙" 的盛况。会馆分布的密度和数量也与地区城镇经济发展水平和城镇分布密度呈正比关系,自然条件优越、经济发达、城镇化水平高的川西平原、川中丘陵地区会馆分布越密集,周边偏远地区会馆数量与分布密度逐渐降低。在分布形态上,川东及川东南地区约呈线状分布。这两个地区由于山地地形特定的条件限制和经济贸易对长江航运的依赖,城镇的空间分布主要在沿长江及其支流的坡地、坡谷地区,相应出现的移民和行业会馆(尤其是与船运相关的船工会馆王爷庙)也呈线性分布,主要分布区域在长江沿线、乌江沿线、大宁河沿线等。川南地区呈 "组团状" 分布。川南地区地形以丘陵为主,是四川地区盐业和矿业的主要分布地区,以这些产业资源地为中心,形成了相对集中的会馆分布形态,主要集中在泸州、内江、自贡、宜宾、富顺、隆昌、威远、资中等县。川西平原地区呈 "片状" 分布。川西平原地区城镇发达,城镇密度和经济水平相应高于其他地区,会馆分布密度最高,接连成

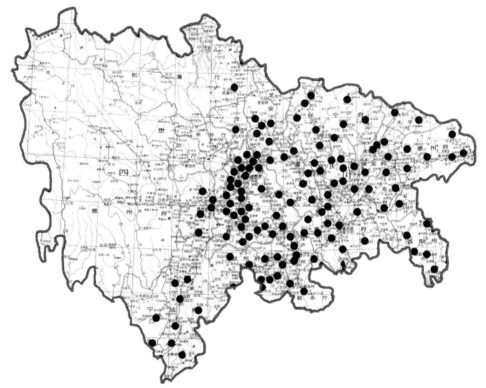

图 2.13　清代四川会馆总体分布图

图片来源:自绘

底图来源:谭其骧.中国历史地图集[M].北京:中国地图出版社,1987.(GS〔2006〕380号)

1　刘正刚先生在该领域有系统的论述,详见《清代四川的广东移民会馆》。

片,以成都为中心,包括双流、新津、都江堰、郫县、彭县、新都、什邡、德阳、金堂、广汉一带。川北地区基本呈"点状"分布。由于川北大部地区远离移民迁徙路线,外省移民到来主要集中在一些大的城镇,会馆数量和分布密度明显低于其他地区,主要集中在阆中、南充、达州、江油、三台、仪陇、盐亭、达县、巴中等县。(图2.13、表2.4)

表2.4 清代四川地区会馆地理空间分布统计表

会馆	厅州县	湖广	广东	江西	福建	陕西	贵州	云南	山西	四川	江浙	地方	行业
成都	277	53	33	53	22	36	6	1	9	48	5	3	8
	100%	19%	12%	19%	8%	13%	2%	—	3%	17%	2%	1%	3%
川中	554	149	88	105	48	53	14	1	12	52	1	22	9
	100%	27%	16%	19%	9%	10%	3%	—	2%	9%	0%	4%	2%
川西南	199	28	26	26	10	13	14	17	11	27	—	3	24
	100%	14%	13%	13%	5%	7%	7%	9%	6%	14%		2%	12%
川西	93	15	8	12	4	23	3	1	21	3	—	—	3
	100%	16%	9%	13%	4%	25%	3%		23%	3%			3%
川南	507	131	82	87	39	19	13	4	2	119			7
	100%	26%	16%	17%	8%	4%	3%		0%	23%			1%
川东	258	91	24	42	13	35	4		9	21	2	13	4
	100%	35%	9%	16%	5%	14%	2%	—	3%	8%	1%	5%	2%
川北	264	56	36	36	13	72	5		6	30	1	5	4
	100%	21%	14%	14%	5%	27%	2%	—	2%	11%	0%	2%	2%
总计	2152	523	297	361	149	251	59	24	70	300	9	46	59
	100%	24%	17%	17%	7%	9%	3%	1%	3%	14%	0%	2%	3%

表格来源:自制

2.3.3 各籍移民会馆的地理空间分布特征

从会馆数量与类型的总体比例来看,四川地区以湖广、广东、江西、福建、陕西移民会馆最普及,这与五省移民数量多相吻合。四川方志常以"五省移民杂处"或者"湖广填四川"表示移民历史的状况。以清代犍为县为例,其境内湖广、广东和江西籍的移民最多,从城关到各乡共建禹王宫20处,南华宫20处,万寿宫18处、三元宫4处。金堂的湖广、福建、江西、陕西和广东籍移民多,所以其在县境内的上述几省的会馆分别是10、7、10、7、11处。

湖广移民居于各省入川移民数量之首,因此湖广会馆数量也居首位,在全川平均比例达24%,同时体现出"迁徙行为对会馆分布的直接性影响以及距离递减规律"。地方志的统计资料显示,湖广移民在移民入川过程中,因地理区位关系,较早占领川东地区土地,结束迁徙之苦。川东地区滞留的湖广移民最多,因此湖广会馆在该地区的比例最高,约占地区会馆总数的35%,明显高于全省平均水平。这是与严如煜《三省边防备览》中记载的川东地区湖广移民居半的情况是相吻合的。在继续的西行过程中,湖广移民沿长江向四川腹地迁移,川中和川南肥沃的土地和优越的自然环境又吸引了大量以垦殖耕种见长的湖广移民定居,因此这两个区域湖广会馆所占比例也比较高,达到27%(川中)和26%(川南),也高于全省平均水平。同时,从绝对数量上来讲,这两个地区的数量还要高于川东地区,反映出当时地区间城镇经济水平的差异。相应地,成都地区以及川西、川西南和川北地区的湖广会馆只占本地区的第二、第三位,比例都在平均值以下。这一则反映出受距离递减规律的影响,二则可能与自然环境不适合以垦殖见长的湖广移民生息有关。(图2.14)

江西移民与湖广移民迁徙路线基本一致,以占领川东和川中地区大量适宜耕种的土地为主,因此两省会馆在以上两个地区所占比例高达51%和46%。从东线入川的广东、福建移民因路途遥远,抵川时间较晚,往往需要迈过湖广江西移民聚居地,进而进入川西平原及其他地区寻找生存空间,因此,川西地区广东、福建会馆数量较川东地区明显增多;从云贵南线入川的广东、福建、江西移民首先分布在川南地区,再逐步沿岷江进入成都平原、中部盆地以及川北等其他地区,因此,川西南地区湖广会馆数量较广东、福建会馆差距并不明显。"迁徙行为对会馆分布的直接性影响以及距离递减规律"同样适用于其他类型会馆的情况。例如,陕西、山西、云南和贵州会馆的分布均与各自入川路线以及邻近区域相关。川北和川西地区陕西移民会馆比例最大,各占本地区会馆数量的27%和25%,这与北方移民入川迁徙路线的原因分不开。川西南地区因与云南和贵州为邻,云南会馆占9%,贵州会馆占7%,远比在其他地区所占比例大也在情理之中。而川东地区云贵移民会馆很少也主要是因为迁徙路线的原因。

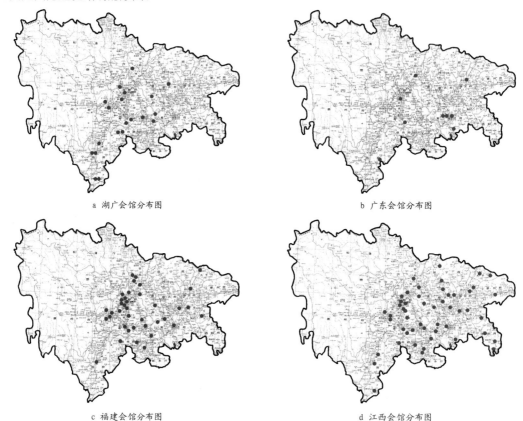

a 湖广会馆分布图   b 广东会馆分布图

c 福建会馆分布图   d 江西会馆分布图

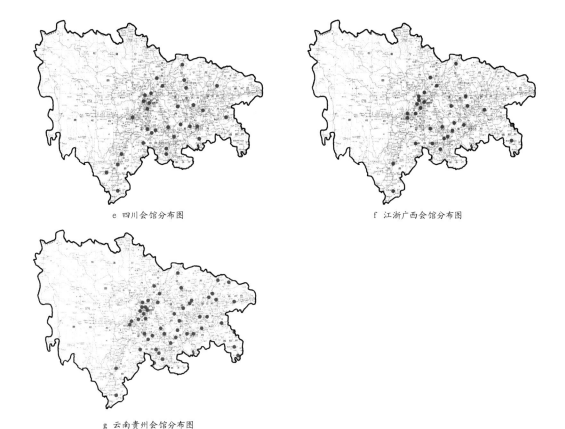

e　四川会馆分布图　　　　　　　　　　　　f　江浙广西会馆分布图

g　云南贵州会馆分布图

图 2.14　清代各省籍移民会馆空间分布图
图片来源：自绘
底图来源：谭其骧.中国历史地图集[M].北京：中国地图出版社，1987.（GS〔2006〕380号）

　　与以上情况不完全相同的是，客家会馆（主要指广东、福建会馆和部分江西客家会馆）的分布
除了体现出以上几点基本规律的影响，也反映出客家人族群自身的文化特色。客家人小范围集中聚
居意识很强，共守客家传统文化习俗的意识也很强，不仅形成了"客家方言岛"现象，也使客家移民
会馆十分普及。以川北客家移民聚集地三台县为例，下属场镇全部建有客家移民会馆，如潼川镇有
广东会馆、福建会馆、江西会馆，芦溪县有广东会馆、广西会馆、福建会馆、江西会馆等。与湖广会
馆、陕西会馆等在各个地区分布比例差异比较大（如湖广会馆在川东地区比川西地区高出21%）所
不同的是，广东、江西、福建会馆在四川各地分布比较均衡，反映出客家移民对环境极强的适应力和
不断开拓的勇气。

　　从单个城市或地区的情况分析，也有移民数量和会馆数量不一定呈现完全正比关系的情况。从
成都平原地区的移民会馆统计资料来看，江西会馆和湖广会馆均为53所，所占成都地区会馆统计总
量的比例均为19%。而江西移民和湖广移民所占比例分别是31%和20%。这种情况产生的根源在
于会馆的修建还要依托移民的经济能力和对会馆这类社会组织形式的需求强度。与湖广移民主要
以垦殖耕种不同，江西人多经商，成都城内江西人多，江西会馆自然就多。这也反映出在各省移民纷
至沓来的大型城镇，多籍会馆杂处也比较普遍。

2.3.4 清代四川地区土著川主信仰与川主庙的空间分布

四川地区自汉以后,对都江堰治水有功的秦郡守李冰父子的敬仰逐渐发展为一种地方信仰,且在明清时期"川主"之争过程中,李冰父子逐渐取代大禹、二郎神等成为大多数地区供奉的四川主神。川主祠庙在明清以后发展迅速,从目前四川地区方志中所记载的川主信仰实体来看,明确冠以川主庙称呼的祠庙最早出现于明代洪武年间。如井研县"川主庙在县东关外一里,明洪武时建,成化时知县丁锐重修,秦太守李冰开凿灌江有功于蜀故祀之"[1]。长宁县"川主庙,在县东一里,明洪武初建"[2]。除了明代以后各地普遍兴起的广修催生了四川地区的川主祭祀之风,元末正式建立四川行省,"川主"概念受到鼓励及明代后期出入川移民增多,"四川人"文化身份认同的心理需求以及同乡互助意识和需求的增加都是明末"川主"信仰发展和川主祠庙、会馆大量出现的缘由。这种独特现象既反映出会馆形式具有更加广泛的适用人群,促进建立了更加开放的社会关系,也反映出清代移民会馆势力的强大使本籍土著深感威胁,因此建立本籍会馆与之抗衡。清代四川土著居民的分布状况比较复杂,川主庙的分布直接反映出四川土著居民的分布状况。

有关四川地区川主庙的具体数量,以及其中哪些真正是会馆,哪些是祠庙而具备一些会馆功能,而哪些仅为川主祠庙,各学者的统计数据并不完全一致。如罗开玉统计明代川主庙22个、清代川主庙172处[3],蓝勇、黄权生统计川主地名314个[4],蓝勇统计川主庙325处[5],付玉强统计川主庙505处[6]。笔者比较地方志记载,其中明确具备会馆功能的四川土著修建的会馆,厅州县以上的有300处,约占总会馆数量的14%。(表2.5)其中川南地区为119所,占到川南507所移民会馆总数的23%,仅次于湖广会馆的数量,且为全川川主庙数量之首。其他数量较多的地区还有成都周边、川中及川西南,占到总量的10%以上。从表2.5中可以看出,在受明末清初战乱影响相对较弱的川南地区,由于保留着更多的土著居民,外来移民的势力发展相对较慢,四川本土文化在这些地区有更强的影响力,因此川主庙数量较多。与之形成鲜明对比的是川东地区川主庙的数量与湖广会馆、江西会馆相比都有较大差距,这从一方面证明战乱给川东地区造成的破坏最为严重,这一地区的文化受到长江中游地区文化的影响要明显高于其他地区。与其他会馆比较,川主庙更广泛分布于农村地区,所以以上数量可能还会增加。

表2.5 四川现存重要川主庙

川主庙别称	分布地域	所属府	引 文	引文出处
川王宫	邛 崃	邛 州	其不载祀典者,炭市巷内之猪市坝有川王宫即川主庙	刘夔等修;宁缃等纂:民国《邛崃县志》,第二卷《建置志·庙祀》

1 刘炯原,罗廷权,何衮.光绪资州直隶州志:卷5舆地志·寺观[M]//中国地方志集成:四川府县志辑.成都:巴蜀书社,1992.

2 王麟祥,邱晋成.光绪叙州府志:卷11坛庙二[M]//中国地方志集成:四川府县志辑.成都:巴蜀书社,1992.

3 罗开玉.中国科学神话宗教的协合:以李冰为中心[M].成都:巴蜀书社,1990.

4 蓝勇,黄权生.湖广填四川与清代四川社会[M].重庆:西南师范大学出版社,2009.

5 蓝勇.清代四川土著和移民分布的地理特征研究[J].中国历史地理论丛,1995(2):141-156,1.

6 付玉强.明清以来四川地区川主信仰时空分布研究[D].重庆:西南大学,2011:16.

川主庙别称	分布地域	所属府	引　文	引文出处
—	崇　庆	成都府	川王官，清乾隆九年建	谢汝霖等修；罗元黼等纂：民国《崇庆县志》《宗教第九·寺观》
—	打箭炉厅	雅州府	川王官，在城河西	（清）刘廷恕纂：光绪《打箭厅志》《坛庙》
—	芦山县	雅州府	西南川王官，在治内城郭，相传祀李冰而立	宋琅，张宗翘修；刘天倪等纂：民国《芦山县志》，卷二《舆地志·庙坛》
李王祠	大　邑	邛　州	李王祠即川主庙，在县城北	王铭新等修；钟毓灵等纂：民国《大邑县志》，卷五《坛庙·寺观》
—	雷波厅	叙州府	川主祠即李王祠，在城东偏，道光二十二年（1842年）建	（清）秦云龙修；万科进纂：光绪《雷波厅志》，卷十九《祠庙》
—	渠　县	绥定府	李王祠，祠建治城北关外	杨维中等修；钟正懋等纂，郭奎铨续：民国《渠县志》，卷五《礼俗志》
崇德祠	合　江	泸　州	川主庙，在南一区距城八里，即崇德祠	王玉璋修；刘天锡等纂：民国《合江县志》，卷一《舆地篇·坛庙》
—	南　川	重庆府	蜀之庙奉，庙号曰崇德，本民私祀，蜀地庙祀者甚多	柳琅声等修；韦麟书等纂：民国《重修南川县志》，卷五《礼仪》
清源宫	泸　州	泸　州	川主寺，一名崇德祠一名青元（清源）官	（清）田秀栗等修；（清）华国清，施泽久纂：光绪《泸州直隶州志》，卷四《建置志（下）·祀典》
—	江　津	重庆府	清源官，距城百八十里，在石蟆场	聂述文等修；刘泽嘉等纂：民国《江津县志》，卷五《典礼志》
惠民官	越嶲厅	宁远府	川主祠，即惠民官	（清）马忠良修；（清）马湘等纂，孙锵等续：光绪《越嶲厅全志》，卷五《祀典·祠庙》
—	会理州	宁远府	惠民官，州北大北门内正	（清）邓仁垣等修；（清）吴钟仑等纂：同治《会理州志》，卷二《营建志》
—	西　昌	宁远府	川主庙，曰惠民官	郑少成等修；杨肇基等纂：民国《西昌县志》，卷六《祠祀志·祠庙》
—	潼南县	潼川府	在县治内正兴街，祀秦太守李冰，土著人及云贵来者祀之	王安镇修；夏璜纂：民国《潼南县志》《舆地志　第一·祠寺》
二郎庙	奉　节	重庆府	二郎庙，即川主庙	（清）曾秀翘修，（清）杨德坤等纂：光绪《奉节县志》，卷二十《寺观》
—	江　津	重庆府	提阳携阴之区，新建川主二郎祠一所	聂述文等修；刘泽嘉等纂：民国《江津县志》，卷五《典礼志》
三圣官	万　源	太平厅	川主官并祀神农、药王更名三圣庙	刘子敬修；贺维翰等纂：民国《万源县志》，卷二《营建门·祠庙》
—	武　胜	重庆府	川主庙，城内北街，即三圣殿	罗兴亷等修；杨葆田等纂：民国新修《武胜县志》，卷九《祀典志下·祠庙》
土主庙	綦江县	重庆府	川主庙，一名土主庙，在城隍庙后	（清）宋灏修；（清）罗星等纂：光绪《綦江县志》，第九卷寺观
万天宫	綦江县	重庆府	五显庙，即南门外万天宫，神像在川主座后	（清）宋灏修；（清）罗星等纂：光绪《綦江县志》，第九卷寺观

表格来源：付玉强.明清以来四川地区川主信仰时空分布研究[D].重庆：西南大学，2011.

明清以来，作为川主信仰实体的川主庙的称谓主要有川主祠、川主宫、川王宫、清源宫、惠民宫等。现存川主庙中保存比较好的就有四川合江县白鹿镇清源宫、四川泸州福宝镇清源宫、重庆江津石蟆清源宫、重庆大足惠民宫、四川大邑新场川王宫等。川主庙的会期大都是农历六月二十四的川主诞辰日，川主会的活动主要有两项：一是"清源宫庙会"醮祭活动。每逢川主会期以及"清醮会"（4月5—10日），会首组织或人们自发到川主庙进香祭拜。据记载，万县"农家最重此会，醵钱买豚以祭，量人数以桐叶包肉蒸成鲊派分之"[1]。綦江县民祭祀川主"就平地作坛，宰牲设醴"[2]。二是演戏、游神活动。井研县"是期演戏，或三五日，而灌江前后，凡经月余，有功德于民者也"[3]，彭山"乡民于二十四日演剧庆祝"[4]，梁山、新都等地也在"川主诞辰，士庶庆祝"[5]。在川主会期，一些地方还形成了专门买卖农器的市场，如彰明县川主会时就有"鬻农器"活动[6]。

2.3.5 清代四川地区典型行业会馆的空间分布——以盐商会馆、王爷庙为例

清代前期，四川经济状况的重大变化是农业生产的空前发展。清政府为了鼓励移民入川，实施了种种优惠政策，特别是允许移民自由插占土地的政策，在相当程度上满足了部分移民对土地的要求。许多清初入川的移民皆插土为业，移民垦荒速度相当可观。到康熙五十二年（1713年），四川荒田已尽开垦，即已恢复到明末战乱前的水平。随着移民源源不断地涌入四川，在盆地内平原地区土地悉被开垦，人口达到相对饱和之后，移民转向丘陵山地及边远之地，开始了对土质和灌溉条件较差的山区土地的大规模开发。山地的开垦，使四川耕地面积空前扩大，清代四川已经成为国内重要的商品粮生产基地。

在农业经济迅速恢复的同时，移民对长江上游地区的快速开发也带来地区商品经济和贸易的发展。随着国内跨省贸易份额的加重，在粮食和农产品产量大幅度提高的情况下，四川开始向长江中下游地区提供数量相当可观的粮食和农村经济作物，西部特色产品向东南地区销售持续走旺。结合四川地区自身重要资源和产业分布状况，利用长江以及川江主要支流嘉陵江、沱江、岷江、黔江等将川地的粮食、井盐和棉、糖、桐油等物产汇集而下，经宜宾、泸州和重庆长途贩运至东部地区，"从而形成了一个沿江的城市贸易系统"[12]。如成都府16州县物产大多靠岷江运出；自流井井盐由沱江水路运出；涪州位于黔江和长江的交汇处，而重庆、合州等城市则靠嘉陵江、长江、渠江、涪江的河运而繁盛等。四川地区作为沟通东西（西藏、青海、甘肃等省与东南地区）、南北（山陕地区与云贵地区）的交通枢纽，作用加强。《清代商业交通网络》中提及的全国10条最重要的省际商业交通路线，与四川地区有直接关系的就有3条。它们是"雷波（四川叙州府）—宜宾—重庆—汉口—上

1 王玉鲸，等.同治增修万县志：卷12 风俗志[M]//中国地方志集成：四川府县志辑.成都：巴蜀书社，1992.

2 宋灏，罗星.道光綦江县志：卷9 风俗[M]//中国地方志集成：四川府县志辑.成都：巴蜀书社，1992.

3 张宁田，等.嘉庆井研县志[M]//丁世良，等.中国地方志民俗资料汇编·西南卷：上.北京：北京图书馆出版社，1997：192.

4 史钦义，等，《嘉庆彭山县志》卷3 风俗志，影印本，1814年（嘉庆十九年）。

5 张奉引，等，《道光新都县志》卷4 典礼志·风俗，影印本，1844年（道光二十四年）；朱诗言，等，《光绪梁山县志》卷2 舆地志·风俗，影印本，1894年（光绪二十年）。

6 牛树梅，何庆恩，李朝栋，等.同治彰明县志：卷19 风俗志[M]//中国地方志集成：四川府县志辑.成都：巴蜀书社，1992.

海；兰州—汉中—重庆—汉口—上海；玉树—成都—宜宾—重庆—汉口—上海"[1]。由此而形成的主要商贸路线对中后期移民省内二次或者三次迁徙分布又有十分重要的影响，尤其是产业移民及行业会馆分布主要与此有关。清代四川地区行业会馆中最能够体现四川地区经济特色的行业会馆是盐业会馆和船帮会馆。

1) 川盐产销与四川地区盐业会馆分布

汉武帝以前，盐的产、运、销均由民间掌握，自由运销；汉武帝实行专卖后，停止商民运销；隋朝至初唐放弃专卖管制，凭民间产销自由；至宋代，又执行专卖制；如此反复直至清代，才制定了系统的盐业专卖制度和具体的销盐区域以及全国食盐专卖区。明末清初，四川盐业经历战乱极其凋敝，自给不足。随政局稳定，清政府"诏免四川商民盐课"，"任民自由开凿，听自领自卖"，"照开荒事例，三年起课"，川盐逐渐恢复并发展。自清雍正九年至光绪三年（1731—1877年），当时川内著名的产盐区就有川北的南部、西充、射洪、乐至、蓬溪，川南的犍为、富顺、荣县、资州、井研，川东的忠州、云阳、开州、大宁、彭水，川西的简州，上川南的盐源等不下二十余处。川盐生产激增，除满足川内开始远销周边省份。特别是太平天国运动导致淮盐无法入两湖，于是清廷准许"川盐济楚"，川盐发展超过历代。至光绪年间，川盐除供应四川138个县外，还远销湖北40个县，湖南6个县，云南6个县，贵州76个县。[2] 清代川盐运销主要向东、向南两大方向辐射，经过历代不断积累和修凿，逐渐形成了联系产销两地以及各处中转地区的固定的网络化的"川盐古道"，包括"省内、川鄂、川湘、川黔、川滇"五大部分。其主要特征是"以水路运输为主体，陆路运输为辅"。其中长江水道是整个川盐外运的主要水路通道，四川周边各省盐运集散，几乎都依靠长江支流。如湖北依靠清江、酉水、汉水，贵州依靠乌江、赤水、綦江、永宁河和芙蓉江，湖南依靠酉水经沅江，再进入洞庭湖流域。陆路除了历史上的"官盐大道""闰盐大道"等宽阔的盐路，也包括古称"五尺道""三尺道""骡马道"等蜿蜒于山间的崎岖小路。具体到各个部分又各自形成了不同的区域川盐运输交通网络。（图2.15）

川盐入楚路线是在川盐与淮盐争夺这片市场的长期过程中逐步拓展与变化的。总体有"四横一纵"之说，"四横"即长江线、汉水线、清江线（鄂西南）和酉水线（川鄂湘交界），"一纵"即由重庆、万县、奉节等长江盐运码头出发，经陆路翻越大山到湖北恩施，再到湖南凤凰等地。以自贡井盐为例，"从富顺盐场起运，经泸州、重庆、涪陵转入乌江至彭水出川，全程水道760公里；从犍为盐场起运经重庆、涪陵至彭水出川，全程水道850公里等"[13]。（图2.16）

川盐入黔，绝大部分集中在永岸、仁岸、綦岸、涪岸这四大盐岸，再由四岸分别运至贵州省内的贵阳、遵义、都匀、大定、安顺、兴义、思南、石阡、平越、镇远等府州县销售。（图2.17）

川盐入滇，时间较晚于其他地区。主要路线是由四川富顺盐招商运至筠连、长宁、高县，截角换引纸，且自运入东川销售。后富顺盐运至永宁口岸积贮，以运铜入川的马车再运盐回东川等地。犍

1　刘秀生.清代国内商业交通考略[M]//王戎笙, 等.清史论丛（1992）.沈阳: 辽宁人民出版社, 1993.

2　宋良曦, 钟长永.川盐史论[M].成都: 四川人民出版社, 1990: 13.

为盐由长宁、高县、珙县、筠连、屏山运至镇雄之落垴塘、罗坎关，昭通境之水脑塘、副官村，即至滇境交滇商接运。[1] 在此，川滇盐道之"东部商道"就与"滇铜京运""川滇藏茶马古道""南方丝绸之路"所走的川滇路段大多相合。（图2.18）

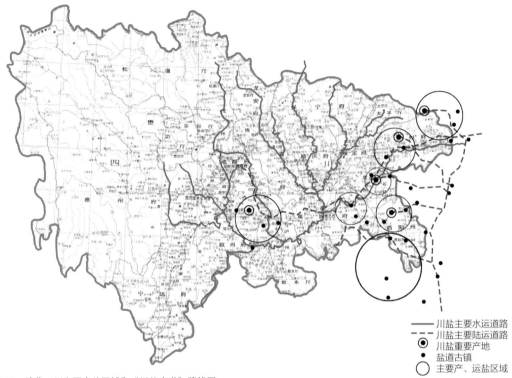

图2.15　清代四川主要产盐区域和"川盐古道"路线图

图片来源：自绘

底图来源：谭其骧.中国历史地图集[M].北京：中国地图出版社，1987.（GS〔2006〕380号）

图2.16　川盐入楚路线图

图2.17　川盐入黔路线图

图片来源：万良华.清代民国时期川盐外运路线初探[D].重庆：西南大学，2007.

1　万良华.清代民国时期川盐外运路线初探[D].重庆：西南大学，2007.

图 2.18　川盐入滇路线图
图片来源：万良华.清代民国时期川盐外运路线初探[D].
重庆：西南大学，2007.

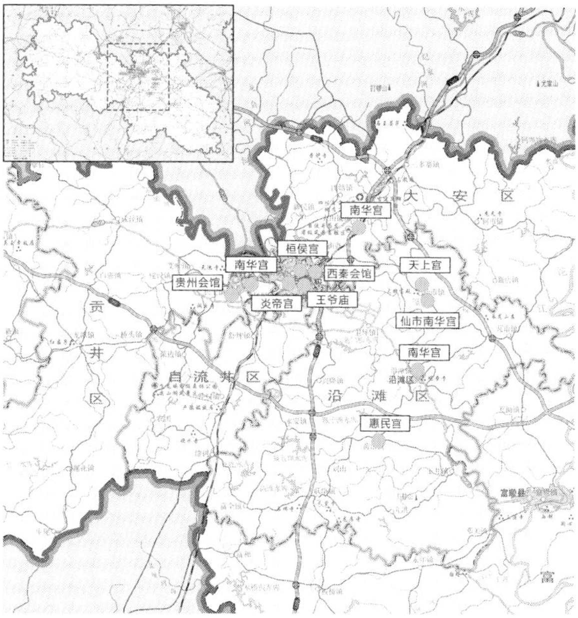

图 2.19　自贡地区盐业会馆分布图
图片来源：自绘
底图来源：四川省地理信息公共服务平台（图川审〔2016〕018号）

　　川盐的销售主体除了川人外，主要有山陕盐商、湖北盐商，也有许多在淮盐市场上积累了丰富资产的徽州盐商，后期由于盐业利厚，其他各省商人也逐渐加入。他们掌控了长江中上游，包括鄂、渝、湘、黔交汇地区的食盐供应，曾经创造了税收占整个国税的25%的盐业经济。如此发达的盐业生产与销售直接影响了四川地区盐商会馆、运商会馆、盐业产业工人会馆的数量、分布与会馆建筑的豪华程度，其中地理空间分布状况明显反映出清代中后期川盐产、供、销发达的网络特点，呈现出"产盐城镇集中和沿运盐古道线状分布"的特征。以清代四川五大盐产场自贡地区为例，清代中期以后至民国时期，自贡及周边场镇曾散处着数十座盐业及相关行业会馆，目前保存完好或基本完好的尚有十余座，包括西秦会馆、贡井贵州庙、南华宫、炎帝宫、桓侯宫、王爷庙、惠民宫、仙市天后宫、南华宫、大安南华宫、沿滩南华宫等（图2.19）。其中西秦会馆修建于清雍正十年（1732年）农历九月初九，由陕西籍盐商的行帮组织西秦大会与当地龙峰井座房主人李光华签约，购地建会馆，乾隆十七年（1752年）竣工，成为自贡地区首座盐业会馆。同时期和后来陆续修建盐业会馆的广东、福建、贵州、江西、两湖、四川等地商帮，他们也以省籍为会馆名号，凸现出地缘与业缘相结合的特色。除了盐业商帮会馆，发达的盐业和大规模的从业人口也催生了一批行业工人的会馆和由地方神灵信仰传统衍化而来的会馆类场所，包括烧盐工人的"炎帝宫、火神庙"，挑卤工人的"华祝会"，制盐工具行业（铁匠帮）的"雷祖庙、老君庙"，为祭祀盐业始祖而设的"井神庙、猎神庙（白兔盐井的传说）"，为祭祀盐业生产中使用黄牛的"牛王庙"，运盐工人的"王爷庙"等。

　　由于盐业生产贸易多数被势力雄厚的商帮控制,盐商会馆在四川全境分布与这些盐帮巨贾有直接关系。如山西会馆、陕西会馆的分布除了与普遍性的移民迁徙情况相符,还与山陕商帮在四川的活动有直接的联系。由于齐名徽商的山陕商人自明代累积了输粟贩盐的经验和雄厚的财力,再加上地理之便,自明清往来四川的山陕商帮不绝。清中后期,山陕商人垄断了四川井盐生产资本总量的八成以上,随着川盐进入周边省地,他们的经营活动也随着拓展,沿川盐古道交通线节点城镇便分布着属于他们的大小会馆,与耕垦移民会馆分布状况的不同就在于乡村腹地往往没有他们的身影。根据川盐外运路线考证,入黔的川渝主要在"永岸(叙永)、仁岸(合江福宝)、綦岸(江津)、涪岸(酉阳龚滩)"四地中转进入贵州境。目前以上四个城镇,三个有山陕盐商会馆遗存,包括叙永春秋祠、酉阳龚滩西秦会馆、江津真武宫。合江运盐古镇福宝镇也有盐商会馆禹王宫、天后宫和万寿宫等。沿着川盐入滇的路线,途经犍为清溪场有"九宫十八庙",其中南华宫、万寿宫、三圣宫(山陕会馆)也是盐商会馆遗存。但是山陕盐帮在川东三峡地区的活动并不具优势,从川盐入楚线路分析,沿线巫溪宁厂、巫山大昌、石柱西沱、万州长滩等有不少盐业遗存,但山陕会馆不多见。(图2.20、表2.6)

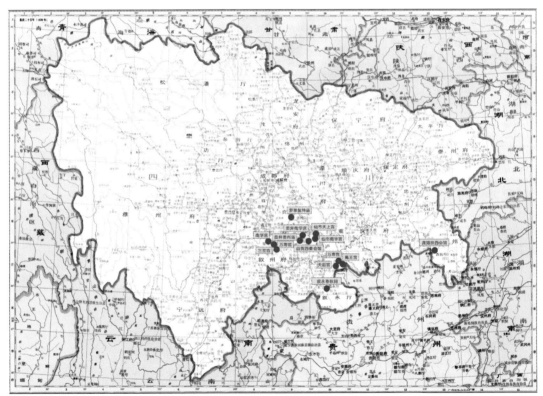

图 2.20　川盐古道盐业会馆分布图
图片来源: 自绘
底图来源: 谭其骧.中国历史地图集[M].北京: 中国地图出版社,1987.(GS〔2006〕380号)

表 2.6　四川现存重要盐商会馆示例

会　馆	描　述
自　贡 西秦会馆	位于自贡市龙凤山下釜溪河边，是陕西籍盐商为联络同乡、聚会议事而修建的同乡会馆，俗称陕西庙。初建于清乾隆元年（1736 年），于乾隆十七年（1752 年）竣工；道光七至八年（1827—1828 年）又进行大规模培修与扩建，共占地 3451 平方米
叙　永 春秋祠	位于四川省叙永县城内的盐店街，主要供奉关羽，因传说关羽喜读《春秋左氏传》，故名春秋祠，也叫"陕西会馆"；清光绪二十六年（1900 年）建，原建筑面积 4500 平方米，坐南向北，长方形布局，沿中轴线从前到后有 4 个封闭式四合院，依次为乐楼、大厅、正殿、三官殿
龚　滩 陕西会馆	始建于嘉庆十一年（1806 年），道光、光绪年间重新修建过；清光绪年间，陕西帮商人张朋九到龚滩开设盐号，重建"西秦会馆"，既作为同乡商人会聚之处，又作为议事、祭祀、娱乐活动的场所
贡　井 南华宫	坐落在贡井区糍粑街与枣子园之间，始建于清光绪二十五年（1899 年），坐北向南；是由当时信仰佛教的盐商所修，以道教祖师"南华"老祖的封号为名，故定名为"南华宫"
贡　井 贵州庙	始建于清同治六年（1862 年），坐西北向东南，建筑面积 1355 平方米，整个建筑为砖木结构，由大小三个四合院构成层叠式庙宇；是由当时贵州来自贡的盐商修建
仙　市 南华宫	坐落在自贡仙市古镇临河横街的山脊上，占地 1284 平方米，建于清咸丰末年（1861 年）；建筑融庙宇和民居于一体，有门厅、戏楼、疏楼、院坝和大殿、耳房等三级分布，起伏开合，层次分明；由当时广东盐商修建
仙　市 天上宫	建于清道光二十年（1840 年），建筑精美别致，鳌角凌空，戏楼楼檐上的木雕更是别具一格，镂刻精细，线条流畅，至今保存十分完整；由当时福建盐商修建

表格来源：自制

2）川江航运与四川地区王爷庙分布

四川河流众多，水源充沛，四季不冻，常年通航。全域范围内有大小河流 1419 条，总长 4 万多公里，大多属于长江水系。各条河流分别从南北方向流入长江。从北而来的有岷江、沱江、嘉陵江、涪江、渠江等大河，以及御临河、小江、汤溪河、大宁河等小河；自南而下的有乌江、綦江、赤水河、永宁河、南广河、横江等河流。这些江河构成一个以长、岷、沱、涪、嘉陵、渠、乌七大江为主体，长江为主干的四通八达的水运网络。（图 2.21）凭借这样得天独厚的自然条件，自古以来四川地区的内河航运在社会经济生活中就占据着非常重要的地位。明清以后，随着地区间以及长江上游地区和中下游地区贸易往来日趋频繁，内河航运达到鼎盛时期，不仅物资往来数量居大，而且城镇发展、码头建设也伴随兴盛。根据《清代四川津渡地理研究》长江干流部分，可以看出，清代长江干流津渡数量不断增长，到清后期，长江干流沿线绝大多数州县已经有大量津渡出现，总计 372 座。其中宜宾至江津段，为川江津渡密集分布区域。津渡一般设置于水陆交通要冲。（图 2.22）

航运的繁荣带动相关从业者众，尤以船工水手、靠水运做生意的商贾多。乾隆时期，朝巴县船只分为两种，大船水手四五十人，小船水手二三十人。同时期巴县有常年在渝船只 2000 余只，按此估计，长江上仅此地充任水手者的数量应该至少为 40000 余人。从业者鱼龙混杂，因而至清代中期，四川境内凡江河水系通航的城镇，无一不有大小船帮的存在。以重庆地区为例，据清代巴县档案资料记载，"乾嘉道时期，仅行走于重庆码头的船帮就可分为大河九帮（嘉宝、叙府、金堂、泸富、合江、江津、綦江、长宁、犍为）、小河六帮（三峡、合州、遂宁、渠县、保宁、安居）以及下河十帮（长涪、忠丰、夔丰、归州峡内、归州峡外、宜昌、宜昌黄陵庙、辰州、宝庆、湘乡）二十五帮"[29]。到

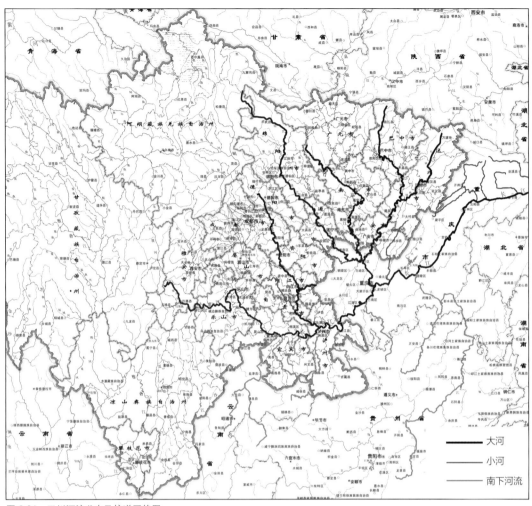

图 2.21　四川河流分布及航道网络图

图片来源：自绘

底图来源：四川省地理信息公告服务平台（图川审〔2017〕093号）

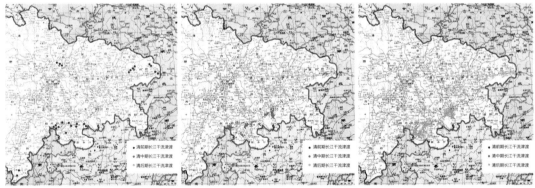

图 2.22　清代长江干流津渡位置分布图

图片来源：根据《清代四川津渡地理研究》表3-1、表3-3、表3-6绘制

底图来源：谭其骧.中国历史地图集[M].北京：中国地图出版社，1987.（GS〔2006〕380号）

清光绪三年（1877年），"三河帮"发展分化为"上河七帮"（富盐帮、金堂帮、嘉阳帮、叙府帮、合江纳溪帮、江津帮、綦江帮），"下河八帮"[其中包括川五帮（大红旗帮、长涪帮、忠丰石帮、万县帮、云开奉巫帮）和楚三帮（长旗帮、短旗帮、庙宜帮）]，及"小河四帮"（渠河帮、合川帮、遂宁帮、保宁帮）。此外，还有往来于重庆的"揽载五帮"（木洞洛碛揽载帮、长寿揽载帮、忠丰石揽载帮、涪陵揽载帮、万县揽载帮），以及重庆各区县拥有的九个船帮，总计以重庆为中心的川江木船运输业共有三十三帮。各帮自成山头，俨如防区，但一般不会主动挑起冲突。另据《酉阳县志》记载，"明清时期，湘、黔边境食盐需求全赖乌江水道，同时它也是川、黔、湘物资交流和商旅往返的主要通道之一，至民国时期，航行于酉水、龙潭河的木船达300~400只，分属百福司帮、龙潭帮、香山帮等8个帮派"。这些船帮日夜航行在长江及其他支流上，他们基本控制了四川内河航运交通命脉。（表2.7）

表 2.7　民国十九年（1930年）川楚八帮的各船帮大船数量与主要航运

船帮名称	帮　址	大船数量	航运区域
大红旗帮	重　庆	46	宜昌转运川盐到沙市
长涪帮	涪　陵	4	宜昌沙市一带
忠丰石帮	忠　县	26	宜昌沙市一带
万县帮	万　县	21	宜昌沙市一带
云开奉巫帮	奉　节	15	云阳至巫山
长旗帮	归　州	6	官渡口至新滩
短旗帮	新　滩	7	新滩至皇陵庙
庙宜帮	宜　昌	12	皇陵庙至宜昌

资料来源：重庆市交通局交通史志编纂委员会.重庆内河航运志[M].北京：科学技术文献出版社，1992.

由于长江及支流不少航道上险滩众多（表2.8），行船生活危险艰辛，对团队协作要求很高，再加上船帮之间利益争斗不断，为祈求神灵护行船安全，瓜分势力范围，彰显船帮实力，船帮、船工及纤夫或者依靠水运的客商喜欢选择沿江河码头地带修建自己的船帮（运商）会馆"镇（震）江王爷庙"（有些船帮会馆依托本地水神信仰和祠庙一起，也称杨泗将军庙、紫云宫等）。各庙所祀的"王爷"也不尽相同，包括治水大禹、杨泗将军、劈山救母的沉香、川西斩蛟的赵昱，绥江镇道人于公、李冰、李冰之子李二郎或许真君，统称为镇江王爷。清中后期王爷庙的修建进入高潮，遍布沿航道的主要码头场镇，所谓"凡系水道之地，皆有庙宇焉"。[1] 例如，川东与贵州水运的"綦岸"航道，依托发源于贵州桐梓的綦河，经习水进入綦江，到江津江口汇入长江。现存沿江王爷庙遗迹还有江津江口仁沱王爷庙、长寿扇沱王爷庙、江津真武王爷庙、江津塘河镇王爷庙、广兴王爷庙、綦江东溪王爷庙等。川西沱江水运码头重镇五凤溪建有王爷庙；白沫江边平乐镇建有王爷庙。乐山五通桥区连通岷江、芒溪河，桥沟镇上修建有王爷庙，还有端午节组织各镇举行龙船赛的习俗。泸州有古渡罗汉场、

1　罗成基.镇江王爷姓氏初探[J].盐业史研究，1991（4）：42-48.

小市王爷庙、福宝王爷庙、叙永王爷庙等。富顺盐场沿釜溪河外运入沱江，船帮沿河建有上游荣溪水岸艾叶滩杨泗庙（王爷庙）、自贡王爷庙和平桥王爷庙等。云南和四川的水运干流南广河的起点在筠连县的腾达镇，终点在靠近宜宾的南广镇。这两个地方各有一座王爷庙，互相呼应。另外，南广河上的水码头平寨、支流镇舟河沐荫堂古渡口上也建有王爷庙。川北广元地处川陕甘三省结合部，嘉陵江横贯全境，略阳县嘉陵江边建有王爷庙。明代以后广元境内设"问津水驿、朝天桥水马驿、大滩九井水驿、昭化龙滩水驿、剑州虎跳水驿、苍溪水驿、苍溪白桥水驿"七个水驿。水运生意之盛，为广元十大行帮之首。历史上船帮公所王爷庙就设在上河街。南充嘉陵江边建有王爷庙。中江地处凯江和御河汇合之地，中江王爷庙是上至罗江，下至三台、射洪等商贾停留之处。武胜县沿口镇是嘉陵江中游最大的水码头，建有王爷庙；巴东出长江航道沿线有官渡口龙王庙（王爷庙）、楠木园王爷庙等。

表2.8　川盐由泸州沿长江至宜昌平善坝所经滩险表

起止路段	里程（里）	所经滩险数（处）	所经最险之滩名
泸州至江口	487	26	土地滩、瓦窑滩、两条牛、金盘碛、灌口滩、蛤蟆滩、钳口滩、箭日滩、龙门滩
江口至江北	132	20	鸡心石、猫儿峡、虾子梁、清岩子
江北至涪陵	355	83	乌龟石/弹子石、内梁石、外梁石、九条梁、鳌鱼堆、莲花背、野骡子、野猪庙、五坠石、门闩子、麻雀磊、师母滩、雷拍石、明月沱、葫芦滩、马领子、箭滩、断头梁、黄千梁、篆杆口、高椽子、竹子背、迎春石、雀食子、大碛溪、长中碛、龙舌梁、木鱼滩
涪陵至忠县	309	24	群猪滩、门汕滩、蚕背梁、虎绥子
忠县至云阳	380	25	福滩、野猫干、新龙滩
云阳至奉节	180	21	基筏子、东梁了、庙鸡子、老马滩、滟滪滩、石板甲
奉节至官渡口	295	29	黑石滩、鸡心石、虎鬣滩、龙保滩、下马滩、簦望沱、跳石滩、老鼠错、青石硐、大麻滩、黄金钻、牌沱滩、布袋口、万流滩、火焰石
官渡口至平善坝	330	37	泄滩、第一新滩、第二新滩、第三新滩
泸川至平善坝	2468	265	最险滩74处，次险滩及平常滩191处

表格来源：万良华.清代民国时期川盐外运路线初探[D].重庆：西南大学，2007.

在航运非常发达的城镇，往往一城多座王爷庙。处于长江金沙江航路上的川南重镇宜宾历史上曾建有六座王爷庙，包括"府河船工王爷庙在东门口；长江船工王爷庙在大南门；金关河船工王爷庙在小较场川主庙内；短途帮船工王爷庙在南岸下渡口；南广河船工王爷庙在南广街上"，分别代表"六渡八帮"的势力。在泸州的两江四岸也曾有七座王爷庙，包括"瓦窑坝的上王爷庙、中巷子口的中王爷庙、凝光门附近的下王爷庙、枇杷沟坡下沱江边的二郎山王爷庙、沙湾老街口王爷庙、龙马潭区小市王爷庙、龙马潭区高坝高奎山王爷庙"，目前保留遗迹的有上王爷庙、中王爷庙、高奎山王爷庙和沙湾王爷庙。

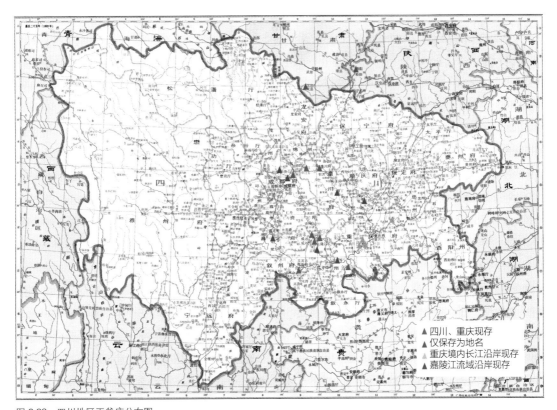

图 2.23　四川地区王爷庙分布图
图片来源: 根据各地县志资料统计
底图来源: 谭其骧.中国历史地图集[M].北京: 中国地图出版社, 1987. (GS〔2006〕380号)

王爷庙的会期普遍在每年农历六月六日, 也有在三月二十八日、五月二十八日、九月二十八日的, 会期主要考虑长江枯水期和汛期来临的日子, 在这些重要时间节点祭祀镇江王爷, 可望得到神灵庇佑, 保全年平安和运程。四川各地王爷庙供奉的神灵不尽相同, 比较普遍的是在四川治水有功的李冰, 还有川西斩蛟的赵煜和劈山救母的沉香等。目前, 四川地区王爷庙遗存还有自贡王爷庙、宜宾木帮王爷庙、中江王爷庙、合江福宝镇王爷庙、三台郪江镇王爷庙、自贡牛佛镇王爷庙、自贡五凤溪镇王爷庙、金堂五凤镇王爷庙等; 保存地名的有遂宁射洪王爷庙、泸州王爷庙、富顺邓井关王爷庙、新都王爷庙、彭州王爷庙、乐山五通桥镇王爷庙等。四川嘉陵江流域沿岸现存王爷庙有略阳县王爷庙、武胜县沿口古镇王爷庙、文县碧口镇王爷庙、蓬安县周子古镇王爷庙。重庆境内长江沿岸有江津江口(仁沱)王爷庙、扇沱王爷庙、江津塘河镇王爷庙、广兴王爷庙、綦江东溪王爷庙等。(图 2.23、表2.9)

表 2.9　四川现存重要王爷庙

王爷庙名称	地　区	保存状况
自贡王爷庙	自　贡	四川、重庆地区现存
宜宾木帮王爷庙	宜　宾	四川、重庆地区现存
中江王爷庙	中　江	四川、重庆地区现存

续表

王爷庙名称	地 区	保存状况
合江福宝镇王爷庙	合 江	四川、重庆地区现存
三台郪江镇王爷庙	三 台	四川、重庆地区现存
自贡牛佛镇王爷庙	自 贡	四川、重庆地区现存
自贡五凤溪镇王爷庙	自 贡	四川、重庆地区现存
金堂五凤镇王爷庙等	金 堂	四川、重庆地区现存
遂宁射洪王爷庙	遂 宁	保存地名
泸州王爷庙	泸 州	保存地名
富顺邓井关王爷庙	富 顺	保存地名
新都王爷庙	新 都	保存地名
彭州王爷庙	彭 州	保存地名
乐山五通桥镇王爷庙	乐 山	保存地名
江津江口（仁沱）王爷庙	江 津	重庆境内长江沿岸现存
扇沱王爷庙	扇 沱	重庆境内长江沿岸现存
江津塘河镇王爷庙	江 津	重庆境内长江沿岸现存
广兴王爷庙	广 兴	重庆境内长江沿岸现存
綦江东溪王爷庙	綦 江	重庆境内长江沿岸现存
略阳县王爷庙	略阳县	嘉陵江流域沿岸现存
武胜县沿口古镇王爷庙	武胜县	嘉陵江流域沿岸现存
文县碧口镇王爷庙	文 县	嘉陵江流域沿岸现存
蓬安县周子古镇王爷庙	蓬安县	嘉陵江流域沿岸现存

表格来源：依据县志查阅资料。

2.4 小结

两次"湖广填四川"移民潮使明清时期四川地区人口出现了前所未有的杂居状态。为了适应环境，获取更多的生存、发展机会，也为了联络乡谊，酬神祭祖，一种超越单纯血亲血缘的，以多姓氏同籍同乡地缘关系为纽带的社会组织——移民同乡会馆在宗族关系重建的清代中后期迅速兴盛。它使清代四川地区民间社会组织方式从单一的宗族亲缘组织向范围较大的地缘组织转变。这一时期移民会馆建设数量之多、分布之广、类型之丰富居全国前列。它们在四川各地的空间分布状况受到移民数量、移民籍贯来源、迁徙路线和移民类型在四川各地的分布情况的综合影响。基本规律是某地移民人口越多，会馆越多；某地移民来源越复杂，移民会馆类型越多。会馆分布的密度和数量也与地区城镇经济发展水平和城镇分布密度呈正比例关系，自然条件优越、经济发达、城镇化水平高的川西平原、川中丘陵地区会馆分布越密集，周边偏远地区会馆数量与分布密度逐渐降低。在分布形态上，川东及川东南地区约呈"线状"分布，川南地区呈"组团状"分布。除了各省移民会馆，清中期以后四川地区城镇经济的发展和往来交流的频繁，使行业会馆和商贾移民会馆的建设也非常普遍，比较典型的包括盐商会馆和运商船工会馆等。它们的分布主要受到资源分布、主要商贸路线等因素的影响，从一个侧面体现出明清时期四川的经济特色与城镇发展的空间关系。

参考文献

[1] 卷44 刘氏家谱序[M]//吴宽. 匏翁家藏集: 正德刊本. 影印本. 上海: 商务印书馆, 1919 (民国八年).

[2] 蓝勇. 西南历史文化地理[M]. 重庆: 西南师范大学出版社, 1997.

[3] 谭红. 巴蜀移民史[M]. 成都: 巴蜀书社, 2006.

[4] 卷1 耆旧录[M]//钟文虎, 徐昱, 高履和. 光绪·灌县乡土志. 影印本, 1907 (清光绪三十三年).

[5] 卷10 贡赋[M]//蔡毓荣, 钱受祺. 康熙·四川总志. 刻本, 1673 (清康熙十二年).

[6] 陈金川. 地缘中国区域文化精神与国民地域性格（上）[M]. 北京: 中国档案出版社, 1998.

[7] 中央研究院历史语言研究所. 明清史料: 丙编[M]. 北京: 北京图书馆出版社, 2008.

[8] 卷64 食货·户口[M]//杨芳灿. 嘉庆·四川通志. 成都: 巴蜀书社. 2021.

[9] 刘锦藻. 清朝文献通考: 卷19 [M]. 杭州: 浙江古籍出版社, 1988.

[10] 刘正刚. 清前期闽粤移民四川数量之我见[J]. 清史研究, 1994 (3): 55-61.

[11] 禄勋. 新津县乡土志[M]. 铅印本, 1909 (宣统元年).

[12] 张正明. 晋商兴衰史[M]. 太原: 山西古籍出版社, 1996.

[13] 丁宝桢. 四川盐法志整理校注[M]. 曾凡英, 李树民, 孙祥伟, 校注. 成都: 西南交通大学出版社, 2019.

[14] 钟长永, 黄健, 林建宇. 中国自贡盐[M]. 成都: 四川人民出版社, 1993.

[15] 陆文熙, 周锦鹤. 四川古代道路及其历史作用[J]. 西昌学院学报 (社会科学版), 2007 (3): 52-56.

[16] 蓝勇. 西南历史文化地理[M]. 重庆: 西南师范大学出版社, 1997.

[17] 崇庆县志编纂委员会. 崇庆县志·人口[M]. 成都: 四川人民出版社, 1991.

[18] 新津县志编纂委员会. 新津县志·人口[M]. 成都: 四川人民出版社, 1989.

[19] 重庆市志总编室. 重庆市志: 第一卷[M]. 成都: 四川大学出版社, 1992.

[20] 任乃强. 社会科学研究丛刊——张献忠在四川[M]. 成都: 四川省社会科学院出版社, 1981.

[21] 张彦. 略论"湖广填四川"后四川宗族组织的变迁[J]. 中华文化论坛, 2009 (1): 39-43.

[22] 刘长庚, 侯肇元, 张怀泗. 嘉庆汉州志: 卷37 [M]//中国地方志集成: 四川府县志辑. 成都: 巴蜀书社, 1992.

[23] 杨世洪. 遂宁县志 (民国18年本) 校注上[M]. 成都: 巴蜀书社, 2019.

[24] 郭鸿厚, 陈习删. 民国重修大足县志: 卷2 方舆 [M]//中国地方志集成: 四川府县志辑. 成都: 巴蜀书社, 1992.

[25] 郑少成, 杨肇基. 民国西昌志: 卷6 祠祀志 [M]//中国地方志集成: 四川府县志辑. 成都: 巴蜀书社, 1992.

[26] 黄友良. 四川客家人的来源、移入及分布[J]. 四川师范大学学报, 1992 (1): 83-91.

[27] 云阳县志编纂委员会. 云阳县志[M]. 成都: 四川人民出版社, 1999.

[28] 王文照, 曾庆奎, 吴江纂. 民国重修什邡县志: 卷7 礼俗·神会兴废 [M]//中国地方志集成: 四川府县志辑. 成都: 巴蜀书社, 1992.

[29] 四川大学历史系. 清代乾嘉道巴县档案选编 (上) [M]. 成都: 四川大学出版社, 1989.

第3章　移民会馆与清代四川城镇聚落空间和地景构建

3.1　移民与清代四川地区社会及文化变迁

战争灾害、人口凋零等多种因素,使四川地区原生传统文化一度凋零,"礼俗,明以前不可考"[1]。清代既逐步完成了以移民人口为主要载体的基层社会组织构建,也在融合各地原籍文化风俗习惯的基础上形成了特有的"移民人口认同的,并与四川自然经济环境和社会人文资源相适应的区域文化"[2]。它与四川地区原生态文化基因相融合,共同构成了清代乃至近现代四川社会文化深层结构。

文化结构和形态的变迁过程综合表现为原籍文化形态的变迁和新移民文化形态的诞生与巩固;传统血亲宗族文化的逐步演化,以及地缘、业缘关系和组织的逐步强化。这个过程分为几个基本阶段:一是五方杂处,固守原籍文化传统阶段;二是交流融合阶段,伴随着原籍家族、宗法文化的变化,新文化因素增强;三是杂交型文化特征的形成,主要的表现类型为"文化的嫁接和重构"[3]。

3.1.1　初期五方杂处的文化状况

清代移民来源非常广泛,远胜以往,共计有来自十多个省市的移民入川,除汉族以外,还有蒙古族、满族、回族等少数民族。民间有川地多楚民和川人非秦即楚之说。如四川南溪县72个氏族中,除2个来源不详外,其余70个分别来自鄂、湘、赣、粤、苏、皖、浙、闽、桂9个省,大多是在清初移入[4]。严如熠所著《三省边防备览(卷十一)》中也指出,"川陕边徼土著之民,十无一二;湖广客籍,约有五分;广东、安徽、江西各省,约有三四分"。这些不同省份的移民进入四川后风俗习惯上一时难以相互融合。民国《泸县志》卷三记载,"大抵属湖广者习故常信巫觋,以楚俗尚鬼也;属广东者趋利益好争夺,以粤俗喜斗也;属江西、福建者乐转徙善懋迁,以赣闽滨江临海利交通也"。因而"凡楚人居其大半,著籍既久,立家庙,修会馆,冠婚丧祭,衣服、饮食、语言、日用,皆循原籍之旧,虽十数世不迁也"[5]。在彼此称谓上,为了将自己和土著四川人区分开来,还各自称为西人(陕、甘)、南人,(三江、闽、粤)、楚人(两湖)。在语言方面,"平时家人聚谈或同籍互话,日打乡谈,粤人操粤音,楚人操楚语,非其人不解其言也"[6]。清人杨国栋《峨边竹枝词》称:"楚语吴歌相遇处,五方人各异乡音。"除了语言的隔阂外,他们还各自保持着原籍的风俗习惯,"举凡婚丧时祭诸事,率祖原籍通行者而自为风气"[7];"豫章、楚、闽、粤、黔杂处,或多行其故,俗不能尽同"[8]。而客家移民"住山不住坝、只说客家话、不跟湖广人结婚"等民间习俗更加反映出彼此语言习俗的差异,不仅是移民与土著间,而且各省移民之间也存在隔阂。

3.1.2 多元文化的交流与融合

经过最初阶段的彼此对立和文化隔阂，随着时间的变迁，各省移民之间逐渐产生交流和融合，文化方面也呈现出这样的过程。主要分为以下两个阶段。

1）传统血亲宗法关系逐渐削弱

巴县《刘氏族谱序》里所记载的"盖人处乱世，父子兄弟且不能保，况宗族乎？……求一二宋元旧族盖亦寥寥"[9]的情况，正是四川宗族在清初被严重破坏的真实写照。究其背后原因，其一，迁徙居民不易获得供大家族聚居的土地（地盘）和资源，为了获得土地，同族人也不得不分赴各处，首先满足对土地的要求，至于族人聚居的要求就只好退居次要了。当土地插占完毕，后入川的移民为了佃田佣耕，在选择居址时，只以唯佃是居。如合川福寿场陆氏始祖，于康熙二十四年（1685年）入川，"入境较迟，因而未获插业，遂于旧姻颜氏税屋而居"。在人口逐渐饱和的情况下，许多家族因经济压力被迫析产分居。据县志记载，早在雍正初年，江油县由于"地即蕞尔，山居其七，水居其三，可耕者只一分土耳。一户之土仅供数口，多国则必出继，盖地不足而人无食也"[1]。其二，移民活动造成社会关系复杂化也成为削弱传统宗法关系的因素。入川移民来源广泛，五方杂处，各省移民之间、移民与土著之间存在各种矛盾和隔阂，而客长、乡约的设立和会馆的普遍建立，又使同籍观念被强化，宗法观念也相应被淡化。同籍范围内横向社会联系的发展，使具有纵向特点的宗法关系受到干扰和冲击。在人们日常社会生活中，客长、乡约以及会馆的社会职能的突出，又使族长、宗祠的职能在一定程度上被掩盖或取代。尤其是移民促进了城镇商品经济的发展，反过来又使宗法关系受到更大的冲击。那些进入城镇的移民，在脱离土地的同时也往往脱离其宗族，在城镇中限于居住条件以及职业的变动，一般工商业者难以聚族而居，甚至同籍之人也不易聚处。并且，在城镇中，人际关系除了同宗、同籍关系，还有同业关系，所谓"人各有业，业各有祀"。行帮所体现的经济关系与同籍关系以及同宗关系互相结合，互相交叉，互相渗透，又互相冲突，使城镇中移民的人际关系更加复杂，人的横向社会联系更加发展、更加扩大，宗法关系也就更加退居次要。由于上述诸多因素，清代四川宗法关系在一定程度上受到削弱。而封建依附关系的松弛带来思想观念上的游离和自由化，从而为新型文化的产生打下基础。

2）原籍文化的变迁与彼此融合

在经历了初期的矛盾冲突之后，因为生存发展的需要，各族群之间交往乃至家庭联姻也变得寻常。清嘉庆六对山人在《锦城竹枝词》言道："北京人雇河间妇，南京人佣大脚三。西蜀省招蛮二姐，花缠细辫态多憨。……大姨嫁陕二姨苏，大嫂江西二嫂湖。戚友初逢问原籍，现无十世老成都。"正写出了这种一家亲戚来自四五个省籍的独特情景，也正是各地移民大融合的生动写照。表现在文化层面就是各种文化习俗的逐渐融合与互通。清嘉庆《三台县志》所载："五方杂处，习尚不同，久之而默化潜移，服其教不异其俗。故士生其间不废耕读，而文采翩翩之彦时崛起田间。盖由文翁雅化，其泽未湮，至今科举之盛，尚能与梓东各邑颉颃云。"[10]而在许多当时的民谣唱词中，这

---

1 《江油县志》，彭址纂修，1959。

样的风俗民情表现得更加生动有趣。如从清嘉庆定晋岩樵叟《成都竹枝词》中"南门桥畔喊牙虫，也与扬州一样风。持伞知来凤阳郡，愚人多少受朦胧"之句可体味安徽的民俗风情对四川省城的影响。清胡用宾《孝泉竹枝词》所写"一线香风扑鼻闻，艳如花簇灿如雪。儿家不能防轻薄，保障风流有楚军"；"花翻新样不随波，时式梳妆艳若何。本地风光都见小费，出奇偏有陕西婆"，则体现了楚地和三秦移民文化对四川地区的民风民俗的影响。[11] 如成都洛带古镇留传数代人来自江西客家人的火龙节，其独特的舞龙程式：接龙、祭祖、迎龙归巢、杀鸡出龙、舞龙点睛等，实际就是川赣复合品。而风俗的混同是和新的地域认同感相表里的，这一时期，对移民的后代们来说，新的故乡意识逐步形成，各地文化的交流和彼此借鉴融会成为主流。民国《双流县志》记载："清初招徕，大抵楚黄之人为多，次则粤东，次则由闽、由赣、由陕服贾于此，以长子孙。今皆土著矣，风俗亦无差殊焉。"[12]

3.1.3　杂交型文化的形成

至清代中后期，四川各地相继出现五省会馆、八省会馆等现象，每年祭祖之时，几省移民后裔共祭祖先。标志着各省移民在改造客观世界的长期劳动实践中，主观上既受到巴山蜀水特有环境的浸润和滋养，又经过一代一代的通婚、渗透与同化，已产生了共同的心理认同感，并不断衍生出一些既不同于四川土著而又异于移民原籍的新的地方性，形成了兼容各省而呈现多元的地方文化习俗，获得了民众的普遍认同。如清嘉庆《江州志·风俗·嗜好》就记载："旧志称五方杂处习尚不齐，良然方今承平日久一道同风约，言之惟好礼而已。"

这种地方性，不同于各地文化特征的简单组合，而是新环境下新的族群的表现形态。它一方面深深地镌刻上四川地区地形地貌、气候水土、物产资源条件等自然因素的印记，表现出与四川传统原生文化一脉相承的群体性格特征和地方意识；另一方面又富有新时空的新内容，通过生活习俗或艺术形式等外在世象表现出来，充分表现在语言、宗教、衣食住行等文化的各个方面。而以湖广话为基础的四川官话的形成，是这一时期四川杂交型地方文化形成的重要标志。

同时，也有部分族群一直较为完整地保持原籍文化，最重要的一支就是四川客家人（土广东人），保持客家方言是他们最重要的族群认同标志。今天在成都、西昌、荣昌、隆昌等30多个市县的局部地区还保留着讲广东客家话的移民后裔，其人数约在300万以上[13]。另外，在四川川东、川西等不同地区，由于移民来源组成情况不同，文化上又表现出不同面貌，逐步形成了若干亚文化形态。

3.2　移民与清代四川地区城镇的崛起

持续的战争和社会的动荡不仅带来了人口的骤减和经济的萧条，也带来了对城镇的极大破坏。清代初期，四川各地普遍城荒人散，萧瑟若丘墟，所谓"人户逃亡，土地荒芜，农村萧条"[14]。以忠州为例，史志记载，"乾隆初年，城市萧疏，仅如村落，其十子街一带均属人民住房，南门外河街，米粮而外，唯有布店三间"[14]。而再次大兴土木、兴建市镇使地区人口数量、土地开垦范围和往来商业贸易迅速增长，经济复苏、政治趋于稳定是在清中期，如《嘉庆邛州直隶州志》记载，"……明末流贼扰蜀城遂毁，国朝定鼎以来知州祖泽潜州判署州事温廷檩知州萧恒先后修葺……"。不仅原有城镇获得恢复，而且这一时期，城镇发展还呈现出新的结构性变化，主要包括中心城市复兴、以经济与商贸区域划分为基础的"城镇集群"初步形成、地方市镇（场镇）迅速发育以及乡村社会逐步衰落。其中以"上川东重庆、川西成都、川北顺庆府城（南充）、上川南嘉定府城（乐山）、川南叙州府城（宜宾）、下川南泸州、川东万州、川西北广元"[15]为中心的城镇经济区的形成和大量集镇（场镇）的崛起构成了清代中后期四川地区普遍城镇化初始阶段的主要特点（图3.1、表3.1）。

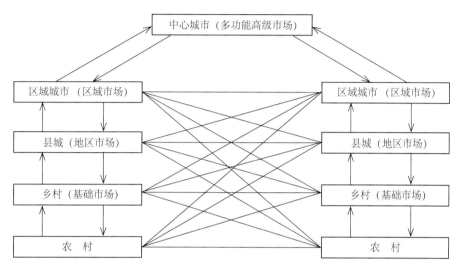

图3.1　清代四川城镇体系与市场经济关系结构图
图片来源：王笛.跨出封闭的世界 长江上游区域社会研究 1644—1911[M].北京：中华书局，2001.

表3.1　四川区域城市贸易系统和城市系统关系图

经济区	区域城市	所属地区城市
上川东区	重 庆	涪州、彭水、广安、合州、荣昌、内江
川西区	成 都	简州、邛州、灌县、汉州、绵州
川北区	顺庆府城（南充）	保宁府城（阆中）、遂宁、潼州府城（三台）
上川南区	嘉定府城（乐山）	雅州府城（雅安）
川南区	叙州府城（宜宾）	昭通府城（云南）
下川南区	泸 州	合 江
川东区	万 县	夔州府城（奉节）、绥定府城（达县）、三汇镇
川西北区	广 元	略阳（陕西）
总 计	8	21

表格来源：王笛.跨出封闭的世界 长江上游区域社会研究 1644—1911[M].北京：中华书局，2001.

3.2.1　传统中心城市的复兴重建

传统中心城市的复兴主要以成都的复兴和东部重庆的崛起为代表。成都城在顺治三年（1646年）被焚毁后，"城郭鞠为荒莽，庐舍荡若丘墟，百里断炊烟，第闻青磷叫月；四郊枯木茂草，唯看白骨崇山。……城中绝人迹者十五六年，唯见草木充塞，麋鹿纵横，凡廛里闾巷官民居址皆不可复识"。[16]省治一度暂设阆中。顺治十六年（1659年）省治迁回成都，葺城楼以作官署。康熙初重修成都城，形成了"大城内包有两个小城（贡院、满城）"的格局。随着全国经济的复苏，成都城市经济也得到恢复和发展。以成都为中心的川西城镇经济体系得以恢复，纺织业、印刷业、烟叶加工业等手工业商品不断增多并按专业经营，形成了贸易方式灵活多样、流通范围日渐扩大的市场网络，产生出以成都为中心的中小城镇集群。成都城中恢复了明代已有的各种综合性及专业性市场，商业街区也较前扩大。至清中期，城内的商业街区已达40个之多。"商贾辐辏，阛阓喧阗，称极盛焉"[17]。乾隆时一首竹枝词"郫县高烟郫筒酒，保宁酽醋保宁绸，西来氆氇铁皮布，贩到成都善价求。"就是描述南北贸易集中于蓉的盛况。而作为"长江上游尽头之埠，此中商务之盛，一望而知，货物充牣，民户殷繁。自甘肃志云南，自岷江至西藏，其间数千里内，林总皆流，咸来懋迁取给"，这些都使得成都在成为四川政治文化中心之外其经济中心地位也非常稳固。道咸同吴好山咏道："名都真个极繁华，不仅炊烟廿万家。四百余条街整饬，吹弹夜夜乱如麻。"[15]而"其民则鲜土著，率多湖广、陕西、江西、广东等处迁居之人，以及四方之商贸"。据统计，至康熙六十一年（1722年）成都府人口占全省人口20.7%，位居全省第一。[1]

重庆在明清以前主要是一个城区性的政治中心和军事重镇，明清以后重庆以它在四川与省外交通中的优越地理位置，总汇长江和嘉陵江干流及诸支流水域之利，形成了以重庆为枢纽的商业贸易网络。它也逐渐成为长江上游最重要的商业和货物集散中心。"三江总汇，水陆冲衢，商贾云集，百物萃聚。……或贩自剑南、川西、藏卫之地，或运自滇、黔、秦、楚、吴、越、闽、豫、两粤间，水牵云转，万里贸迁"[18]。晚清著名诗人赵熙的"自古全川财富地，津亭红烛醉春风"诗句，是此时重庆商业繁盛的真实写照。商业的发展扩大了重庆的城市规模，到清代中期，"城内已发展到29坊，城外21厢"[19]，[2]街巷240余条，城内"酒楼茶舍与市阛铺房鳞次绣错，攘攘者摩肩接踵"，城墙以外，"濒江人家，编竹为屋，架木为砦，以防江水暴涨……市肆民居，鳞次栉比"。[3]这些快速增长的人口主要由外来移民构成。由东部地区入川的移民，把重庆作为第一个最大落脚点，"自晚明献乱，而土著为之一空，外来者什九皆湖广人"。据康熙六十一年（1722年）统计数据，重庆府人口占全省人口的19.3%，位居全省第二。而到清中期以后，随着四川经济中心的逐渐东移，人口重心也往东移动，大量商贸性移民成为移民中坚力量，"吴、楚、闽、粤、滇、黔、秦、豫之贸迁来者，九门舟集如蚁，陆则受廛，水则结舫"[20]。至清宣统二年（1910年）统计，重庆府人口占全省人口的15.8%，位居第一（图3.2）。

---

1 数据来源：食货·户口[M]//常明，杨芳灿等纂修.四川通志：卷64.成都：巴蜀书社，1984.

2 清代重庆城改编为若干党，现已知的有朝天、储奇等党，下辖太平、宣化、巴字、东水、翠微、朝天、金沙、西水、千斯（属朝天党）、治平、崇因（属朝天党）、华光、洪崖、临江、定远（属朝天党）、杨柳、神仙、渝中、莲花、通远、金汤、霜双烈、太善、南纪、凤凰、灵璧（属储奇党）、金紫、储奇、人和等29坊；近城附廓改编为太平厢、太安厢、东水厢、丰碑厢、朝天厢、西水厢、千斯厢、洪崖厢、临江厢、定远厢、望江厢、南纪厢、金紫厢、储奇厢、人和厢等21厢。

3 文征[M]//向楚.巴县志选注.重庆：重庆出版社，1989：1038.

图 3.2　清代成都天府街、重庆佛图关城门一带城市景观

图片来源: 百度图片

3.2.2　新型地区性城镇的崛起

清代四川地区城镇的类型,根据其产生背景和基础大体可分为由"地方行政管理形成和经济活动形成"两种。[15]虽然清代川省各州县设治情况多有变化,但是治所所在地均为各地方经济繁荣、人口稠密之地。按照四川嘉庆时期有"府12、直隶州8、直隶厅6、府辖州19、府辖厅5、县111"[1]的统计数据(相对稳定时期的数据),四川此类城镇已多达百余所,主要包括府治成都、平武、雅安、西昌、乐山、宜宾,阆中、南充、三台、巴县、奉节、达县,厅州治罗江、茂汶凤仪镇、松潘进安镇、理县、小金美兴镇、眉山眉山镇、邛崃临邛镇、泸州、资中重龙镇、永宁、忠县中州镇、酉阳钟多镇、石柱城关镇等。清代重庆县级以上的城镇也达26座。清初随着统治者对川省行政区域的划分和统治结构的建立,各级"道、府、厅、州、县"治作为最重要的一批城镇均开始修城垣、盖住宅、建店铺、造家庙、兴会馆,各条街道、各种津桥和文化名胜渐得以全面恢复和重建。(表3.2、图3.3)

表 3.2　清代重庆府、县表

府、州	辖　县
重庆府	巴县、江津、长寿、永川、綦江、南川、合川、涪州、铜梁、大足、璧山、江北
夔州府	奉节、巫山、云阳、万县、开县、大宁
忠州直隶州	丰都、垫江、梁山
酉阳直隶州	黔江、彭水、秀山
石柱直隶厅	—

资料来源: 周勇.重庆通史　第1册[M].2版.重庆:重庆出版社,2014.

1　数据来源: 王笛著.跨出封闭的世界:长江上游区域社会研究(1644—1911)[M]北京:中华书局,2001.

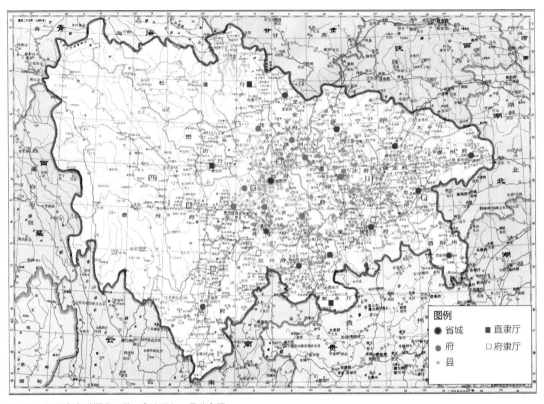

图 3.3　四川嘉庆时期省、道、府（厅）、县分布图

图片来源：自绘

底图来源：《中国历史地图集》（GS〔2006〕380号）

　　商品贸易带来"资源产地、加工区以及交通线上商品集散中转之地"的繁荣，并直接使这些地方聚集成城镇。其中一些依托了政治性城镇的转型，有些纯粹是因商贸而兴。例如，由于移民对边疆地区经济的开发，商品贸易意识的加强，清代一些边远地区原来作为政治中心和军事据点的城堡逐渐成为商贸城镇。如雷波在雍正八年（1730年）建城以后，到了清代中期，由于"边境清平，商贾云集，云、贵、两湖、豫、粤之民，亦群趋此间贩卖货物，彼时城内居民，有二千余户，夷汉交易，热闹非常，有'小成都'之称"。类似的还有雷波城西北的三棱岗、越巂的中所坝等。结合主要贸易路线沿途兴起的比较重要的城镇包括屏山、宜宾、泸州、江津、涪州（陵）、綦江、万县、江油、新津太平场、打箭炉、灌县、温江、崇庆、彭山、彰明、安县、绵竹等。打箭炉（昌都）本为荒凉的山沟，明代开碉门、岩州茶马道后，逐渐成为往来驮马集散之地，清代开瓦斯沟路，建泸定桥，打箭炉设茶关，渐成为各族商贾云集的商业城市。灵关道上的拖乌、荥经等，石门道上的宜宾，茶马大道上的雅安、汉源都是因贸易而产生或发展的城镇。其中位于水陆交通枢纽位置的城镇发展尤其迅速，如涪陵境内有长江、乌江航运，乌江中下游的桐油、木油、猪鬃、肠衣、牛羊皮、生漆、五倍子等在涪州城汇集外运。清光绪年间，该地已有"小重庆"之称。《巫山县志》就记载"商贾半多客籍，道光初年，多两湖人来巫坐贾，均获厚利。又盐务畅行，山、陕富商俱在巫邑就埠售盐，财源不竭"[21]。

一些重要的特色资源型产业，如盐业、制糖业、茶业、酒业、冶矿业等在清代的迅速发展也吸引了大量从事商贸活动的投资性移民、商人及手工业者的到来，为迁入四川的移民提供了另一谋生之路，形成了一批资源产业型城镇。仅以四川盐业为例就可窥一斑。严如煜《三省边防备览》记载了川盐的重要价值，"……四川之货殖最巨者为盐，川北之南部、西充、射洪、乐至、蓬溪；川南之犍为、富顺、荣县、资州、井研；川东之忠州、开县、大宁、彭水；川西之简州；上川南之盐源。州县著名产盐者20余处，而地出卤水可以熬盐，阎关私井不外卖者不在此数"[22]。清代四川盐业甲天下，也崛起了一批类似"盐都自贡"这样的大中型城镇。

自贡以盐立市，据历史记载，早在汉晋时期，自贡即开始盐业生产。但是到明末也因为战争等因素导致"产盐之井，又仅存昔之什一"[23]。康熙十九年（1680年），富顺知县钱绍隆在"详情禁兵害文"中记载，"路无行人，道惟荆棘。空城不闭，……至自流井一带地方，兵马往来日于此焉托处，其灶民皆遁。至威远、荣县，数十里外，床几悉为火薪，稻谷罄于马料，灶民停煎者，盖五月余矣"[24]。清代中期以后，自贡盐业生产在大量移民涌入后迅速复兴，"大盐厂如犍（为）、富（顺）等县，灶户、佣作、商贩等项，每厂之人以数十万计"[25]。咸丰以后，自贡盐产量为全国所需的三分之一，在全省中占产额的十分之六。到清末民初，自贡地区已经是遍地盐井的城市了。据民国三年（1914年）12月24日的《场署报告》，"查富荣厂有火井560余眼，盐井320余眼，现停3600余眼，废井8200余眼"[1]，可见盐井之密集程度。类似这样拥有井盐资源而兴盛的城镇还有简州、荣县、大足、合川、铜梁、南部、西充、大宁、遂宁、蓬溪、安岳、乐至、资州、内江、井研、绵州等（图3.4）。

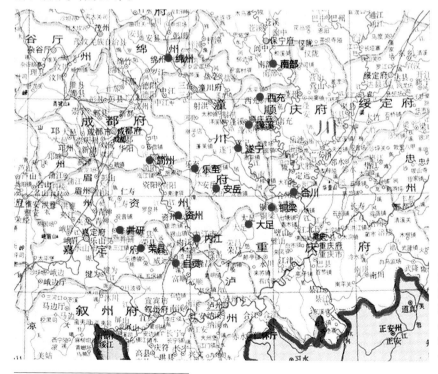

图 3.4　拥有井盐资源而兴盛的城镇分布图
图片来源：自绘
底图来源：《中国历史地图集》（GS〔2006〕380号）

---

1 数据来源：李良忠.中国自贡井[M].成都：四川人民出版社，1993.

3.2.3 场镇的大量兴建

作为农村小商品生产者向外部最直接流通渠道的场镇,是介于乡村和城市间的场、市、镇等一类以经济商贸活动为主,既承担集散农村商品的任务又承担一定政治和区域防御守卫功能的小城镇(指一些驻防镇和县治镇)。最重要的是"它们既是农村外销货物的起点,又是城市输入货物的终点,起到承上启下的作用,成为商品流通网络中的一个最基本的环节"[15]。清代四川地区场镇在传统草市的基础上得到迅速发展。据研究统计,到清代末期,四川场镇数量达到近3000个。[1] 其中清末重庆地区巴县就有场镇68个,涪州有118个,璧山有29个,江津有73个,綦江有35个,万县有49个,合州有73个等(表3.3、表3.4)。

表 3.3　清代及民国时期四川地区场镇数量分府统计

府　别	清代前期			清代后期			民国时期		
	州　县	场　镇	平　均	州　县	场　镇	平　均	州　县	场　镇	平　均
成　都	13	189	14.5	10	214	21.4	11	289	26.3
嘉　定	7	153	21.9	2	30	15	4	139	34.8
叙　州	9	228	25.3	12	308	25.7	4	116	29
眉　州	4	64	16	2	22	11	3	76	25.3
邛　州	3	56	18.7	2	46	23	2	95	47.5
绵　州	6	74	12.3	3	45	15	2	49	24.5
龙　安	4	60	15	2	39	19.5	1	10	10
保　宁	5	223	44.6	2	128	64	5	391	78.2
潼　川	8	191	23.9	5	133	26.6	3	146	48.7
顺　庆	4	92	23	5	195	39	1	75	75
重　庆	9	393	43.7	12	598	49.8	6	328	54.7
绥　定	7	224	32	4	161	40.3	3	136	45.3
忠　州	2	60	30	4	209	52.3	1	75	75
夔　州	1	6	6	2	95	47.5	1	47	47
资　州	5	130	26	4	150	37.5	2	107	53.5
泸　州	4	135	33.8	2	117	58.5	3	161	53.7
合　计	91	2278	24.2	73	2490	34.1	52	2240	45.5

表格来源:中国人民大学清史研究所.清史研究集[M].北京:光明日报出版社,1988.

表 3.4　清末巴县场镇分布表

乡　里	场　镇
忠　里	新市场、彭家场、跳石河、公平河、界石河、鹿角场、石岗场、德隆场
孝　里	两路口、鱼洞溪、马骏嘴、苦竹铺、永隆场、接龙场、复兴场、圣灯场、兴隆场、龙岗场、石龙场、沙镇场、长生桥、红烛场、回龙池

---

1 高王凌.乾嘉时期四川的场市、场市网及其功能[C].中国社会科学院历史研究所清史研究室.清史研究:第3辑.成都:四川人民出版社,1984.

续表

乡　里	场　镇
节　里	倒坐场、毛家场、江家场、二圣殿、太和场、石庙殿、永兴场、石龙场、白鹤塘、观音场、凉水井
仁　里	麻柳嘴、双河场、冬青场、丰盛场
智　里	车歇场、冷水垭、太平场、白沙沱、彭家场、陶家场
祥　里	白碛场、太平场、太和场
正　里	蔡家场、龙家场、金刚铺、土主场、兴隆场、高摊铺
直　里	佛图关、石桥铺、两路口、高店子、含谷场、凉风垭、白市驿、龙凤场、曾家场、虎溪场

资料来源：朱之洪，向楚.民国巴县志：卷1场镇[M]//中国地方志集成：四川府县志辑.成都：巴蜀书社，1992.

1）老场镇的重建

四川地区设立场镇始兴于宋代。张兴国先生在《川东南丘陵地区传统场镇研究》中论及四川场镇形成的原因，提出"从'草市'到场镇，商品交换和贸易集散为建场根本，而商业交通对场镇的发展起到了促进作用……"。这一论点清楚地阐明了四川地区场镇兴盛的社会原因。另外，四川地区自秦以来保存至今的农村"散居式"居住形态和文化习俗是四川地区场镇兴盛的潜在文化因素。[26]根据《元丰九域志》统计，元丰初年（1078—1085年），"川陕四路共有688个镇，其中有6个镇以上的县是：眉山、彰明、汉源、阳安等，共43县"。但是经过元朝蒙古铁骑以及明末张献忠等战乱毁坏无存。到清中期以后，这些古老场镇才逐步得以复兴重建。各地移民在其中起到了重要作用。

以川西古镇黄龙溪为例，据史籍记载，黄龙溪建镇的历史可以追溯至1000年前的北宋时期。据北宋人王存《元丰九域志》卷7记载，眉州下辖彭山县"州北四十五里。一十九乡。永丰、蛮回、黄龙、福化四镇"[27]。160多年后，蒙古铁骑使之湮灭。明代270多年，四川的经济水平还没有恢复到宋代的一半，又遭遇了明末清初以来半个多世纪的战争，古镇一直没有恢复元气。田土荒芜，人口凋零，所见之处几成一片废墟。清初开始，政府开始"招集流亡"。清初湖广入川的贺、乔、唐三家首建新场于府河西岸，古镇也就一度有"乔半街""钟半街"的说法，足见移民家族在重建场镇中的作用。

2）新场镇的兴建

移民的聚集和广泛的"插占"垦荒，使四川地区土地得到充分开垦。其范围从清初广大的成都平原和浅丘地区逐步向丘陵中部、山地推进，而"梯田"的出现更加大了土地利用范围，垦殖范围到达丘陵顶部、半山上部。"公元1671年起到1722年，五十一年间复耕面积多达2922万亩，增加了46倍，使总耕地面积达上百万公顷"[1]。人口在更大领土上的分布，就需要解决以"分散式"[2]为主要居住形式的四川农村商品流通问题，在此基础上，以"场镇"为特点的集市贸易发达

1　数据来源：郭声波.四川历史农业地理[J].中国历史地理论丛，1994（4）：225-233.

2　四川农村的"分散式"居住形式指农民选择最便于到田间耕作的地点建房，形成了分散的居住模式，它"集结式"居住形式在居住模式和村落结构方面迥异。

起来,各乡农民均需要以基层市场来进行交换,以弥补一家一户独居生活上乃至心理上的亏缺。乾隆年间的《巴县志(卷二)市集》云:"巴境地广,纵横千里,越岭渡涧,离城航远。日用所需,取给场镇。日中为市,以有易无,民咸便之。"这表明集市是在"越岭渡涧,离城远"的条件下"以有易无"的方式交换日用之需。对于这种现象,光绪《梁山县志·场镇》的描述为:"市井者,场镇也。利之所在,人必趋之。聚民间日用之需,入市交易,谓之赶场。各有定期,辰集午散。"道光年间《江北厅志(卷二)场镇》描述的盛况是"各乡场镇,每逢赶集,摩肩接踵,塞衖填衢。以有易无,听民自便"。

由于商品经济发展程度和人口密度的不同,此类场镇的分布密度也有很大不同。一般来讲,各州县腹地的某些要冲成为商贾山民买卖的场所,进而形成场镇。而"经济中心区和次经济中心区场镇密度较之边远地区要高"[15]。例如至嘉庆年间,成都城外的场镇就有195个,为乾隆时期的3倍。这些场镇都以成都为中心散布开去,相互之间距离为2.5~5公里,互补性极强。典型的如雅安陇西河上游段在长不过15公里、宽仅七八公里的深山小平原上分布着上里、中里和下里三个场镇。民间的说法"一个场全包完嫌胃口大了点,两个场在两头嫌远了点,上、中、下三个场正合适",正是反映了场镇分布间距的实际需要。[28]

那些地处移民西迁必经路线、大宗特色商品来往贸易路线上的许多交易市场和商旅的集散地、食宿点,成为移民迁徙落脚、物资集散和发展商贸活动的重要据点,逐渐形成居民辐凑的集镇。从所处位置来看,集镇又分为两类,或是位于陆路枢纽的旱道场,或是位于水路沿岸码头的水路场。最为典型的就是三峡地区长江航运线上城镇群的形成,它不仅包括巫山、奉节、云阳、万州、忠县、丰都、涪陵等大型城镇,更有沿江一带包括西沱、大昌、石宝、龚滩、宁厂、云安、洋渡、武陵、大溪、培石等一大批各具特色的场镇。它们或者围绕城镇生长,或者直接因航运而日渐兴盛。如涪陵周边至清乾隆五十一年(1786年)境内有"5镇、33场(不含州城)",到清道光二十五年(1845年)发展为"6镇、49场",清宣统三年(1911年)为"9镇77场"[1]。"同治时万县江北有31个场镇,江南有18个场镇"[2];民国"丰都最多时有76个场镇"[3];道光时"忠县城中有13个街坊,其他有43个乡场"[4]等,其"烟火繁盛、俨然一都邑"。(图3.5)

因为重要物质如盐、粮食、茶叶等外运而兴的商贸场镇,它们往往围绕资源产地和贸易线路而大量兴起。自贡运盐水路主要依赖于釜溪河及其上游的旭水河和威远河,沿河兴起大量场镇并形成"沿水陆运盐道路分布的城镇形态"[29]。

还有场镇因省际间边境贸易而兴,如渝东南民族地区的场镇发展就依赖于此。由于各省州县的物产不均衡,且远离各自的中心商业区域,该地区为互通有无交流物资,场镇也较多地集中在省州县边际,形成繁荣的边镇贸易。彭水处于邻近省州县际的场镇就有26个,占其全部场镇54个

1 数据来源:四川省涪陵市志编纂委员会.涪陵市志[M].成都:四川人民出版社,1995.

2 数据来源:万县志编纂委员会.万县志:卷8[M].成都:四川辞书出版社,1995.

3 数据来源:丰都县志编纂委员会.丰都县志:卷8[M].成都:电子科学技术大学出版社,2014.

4 数据来源:忠县忠州直隶州志整理出版委员会.忠州直隶州志 校注本[M].重庆:忠县忠州直隶州志整理出版委员会,2012.

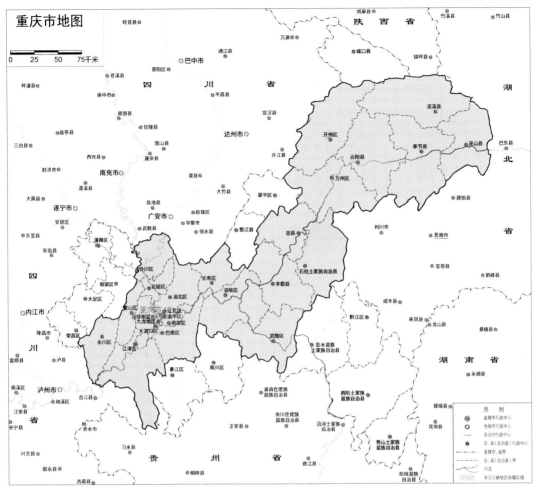

图 3.5　长江三峡地区场镇分布示意图

图片来源:李畅.乡土聚落景观的场所性诠释:以巴渝沿江场镇为例[D].重庆:重庆大学,2015.

底图来源:重庆市规划和自然资源局网站(渝S〔2020〕071号)

的近一半。秀山石堤镇,因"石堤司紧与湖南保靖县为界,为由楚入川水道要区。司面据龙潭河,背枕后溪河而汇于治南。商贾帆樯,往来络绎"[30];《酉阳直隶州总志·规建志》记载"州东九十里,酉水绕其东,下达辰永,水路要冲",因此"其水流入沅江,商船通往常德,交通方便,商旅云集,为酉阳县东南部主要物资集散地"[31]。酉阳龚滩古镇源于蜀汉[1],自古以来就是川(渝)、黔、湘、鄂客货中转站,属川盐古道的涪岸线重要市镇。长江水运可经过涪陵进入乌江到达龚滩,从龚滩向东可经短途陆运到达酉阳的龙潭古镇继续进行东线转运,从龚滩还可向南水运到达贵州的思南地区。酉西龚滩码头有两条川盐古道:一条从龚滩码头出发,经两罾、天馆、丁市、铜鼓、酉阳县城等地到龙潭连接湖南、湖北省;另一条从龚滩码头出发,经大岩门、何家宅、刘家井、龙潭子、照东坑、贾家盖、水坑子、马槽坝、下岐路下岩到庙溪、浪坪以及彭水的鞍子等地至黔江,再连湖北省。(图3.6)

---

1 据刘琳《华阳国志校注》:"汉复县,三国蜀汉置,属涪陵郡,治所在今酉阳县龚滩镇。"

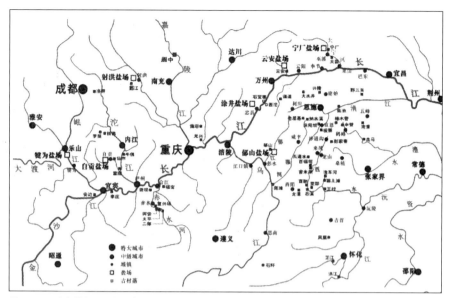

图 3.6 川盐古道主要盐场分布图

图片来源：赵逵，桂宇晖，杜海.试论川盐古道[J].盐业史研究，2014（3）：161-169.

底图来源：《2010年中国重大自然灾害图集》

3.3 移民会馆与清代四川城镇聚落空间结构及形态变迁

移民会馆不仅是清代民国时期四川城镇"公共领域"的重要组成部分，在清代四川地区百废待兴，城镇建设与移民生活秩序建设同步的特殊时代背景下，与城镇一起进入建设兴盛期的移民会馆在四川城镇空间结构、空间内容的发展过程中也扮演着重要角色。

3.3.1 移民会馆与清代四川城镇"公共空间"的发展

1）移民与清代四川新绅商势力的孕育

社会学家傅衣凌先生在所著《中国传统社会：多元的结构》一文中指出，由于多元的经济基础和高度集权的国家政权之间相适应又相矛盾的运动，中国传统社会的控制系统分为"公和私"两个部分。一方面，国家系统利用从国家至县和次县一级的政权体系，实现其控制权。另一方面，实际对基层社会直接进行控制的却是乡族的势力，这些在"公和私"两大系统之间发挥重要作用的人就是中国社会所特有的乡绅阶层。

由于各种因素对四川社会整体结构的破坏，清代四川移民社会早期的管理措施中间就有针对移民社会特点的政策。针对早期的移民管理，地方政府采用相对集中，分而治之。同时准许入籍，编入保甲。如在咸丰《云阳县志》中记载，关于云阳县内湖北麻城移民"邑分南北两岸，南岸民皆明洪武时由湖广麻城孝感敕徙来者，北岸则皆康熙、雍正间外来寄籍者，亦惟湖北、湖南人较多"；"对入籍移民，加强户口管理，印照验收，编入保甲，使其安心务农"。如此做法，在初期对避免各籍移民矛盾冲突，方便管理起到过积极作用。但是因为彼此缺乏了解，无形中又加深了移民之间的对立和矛盾。久而久之，族群之间因为争夺土地和口岸冲突不断。移民入川开垦，在经济利益上与土著发生冲突，"土著摈斥之，力不胜也"。而移民由于势众，"屡以客户凌土著"。特别是在插占和开垦过程中,因地界混淆,此侵彼占,以致争讼繁兴,土客矛盾相当尖锐。《大邑县志》记载:"自明末叠(叠)遭兵燹(火),土著无几率多秦楚豫章之人。或以屯耕而卜居或因贸迁而占籍,五州杂处好尚不同,大抵西北山多,少富者有余于贫者以耕种,负贩为业。东南原隰平衍地颇富饶,四民咸安居乐业间有外来游手计诱无业莠民聚散靡常。"[32]甚至一些城镇土著和移民分而治之,互不往来,"云阳邑分南北两岸,南岸民皆明洪武时由湖广麻城孝感奉敕徙来者,北岸则皆康熙、雍正间外来寄籍者,以为湖南、北人较多"[33]。鉴于这种特殊情况,清政府为了便于管理,在常规的保甲制度之外,在四川另设客长、乡约,"客籍确以客长,土著领以乡约"。如有争议事项,"先报(乡)约、客(长),上庙评理,如遇涉讼,亦经官厅饬义而始受理焉"。移民和土著分别设客长、乡约管理的办法,实为清代各省所罕见的现象,它是政府在面对移民占人口比例绝大多数的非常态社会中,从具体的实际出发将民间自发的管理方式纳入官方既有的管理体制之中的一种特殊模式,反映了清代四川移民与土著的对立已是不容忽视的社会问题。而客长和乡约的设立,使移民问题的解决途径从官方层面逐步进入到民间社会的自我调整。这部分人也成为四川社会新兴的乡绅阶层。这些人其身份有别于"先秦时代的贵族宗族,汉唐间的士族宗族,宋元的大官僚宗族"[1],主要是地方绅衿和富有的地主、商人等。他们以身份的平民化、商业化倾向带动了清代中后期地方城镇市民阶层的发育。

移民会馆与清代四川新兴乡绅阶层的发育也有着密不可分的关系。在移民同乡会馆兴建的时候,各地客长、乡约多数成为会馆的会首。他们联合从这个集团中通过科举制度成长起来的地方政治势力又在会馆兴建中发挥了重要作用。在他们的推动下,新建、扩建或者重建会馆甚至成为地方官员任内大事,也是博得民众爱戴的善举。据《民国重修什邡县志》记载,"真武宫(湖广会馆),清康熙三十七年,邑令俞日都捐俸修建";《道光叙州府志·坛庙》记载,"天后庙,在治东门内,乾隆间知县熊葵向建;金川庙(盐神庙)光绪七年绅商捐资拓修,总督丁宝桢奏请";《民国荣县志·社祀》记载,"杨家场川主庙,嘉庆七年,知县兰松督修";《道光綦江县志(民国续志)》记载,"镇江王爷庙,在城南外,知县刘善源于卸任后逐奸僧改修为盐商祈报所;五圣宫共计四处,分别由增生戴先谟、马冀先;同治十二年邑贵州同知王殿先;光绪十六年贡生封智容;同治六年举人彭学□等募建;天上宫光绪初文生印铭鼎等募建";等等。另有《民国江津县志·典礼志·寺观》记载的清乾隆七年(1742年)时任知县彭维铭捐俸创修川主庙的碑记:"县治旧庙在城内西南隅,前抵城墙,后逼孤贫院,湫隘秽亵,殊非神灵发越之所。予履任四载矣,新建川主二郎祠一所。予又捐俸廉,买土粮五升以作守祠人工食及修补费。是役也。除墙垣系各吏书捐助外,予独捐五百余金,未尝别募丝毫。自今观之,似亦可云周备而完美矣。"

2)移民会馆与清代四川城镇事务的公共管理与公共空间形成

清代四川社会重建过程与四川地区近代乡村社会城镇化过程同步,"会馆既是移民社会宗祠、庙宇等早期公共空间在城镇的转化形式,又具有传统社会向近代社会演化时期公共空间的新因

---

1 冯尔康.清代宗族制的特点 [J].社会科学战线,1990(3):175-181.

素"[34],它的迅速兴盛既和这些背后的推动力密不可分,也体现出时代文化变迁的特征。

会馆与清代四川城镇社会活动的兴盛以及人们对城镇公共空间的强烈需求之间也有着密不可分的关系。移民社会宗族势力的薄弱,商品意识的加强,带来社会流动性的加大,人与人的交流也呈现了多样化。特别是随着门第等意识的相对降低,家的作用也发生了变化,人际关系的建立越发活跃,公共性社会交往活动愈加频繁,这些需要相应的空间。除了传统的登门拜会、寺庙集会、宗祠内聚集,会馆成为当时可能引导此类公共交往活动的物质场所之一。"社会交往的形成与否主要取决于居民之中是否在经济、政治或意识形态方面有共同兴趣[34]。"会馆的主要优势就在于它相对的平民化、开放性,活动的多元化,内容的俚俗性。

在四川地区传统乡村场镇中常见一些和街道结合密切的会馆,往往以厢房为摊位,或将戏楼看厅前面的院坝兼作农贸交易市场,一方面将各种商品按各帮各行所占据的会馆分开交易,可减少商业活动的杂乱,另一方面又给商品交易活动增加了积极的空间场地,减少了商业活动高度集中给城镇街道空间带来的压力[35]。《民国新繁县志·卷四·礼俗工商业》记载,"插入专售白米菜子者曰大市,其地有三:曰南市在南街,曰东市在关岳庙,曰西市在福建宫"。《民国荣县志》记载,"程家场禹王宫,建于乾隆十八年,设社仓、米市与焉"。

这样的状况一直持续到民国以后,据《民国华阳县志》(卷三)"建置·学校"部分记载;"……乡镇各区好义者颇有,调查所及悉为列表,以便省览:华兴场南华宫,作'清明会',收租举办善事,县小学之用;□□南华宫,作'乐善会',抚邮孤残;□□南华宫,作'从善公所',办理;'无利借贷、施棺、□焚、养老、义冢、掩骸、利孤、惜字、放生、邮贫十项之用'。"其中,兴办教育成为善举中最突出的一项,民国年间大量会馆建筑改作学校使用。在《民国华阳县志》中就有这样的记载:"……学校之起震于世变,奉欧西为先,进而欲以企图富强,当清末外侮迫棘之日,朝野上下,号为开通,前识者莫不呼号奔走。学校故典旧闻一切吐弃而弛骛其所谓物质文明。三十年来形见势绌辜较可知矣……"在此期间会馆建筑改做学校之用有"大面铺义学(南华宫)、中兴场乡学(湖广馆)、外东区立小学校(九眼桥川主庙)、石羊镇第一小学(镇川主庙)、中兴镇区立第一初级学校(镇江西馆)、永安乡区立第六初级学校(黄龙溪禹王庙)等"[36],如此记述不胜枚举。笔者统计,记载学校有150所,由会馆改建者有12所。

在参与社会政治经济活动的同时,会馆还积极参与地方教育和社会慈善活动。主要表现为兴办公学义学、资助孤残等善举。就四川地区情况来看,据《同治续金堂县志》(卷七)"学校"记载;"……明道义塾在竹篁寺上场,贺延仪等于宣化义塾□□增设以广训课。每年尼山会出钱叁拾千,赁屋作馆;禹王南华万寿三宫文昌集与牛王等会各出钱叁千。杜康娘娘川主老火神等会出钱壹千。张爷会上场牛王等会钱贰千,货摊地基收钱肆千。""……红豆山房义塾在县东南廖家场。同治三年监生罗明道等协议振兴。每年火神庙文昌会出钱陆千,侯侯会陆千,仁寿会财神会川主会天上宫各陆千,帝王宫楚永宫各叁千。"清道光二十年(1840年)江油县《中坝场记》记载:"涪江江面甚阔,难造桥梁,故秦、豫、楚各会馆,胥修渡船便民。"江油江西会馆还成立了专门从事扶贫救济的"丰益社",每遇灾年和岁尾,均对流落无依的人发放寒衣和赈米。[37]《民国新繁县志》

记载："……笃行学在旧繁江书院、囗本学在城内川主庙、復礼学在南门外王爷庙、明新学在兴隆堰三圣宫等。"江油县，光绪时江西会馆建有建武小学；[38] 重庆江西会馆光绪三十一年（1905年）建泰邑小学，光绪三十三年（1907年）建有昭武小学和临江小学，民国十九年（1930年）建有赣江中学。因此，就其实施社会救济而言，会馆公所又是力行善举的社会组织。

这种势头到民国初期未减，会馆和政府的关系仍然十分密切，在社会向现代化转型过程中仍旧依靠会馆的辅助。例如，1904年10月17日，重庆总商会成立，以九大会馆首事及八个行帮代表为总商会董事，在总商会院内树立创建石碑。当时商会地位显赫，成为经济社会中的重要部分。

在会馆参与城镇公共活动的过程中，会馆自身的封闭性特征也被逐渐打破。会馆祭祀与民间公共庙会活动结合。会馆祭祀活动是会馆精神文化职能最重要的组成部分。各省会馆均有固定的会期，届时要举行祭拜活动，据民国《宣汉县志》卷十五《礼俗志》载，会馆"分祭其乡之先辈，届期首士治酌分请乡人，晚祭晨祭，用四叩首礼，午祭用九叩礼，俱读祝文，年例一举"；各地会馆"每逢神会必演戏庆祝，祈福还愿皆携楮酒谷致敬尽礼焉"。[39] 如岳池县的福建会馆，按家乡风俗每年定期举办"崇圣会、千秋会、同汇会三大庙会，会期同乡进会馆大殿，向天后圣母进行跪拜礼，聚会宴饮"[40]。作为会馆建立之基础，祭祀活动是仅限于同乡同行参与的"排外性"仪式。各个会馆基本按照所供奉神祇的生日确定会期，如"湖广馆以正月十三祭大禹，江西馆以八月一日祭许真君等"规矩鲜明。

到清代中期以后，会馆祭祀以及会期活动逐渐与复苏的四川地方性民间庙会活动结合起来。这种公众共同参与性、娱乐性、世俗性和商业性特征很强的庙会活动的兴起，究其原因，一是"寺观之设缘风俗好言因果，故建置者日多。于是乎，仙宇梵宫不在西方，而在中国。阿难迦叶不居极乐，而居市庙。乡人信之，士大夫听之，无惑乎。道院禅林之随处皆是，也然其中……"[41] 二是各类地方性神灵崇拜和先贤崇拜也在明清时期达到高峰。例如，《明天启新修成都府志》记载有"江渎庙、望帝庙、汉庙、城隍庙、天将庙、关王庙等各类祠庙58所"。《道光重庆府志》记载，该时期重庆主城区内就有"文庙、崇圣祠（名宦祠、乡贤祠、忠义祠、节孝祠）、文昌庙、关帝庙、社稷坛、先农坛以及火神庙、昭忠祠、城隍庙、巴蔓子祠、东嶽（岳）庙、吕祖庙、川主祠、八蜡会等"。因此，各地每年的会期活动十分频繁，基本从每年正月持续到腊月。比较普遍盛行在四川各地带有地方移民色彩的庙会活动主要有"二月初二日文昌会、二月十六日火神会、三月二十三日天后圣母会、三月十八日东岳会、四月二十八日药王会、五月十三日关帝会、六月初六镇江会、六月二十四日川主会、七月十五日孟兰盆会等"[42]。这些不同于一般佛教、道教活动的民间信仰活动在四川有深厚的群众基础，信仰对象的多样性、世俗性，动机的功利性，以及受祭神灵的民间性、地方性正反映出来自各个地区移民不同的原籍民间文化的影响和底层民众的生活更为接近，它在建立民间基层社会组织和精神结构的过程中是最基本的元素。通过这种渠道，四川地区的会馆拥有更强的参与和影响地方精神文化生活的能力。

四川地区会馆还出现了各省"通祭"的情况，这在我国其他地区是比较少见的。据《民国荣县志·社祀》记载，"禹王宫，湖广会馆。禹生于石纽，蜀祀亦宜"。湖广移民和川籍土著可以共同祭祀，表明各个族群关系的融洽，同时也表明会馆已经开始为更大范围民众所使用，空间的公共性特征更加突出。但是相较于现代公共空间，会馆的"过渡性"特征非常明显，表现出来就是会馆与传统公共空间形式"宫、观、祠庙"联系非常紧密。从四川地方志记载有关会馆兴建的背景材料可以看出，它们并不是以社会公益性、民主性更强的"同乡会"（这种形式在民国成立后逐渐取代了会馆）形式为基础，大部分情况下它带着强烈的"多姓联合宗祠"的意味，似乎是移民群体无力在短时期内聚集成大宗族建立宗族祠堂后一种变通的选择。《铜梁县志》记载："濂溪祠由湖南永州李、周、刘、柏四姓所建；天上宫为福建陈、吴、张、巫、袁、范等姓所建；豫章会馆为江西顾、黄、赵、傅、段、朱等姓所建。"重庆万州区白羊镇帝主宫又名"十姓会馆"[1]也属于此类。

3）移民会馆与清代四川城镇娱乐活动形态的发展与公共娱乐空间的兴盛

四川地区城镇休闲娱乐文化传统有悠久的历史。成都平原地区自唐宋即享有"一扬二益"的美誉，经济发达。《隋书·地理志》说其人"多溺于逸乐"，《宋史·地理志》也说："其所获多为遨游之费，踏青药市之集尤盛。"元朝《岁华纪丽谱》中说："成都游赏之盛，甲于西蜀，盖地大物繁，而俗好娱乐。"川东地区多山，民性较川西平原质朴，但是明清以后东西水运交通发展，码头文化盛行，民众也开始耽于游戏之乐。清代是中国城乡市民俚俗性娱乐活动发展高峰期，四川地区亦如此。一个表现是饮茶品茗之风盛行，其中以成都平原地区为盛。清末成都城内的街巷仅有516条，茶馆却达454家。城市之外，乡场茶馆也比较普遍。如双流县人口不足3000，就有"茶馆十余家，一般乡场，多则七八家，少则四五家"。除了饮茶，打牌、摆龙门阵是人们社会交往、娱乐消遣的主要手段。依托民间各类信仰开展的庙会赛会活动中相携出游和以祭神酬神为目的的民间演剧活动也成为各个阶层都喜爱的群体性公共文化生活形式，更成为清代四川移民社会逐步建立起新群体认同的重要途径。以成都为例，以地方性名胜古迹开展的庙会及定期出游活动就包括，二月十五日"赶青阳宫花会"，九月初九重阳登高，到望江楼或城内鼓楼蒸酒，还有定期"游草堂寺""游雷神祠观放生会"等。它们与佛道宗教性质庙会活动和各地移民色彩庙会活动等杂融一起，形成了清代四川地区民间信仰和节庆娱乐生活的丰富体系。（表3.5）

表3.5　清代四川民间信仰与节庆

信仰类型	信仰对象	信仰对象	节　庆
自然崇拜	天体、天象	玉　皇	玉皇诞节
		太　阳	太阳会
		月　亮	中秋节
		魁　星	魁星会
		文昌星	文昌会
		牛郎织女星	乞巧节

1　国家文物局.中国文物地图集·重庆分册[M].北京:文物出版社，2010.

续表

信仰类型	信仰对象		节 庆
自然崇拜	地形、地	土地神	春祈秋报
		江 神	江神会
		龙 王	龙王会
		山 神	东岳庙会
		灶王爷	灶王祭
		炎 帝	炎帝会
	动 物	牛	牛王节
		马	马王节
鬼神崇拜	神 灵	三皇:伏羲 神农 黄帝	三皇祭
		大 禹	大禹会
		仓 颉	仓颉会
		城 隍	三巡会
		观 音	观音会
		三霄娘娘	三婆会
	鬼 巫	鬼 灵	清明节、中元节
		祖 灵	岁祭、家祭
人物崇拜	儒 家	孔 子	孔 会
	三 国	关 羽	关帝庙会
		诸葛亮	—
		张 飞	—

表格来源: 贾雯鹤, 欧佩芝.清代四川民间信仰研究综述[J].中国俗文化研究, 2016(1):138-150.

　　根据研究,清代四川地区的民间演剧活动盛行,仅清代《成都通览》记载的常演戏目就有360出之多。其主要有三种常态化的演出形式: 第一, 神诞日的酬神演剧。为酬谢神灵佑护,"一岁之中, 其神诞日, 皆有定期作一日庆贺"。清代四川各地民间信仰分布广泛, 种类庞杂,"玉帝、衙神、龙神、火神、雷神、财神、药王、灶君、老君、魁星诸神, 神不一, 神祭亦不一"。每逢祭期,"无不演戏迎神, 以祈福庇", 其规模与时间甚至达到"远近福, 浃旬乃至"的程度。[1] 第二, 节庆演剧。在地方志中通常把戏剧演出活动置于"岁时节令"之下。每逢迎春、元宵、端午、中秋等佳节, 均要演剧以示庆贺, 增加节日气氛。如"迎春日", 成都由"府尹率县令、僚属迎春于东郊, 仪仗甚盛, 鼓乐喧阗, 芒神、土牛导其前, 并演春台, 又名高妆社伙。士女骈集, 谓之'看春'。"[2] 第三类, 会馆演剧。它也是不定期的、演出场次最多的民间公共集会和娱乐活动。会馆演剧从最初以联络移民同乡之间的情谊, 共祭乡土神, 共听家乡戏, 发展到以联络社会各阶层各行业关系,

1 吴珂.清代四川地区民间演剧与社区认同[J].北京理工大学学报: 社会科学版, 2010, 12(4):114-118.
2 丁世良, 赵放.中国地方志民俗资料汇编 西南卷[M].北京: 北京图书馆出版社, 1991.

向普通民众开放观看。会馆之间彼此赛戏为常态,四川各地会馆多借祀会以乐游观。至会期,"鱼龙曼衍,百戏杂还。士民走观,充衢溢巷"。《锦城竹枝词》中记载:"秦人会馆铁桅杆,福建山西少这般;更有堂斋难及处,千余台戏一年看。"清光绪年间丁治棠所著《晋省记》详细记载了成都会馆观戏盛况:"初晴天气,观剧人伙,万头攒簇,庙坝为满。茶担木凳,无隙可坐。是时,人涌如潮,吹哨喝彩者,应声四起。女坐边凳,随挤而倾,诸茶担为之震摇。"李劼人在《死水微澜》中记载晚清成都的会戏,"每个会馆里,单是戏台就有三四处,都是金碧辉煌的。江南馆顶阔绰了,一年要唱五六百台整本大戏,一天总有两三个戏台在唱"。地方志中此类记载也非常多。如在广安,四月初一,"江西馆向有迎萧公之会,备极观瞻",八月初一,"许真君诞辰,万寿宫演戏"[1];"大邑县,仲秋江西会馆许真君降诞,亦演剧庆贺,多聚观者……""季秋九日为重阳节,真武成道,楚人集会馆演戏"[2]。在省会成都,会戏演剧更是"无日不有,且有一日之间,多至七八处者"[3]。重庆的八省会馆中江西会馆一年活动多达300多次,湖广会馆也有200多次,其他会馆则在百余次不等。在重大节日,所有会馆都会同时举行庆祝活动,因此当时就有了"千余台戏一年看"的说法。最初,会馆里唱的多是原籍的戏曲品种,如江苏的昆腔、陕西的秦腔、江西的高腔等。后来这些各地戏曲融合汇聚形成了风格统一的新戏曲川戏,最后川戏慢慢地成了各大会馆的主打演出。正是这种演变,说明各地移民已逐渐融入四川社会,而这些各种各样的活动和集会地点,"无论在象征意义上还是在实践意义上,它们都有助于巩固各种社区联系,并给社区联系提供了运作场所"[4]。

3.3.2 移民会馆与清代四川城镇聚落空间结构演变

1)移民会馆与传统城镇聚落形态与空间结构的总体变化

清代中后期,随着四川社会的逐步稳定和商品经济的迅速发展,经济作用力驱动下的反映移民社会结构形态的空间生产方式带来了城镇空间与形态的变化。对原来传统的以政治统治和军事防御为主要功能的城镇而言,出现了从防御到开放、从单一中心到多中心的变化。经济方面的职能对城镇建设的影响首先体现在城镇选址方面。除了在水陆交通要道、物品集散点和商贸集中地段城镇兴盛,镇址的具体位置也要求利于商业活动的开展。例如,四川少数民族地区地方当局兴建军事要塞,原来的情况是边防要塞选址通常要求易守难攻,处于山地高处,以便登高望远有利御敌,这时也逐渐开始考虑经济方面的便利。乾隆十八年(1753年)迷易守御千户常景在请求迁移衙署、修筑土城的报告中特别指出:"迷易远在边方,地处山麓,从前番夷土著寥寥无多,近日则招徕广阔,人民滋生,以故事务殷繁,实与州县无异。"故建议将迷易所迁往地势平坦,民户众多的帕恋沟。因为帕恋沟"路当孔道,地处适中,又值一坦平阳",除了便于建城修署,而且"兴设场集,有无相通,商贾自是云集,贫民赖以资生,迷易从此焕生"[43]。作为军事要塞首领,对其要塞的经济职能如此重

---

1 广安市地方志.清光绪 广安州志 点校本.卷十一 方物志:风俗[M].郑州:中州古籍出版社,2020.

2 四川省大邑县志编纂委员会编纂.大邑县志[M].成都:四川人民出版社,1992.

3 周询.芙蓉话旧录[M].成都:四川人民出版社,1987.

4 罗威廉.汉口:一个中国城市的冲突与社区(1796—1895)[M].北京:人民大学出版社,2008.

视，这可是前所未有的现象。

城镇规模扩大，使原来以城郭制和里坊制建立起来的城镇结构开始产生改变。城市中迅速发展的工商业，带来了大量的产业移民。以重庆为例，清中期以后，重庆的商业人口所占比重越来越大，据巴县档案记载，乾隆三十八年（1773年）重庆定远厢共有300户，而其中从事工商的占208户，为总户数的69.3％。"重庆紫金坊、灵璧坊共有534户，其中从事工商业者362户，为总户数的67.8％"[1]。

要解决这些人口的居住问题，同时还要应对日益增长的对加工作坊、商业店铺、交易市场、港口码头、货物仓库等各类型工商业设施和建筑的需求，城镇规模迅速扩大。清中期成都城市中不仅恢复了明代已有的各种综合性及专业性市场，商业街区也较前扩大，总数达40个之多。乾隆四十八年（1783年）重修成都城，已是"周围四千一百二十二丈六尺，计二十二里八分"[2]。重庆从明代的城内8坊，城外2厢发展到康熙中后期的"城内29坊，城外21厢"[3]。

在城市规模扩展过程中，移民会馆往往是开拓新区的先行者。据《重修成都县志》等记载，自清康熙二年（1663年）建陕西会馆，成都市内陆续建成的各地移民会馆多达30余处，城外更多。傅崇矩所著《成都通览》统计，主要包括17座会馆，"贵州会馆[贵州馆街，建于乾隆三十三年（1768年）]、河南会馆（布后街）、广东会馆[西糠市街，建于清初，乾隆三年（1738年）重建]、泾县会馆（中东大街）、广西会馆（三道会馆街）、浙江会馆（三道会馆街）、湖广会馆[总府街，建于乾隆三十三年（1768年）]、福建会馆（总府街）、山西会馆[中市街，建于乾隆二十一年（1756年）]、陕西会馆（陕西街）、吉水会馆（北打金街）、江西会馆[棉花街，建于嘉庆八年（1803年）]、川北会馆（卧龙桥街）、石阳会馆（棉花街）、云南会馆（正通顺街）等"，以及"黔南会馆、西江公所、燕鲁公所（三道会馆街）、黄陂公所[帝主宫，建于嘉庆二十年（1825年）]、两湖公所、酱园公所、四十炉公所、陕甘公所、安徽公所、泰来公所、西东大街公所、川东公所、酒坊公所、两广公所"14个等。另据记载，成都北门外豆腐街的露泽寺也是道光年间陕西商人集资修建的会馆，是为了方便陕西同乡死后归葬暂存或寄葬异乡而建的小馆。这些会馆建筑初建于城内荒野之处，周围几无街道铺户，后因会馆会期甚多，商家小贩依会馆做起买卖，同乡迁徙前来定居，渐成街坊。在成都，这种因为外来移民人口增加导致的城市向东部郊区自由拓展和自清初即由政府主导的城市复建活动几乎同时并行，最终新建城垣将之揽括其中。

如果说，成都城作为区域政治、军事中心还可以依靠统治集团的政治行政力量获得最大限度的发展，并且通过不断扩展城墙的位置获得对城池的维护，其他一些城镇则开始通过突破原来的"团状结构"求得发展。

以团状结构为特点的城镇源自人为规划思想，尤其是政治统治、安全防御意识对于城镇聚落形态的要求，那些作为各级行政中心和军事重镇而存在的城镇一般都以城垣为屏障划定城池

1 四川省巴县志编纂委员会. 巴县志[M]. 重庆：重庆出版社，1994.

2 李玉宣，衷兴鑑. 同治重修成都县志：卷1 城池[M]//中国地方志集成：四川府县志辑. 成都：巴蜀书社，1992.

3 王尔鉴. 乾隆巴县志：卷2 建置志·乡里[M]//中国地方志集成：重庆府县志辑. 成都：巴蜀书社，2017.

范围。四川地区由于多山地丘陵，用地紧张，城镇即使以团状为基础，但是在长期的发展演变过程中，也有从"团状"向"带状"方向发展的特点[1]。到清代中期这样的趋势伴随移民人口的骤增，原有城域容量的有限，商贸活动、内外交通的拓展等而表现得愈加强烈（图3.7）。清代大昌古城与外城的关系就充分体现出这样的变化（图3.8）。大昌素为兵家必争之地，古城选址于长江支流大宁河左岸一冲积扇形平坝上，古城三面环水，位居龙脉结穴之处，风水极佳。古城格局为圆形，始于明成化七年（1471年），明正德《夔州府志》称大昌县三街一坊，有220户，经明末城毁后，清初移民陆续重建，是典型的以风水学说和闾里制度配合建立起来的城镇。大昌外城建于清代至民国，与古城的恢复重建同时进行。重建后其形态不再是环状外扩，而随山形水势，自古城东门平行于等高线向山里自然延伸，呈带状发展。坊里结构也逐渐被下店上宅、前店后宅的商业街代替。在

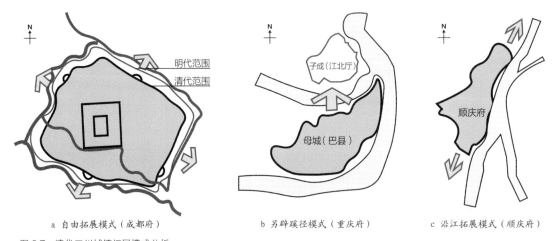

a 自由拓展模式（成都府）　　　　b 另辟蹊径模式（重庆府）　　　　c 沿江拓展模式（顺庆府）

图3.7　清代四川城镇拓展模式分析

图片来源：张新明.巴蜀建筑史——元明清时期[D].重庆：重庆大学，2010.

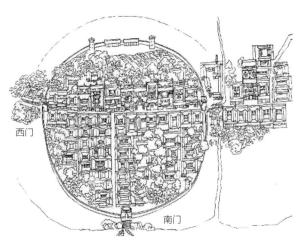

图3.8　清代四川大昌古镇城镇格局

图片来源：《大昌县志》

1　赵玮.三峡库区院落空间研究[D].重庆：重庆大学，2000.

这样的由"团状"到"带状"的城镇发展过程中，会馆祠庙公共建筑在城外的兴建成为引导城镇结构带状发展的重要力量。从清道光十五年（1835年）《增绘綦江县城池新图》可以看出，在城外道路两旁修建的万天宫、禹王庙等会馆不仅自己的选址突破了城墙的限制，也带动沿路商铺店宅的扩建（图3.9）。

而在城垣之内，经济活动的影响带来城镇中心区土地利用率（价值）的提高。城镇建筑更加拥挤，出现下店上宅、前店后宅的2至3层居住形式。街道密度加大，除了主街以外，像叶脉一样发展出次街和巷道，扩大了城镇建筑临街数量，扩大了商业店铺的面积。在商业街还出现了功能分区，不同类别的商品和市场各自独立。商业人口的活动方式也直接带来城镇功能和活动内容的变化，茶馆、酒楼的出现，庙会活动、会馆观戏活动的兴旺，使城镇利于活动的公共、半公共空间增多，公共建筑数量、类型增加。城镇文化空间从原来的"政治单一中心"向"多中心和中心分散"发展，祠庙会馆成为原来政治、宗教中心之外的新次中心，是"中心分散式"城镇聚落结构形成的促进因素，激发清代四川地区城镇空间逐步向"中心分散"或者多中心演变。城镇中的会馆建筑因其选址和体量、造型方面的突出成为城镇聚落总体形态和空间特征构成要素中关键性的结点和标识。（图3.10）

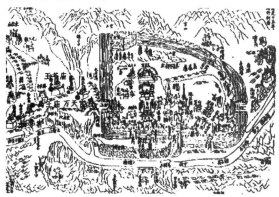

图 3.9　清道光十五年（1835年）《增绘綦江县城池新图》

图片来源：宋灏，罗星.道光綦江县志[M]//中国地方志集成：重庆府县志辑.成都：巴蜀书社，2017.

图 3.10　清代四川州城地图中反映的各类公共建筑

图片来源：上海书店出版社.中国地方志集成·北京府县志辑[M].上海：上海书店出版社，2021.

2）移民会馆与新兴场镇街道公共空间的"同构性"

清代逐步兴起的资源型城镇与清代移民参与四川地区经济开发的历史密切相关。以自贡为例，城镇的发展和会馆建设都与盐卤资源的分布和开采有直接关系（图3.11）。19世纪末对大坟堡岩盐的首次开发，使得城市东北的大安地区盐业生产迅速繁荣。虽然富义井在明朝中叶就衰落了，但盐区的开发已经促成了城市的主体骨架：自东向西排列的大安、自流井、贡井三个井盐生产中心地区，在此环境中，人们因盐而作，顺水行舟，择水陆两便之处而居，傍河岸井灶而聚集建城，形成了以釜溪河、旭水河为主干，以自流井、大安、贡井为骨架，分散而又相对集中的城市格局。而在这样的空间结构中，盐商会馆分布格局与盐井的分布情况一致；运商会馆的分布与盐道的路线紧密联系。从自贡的贡井地区运盐到康、滇、黔各地可追溯到汉代的古盐道上，就毗邻分布着贵州庙、天后宫、南华宫、湖广庙几座盐商会馆。位于成都东郊四川客家移民最大聚集地的洛带镇也呈现出同样的特征

（图3.12）。清初来自湖广的移民和来自广东、江西等地的客家移民在此建立了"客家占山、湖广占平原"和谐相处的聚居环境，形成了"一街七巷子"的古镇格局。"一街"分上街和下街，街衢两边纵横交错着的"七巷"分别为北巷子、凤仪巷、槐树巷、江西会馆巷、柴市巷、马槽堰巷和糠市巷。主街两头和各个巷口曾安装着栅门，"朝启晚闭"，利于安全防卫。由客家人修建的广东会馆、江西会馆，湖广移民修建的湖广会馆坐落在主街两边，首尾呼应。尤其是那些由外来移民聚集而成的新兴场镇中，出现了"先馆后场、馆街合一"同构现象，进一步说明了移民会馆等公共建筑对清代四川地区小型场镇空间结构的特殊影响力。

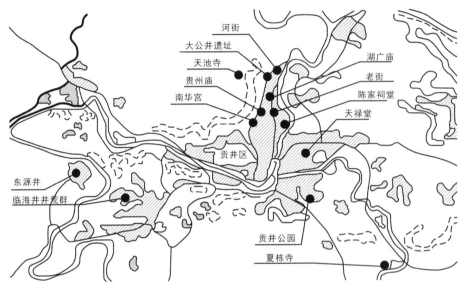

图 3.11　自贡城市与盐业资源结合的城镇结构
图片来源：谢岚.自贡会馆建筑文化研究[D].重庆：重庆大学，2004.

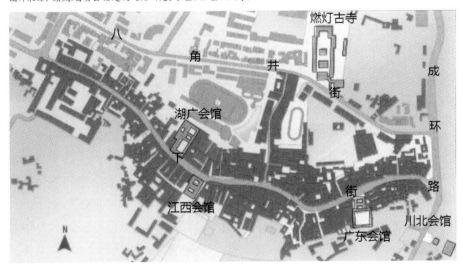

图 3.12　洛带总平面图
图片来源：赵逵，詹洁.国家历史文化名城研究中心历史街区调研　四川成都洛带古镇[J].城市规划，2011
（12）：101-102.

　　"先馆后场"是指原本没有场镇或者场镇已毁，移民迁居到此，先修本籍会馆，再逐渐修建民宅聚集成团，随之逐步连接成街道和集镇的情况。四川金堂县的广兴场，距成都100余公里，明末毁于兵火。清初，广东、两湖、江西、贵州等省来川的移民在此先后集资建立了各自省籍的会馆，各馆又分别延请释、道出家人管理其神庙，因而香客络绎，商贩接踵而来，贵州、江西会馆和城隍庙会首商议出资，各修一段街坊，三节相衔而成街市，人称"三节镇"。究其存在的原因，一方面可从《礼记·曲礼下第二》"君子将营宫室，宗庙为先库为次，居室为后"的礼仪规制中得到解释（四川地区也出现了先修移民"宗祠"的做法）；另一方面也彰显出清代以来，会馆祠庙类民间公共建筑在没有行政建制的商贸、交通型场镇的形成过程中开始代替传统城市政治性内核"署衙"发挥作用，成为核心凝聚力和场域的"标志定位点"，它们所构成的地缘或业缘性空间成为场镇空间结构基础，并且起到很强的控制作用。

　　以上所述的情况，在四川山地环境下一些"带状"的中小型场镇中表现得最为明显。从建置时间来看，大部分场镇复兴或者崛起于四川地区经济活动和内外商品贸易日益繁荣的清中期以后，会馆成为场镇最重要的公共建筑，会馆与城镇形成了某种"同构性"。季富政先生在《三峡古典场镇》中就将多个三峡地区的场镇的会馆与民居的交织发展与场镇结构完善的历时性结合起来分析，清晰地展现出各个时期各种类型会馆作为组团核心的不同作用。比较有代表性的有石柱西沱镇、忠县洋渡镇等。

　　在四川地区传统聚落中还存在着另一种场镇街道与会馆紧密契合，形成强烈"馆街合一"的同构关系的例证。它不仅从物质形态方面更加强烈地表现出会馆与场镇之间的空间互生依存关系，也印证了随时代发展变迁会馆在城镇中所扮演的物质和精神功能的嬗变。（图3.13）

　　会馆作为中国封建社会后期城镇（半）公共空间的重要形式之一，在其发展过程中无论使用功能、活动内容还是空间性质都表现出由最初的"排外性、狭隘性、封闭性"向"兼容性、开放性、共享同乐"转变。这是与近世公民社会萌芽进程中对城市公共空间的需求密不可分的。而移民会馆与城市新市民文化发育的关系，其背后的文化根源正如王日根先生在《中国会馆史》中所指出的，

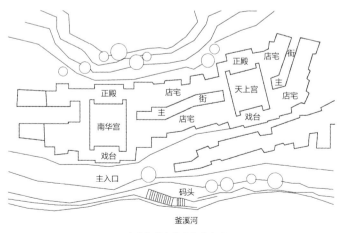

a　自贡仙市南华宫和天上宫　　　　　　　　　　　b　永川板桥镇南华宫

图3.13　"馆街合一"模式示意图
图片来源：张兴国.川东南丘陵地区传统场镇研究[D].重庆：重庆建筑工程学院,1985.

"……为数众多的各类会馆、帮会的存在,一方面将同乡与同行这两条人际关系纽带交织在一起,把移民的乡土情感和经济利益联系在一起,另一方面又使城市移民的本体文化结构发生变异,他们不得不开始对新的亚文化系统的认同与肯定,否则,便很难设想在五方杂处的大城市长久地立足生存。就是在这一过程中,城市成为不同文化聚集的熔炉,造成一种多元文化的渗透与相互吸收,进而形成了多元文化的重建与并存"。

清中期以后的四川地区,更加开放包容的、多元混合的市民文化形态在城镇中逐步萌芽,它激发了物质空间的变化,一种完全放弃同籍、同业观念,打破酬神祭祀原有程式化活动方式的,与场镇聚落街道空间"串联融合"的会馆平面布局方式在这里出现了。自贡仙市天上宫和南华宫就是这种空间的重要代表。仙市古镇位于釜溪河下游,自古就是自贡"东大道下川路"运盐的第一个站口,特别是在"川盐济楚"之后,运盐途经仙市的水陆商旅倍增,史书有"帆浆如织""挑夫盈途"的记载。各地运盐客商所建会馆兴盛时有"四街、五庙、三码头"之说。现存的天上宫和南华宫均位于毗邻河流的半边街,各由一组院落组成,垂直等高线布局,中轴线上低处临河一侧是戏楼,高处是正殿,两侧两层"疏楼"(厢房)横跨街道,从而使会馆与道合而为一,会馆祭神行礼的院坝成为场镇的公共集会广场,戏楼和看厅分处街道两侧,同时会馆因其高大的两厢和可开可闭的门户还起到"城门"作用,具疏散和防御功能。

有的"馆街合一"会馆空间并不在场镇中心,而是出现在场镇两端。例如,重庆走马古镇关帝庙就处于场镇入口位置,人们必须通过会馆东侧一层厢房的门洞才能够进入场镇,会馆的院坝随即成为场镇第一个公共开放空间,围合的空间感又使人产生类似进入"瓮城"的体验,这样会馆又起到了防御外敌和维护场镇街道空间完整性的作用(图3.14)。江油青林口古镇坐落于梓潼、剑阁、江油

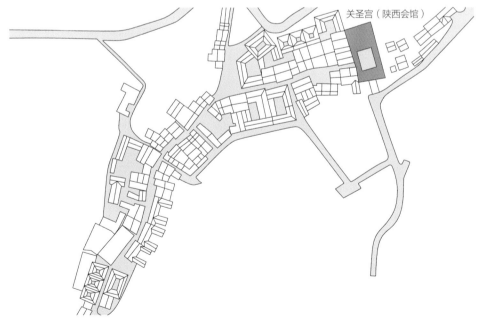

关圣宫(陕西会馆)

图3.14 重庆走马镇关帝庙(陕西会馆)
图片来源: 自绘

三县交界,号称"鸡鸣三县"之地。潼江之源马阁水与另一条小河在这里交汇。古镇原是重要驿站,后来发展成为商业发达的古镇,商贾云集,会馆林立,庙堂四布。青林口火神庙位于古镇出境街道的端头,出镇大路穿庙而过,庙宇正殿与后殿之间的院坝成为"街道空间的放大和结束",也是居民节日集会,烧香拜神的场所。

这些会馆空间与场镇街道空间唇齿相依的特点进一步证实四川地区场镇兴盛与移民及会馆之间的关联性,场镇街道的形成和会馆的兴建应该是同步推进,这是四川地区清代新兴场镇形态发育中独特的类型,对深入理解四川地区传统聚落形态及空间结构中公共建筑的作用和地位非常有价值。同时说明随着移民社会性交往活动范围逐步扩大,城镇需要更多公共性聚集空间时,代表各省利益和以维护小利益集团为目标的传统会馆封闭性布局方式亦被打破,交流的需求替代了狭隘的地缘观念,文化观念的变化从本质上激发了物质形态的变化。

3.4　移民会馆与清代四川城镇人文景观的重建

3.4.1　清代四川城镇人文景观的建设

清代四川城镇的快速发展与复兴也带来城镇人文景观的重建与打造。景观文化作为中国传统聚居文化的重要组成部分,一直发挥着定义山水意义、塑造社会空间秩序和教化百姓的综合价值。明末清初,清政府面临的社会重建任务更加急迫,发挥人文景观的传统功能显得更为重要。以城市城墙修葺、政府官署培修重建等重大工程项目为主导,文庙、武庙、土地坛庙等官方正祀祠庙建筑系统的陆续维修重建成为四川地区城镇人文景观复兴的主要方式。除了正统的和官方极力推动的"崇儒重道""忠孝节义"等主流价值观所代表的建筑文化景观,地方性历史古迹、景观遗址、园林、亭台楼阁和由民间宗教信仰体系与俚俗性的市井生活场所构成了清代四川城镇人文景观全貌。

康熙元年(1662年),四川巡抚张德地主持重新修筑在明末战争中被破坏的成都城墙,后陆续改造,到乾隆四十八年(1783年)完成,并以博济、浣溪、江源、涵泽为东、南、西、北四城楼命名,它们与郫江和流江相互呼应,于"二江抱城"的山水城市格局中增添了城市重要建筑景观。康熙二年(1663年)由成都知府冀应熊在原址重建成都府知府署;康熙三年(1664年)由四川巡抚张德地在原明代川省最高行政长官巡抚衙门察院处修建巡抚衙门。此后各处行政官署大多在明代的原址重建,如提学使司、按察使司、成都府知府署、成都县知县署等。后续历任官员,通过"整理残疆,聚教养",兴修官方正祀祠庙和地方性重要宫观、先贤祠,如武侯祠、青羊宫等,逐步恢复了城市的文化凝聚力和文化形象(表3.6)。

表3.6　清初成都重要城市景观修建情况表

修建时间	修建景观	修建人
顺治十八年(1661年)	成都文庙	四川巡抚佟凤彩
康熙七年(1668年)	青羊宫三清殿	四川巡抚张德地

1　四川省人民政府文史研究馆.成都城坊古迹考 修订本[M].成都:四川人民出版社,2020:97.

续表

修建时间	修建景观	修建人
康熙七年（1668 年）	武侯祠的"三绝碑"碑亭和惠陵牌坊	四川巡抚张德地
康熙十年（1671 年）	杜甫草堂	巡抚罗森、布政使金儁、按察使宋可发、寺僧
康熙三十四年（1695 年）	重建二仙庵	按察使赵良璧
康熙四十三年（1704 年）	锦江书院	按察使刘德芳
康熙四十六年（1707 年）	关帝庙，加建关公衣冠墓	巡抚恩能泰重建； 乾隆九年（1744 年）邑令安洪德重修

资料来源: 陈法驾, 曾鑑.民国华阳县志: 卷3 建置·学校[M]//中国地方志集成: 四川府县志辑.成都: 巴蜀书社, 1992.

清代重庆城区建设从民国《巴县志》载清康熙二年（1663年）总督李国英补筑明代戴鼎所筑城墙始。明洪武年间重庆卫指挥戴鼎以彭大雅所筑宋城为基础筑城，使重庆主城"环江城池九开八闭"的格局得以确立。据清代王尔鉴《巴县志》载："明洪武初，指挥戴鼎因旧城砌石城，周二千六百六十丈七尺，环江为池。门十七，九开八闭，象九宫八卦，朝天、东水、太平、储奇、金紫、南纪、通远、临江、千厮九门开，翠微、金汤、人和、凤凰、太安、定远、洪崖、西水八门闭。"如此，"巴县城郭沿江为地，凿岩为城，天造地设，洵三巴之形胜也"[1]。城市内部及周围早期公共建筑主要有重庆府、重庆卫、巴仙衙署三个重要行政机构以及与之配套的演武场、府学，五福宫、土主庙、旗杆庙、马公祠、文昌贡以及城外的社稷坛、浮图关等。城墙的多次修复不仅强化了城垣的防卫功能，也基于城墙对城市防火、居民安全和往来商贾贸易活动的保障，这与重庆城内部功能完善的若干举措也是一致的。与成都类似，清代重庆城公共服务和人文景观建筑数量急剧增加，以大小两字山脊线为界，"上下半城"形成了以官衙府署类建筑为中心的政治中心，书院学宫类建筑为代表的文教中心，寺观祠庙、移民会馆类建筑为代表的民间信仰场所。其中，下半城主要分布着东川道署（东水门内莲花街）、重庆府署（太平门内）、同知署（白象街）、经历署（府署右）、巴县署、重庆镇台属等政权机构及各地移民所建的"八省会馆"，而上半城以府文庙为中心，建设的多为文教、礼制建筑。（图3.15）

重庆官方祠庙最重要的是文庙、崇圣祠、名宦祠、乡贤祠、忠义祠、节孝祠。明清重庆府与巴县共置一城，文庙有两座，府文庙在府治西北，县文庙在府治东北。其余祠庙围绕文庙布置，其中崇圣祠，又称崇圣殿，在文庙东，大成殿后。乡贤祠，府县同一，在文庙西。名宦祠，文庙东，府县同。以上几类祠庙在明清时期的重庆府各州县俱有。从布局上看，各祠庙都是围绕文庙来布局，文庙的主体是学宫及孔庙，它们组成了一个特殊的建筑群——庙学建筑群。[2] 庙学建筑群是一个规模仅次于县署的官方建筑群，突出了政府推崇儒家以文治国的理念，也是城镇中最重要的文化景观建筑。

---

1 向楚.巴县志选注[M].重庆: 重庆出版社, 1989: 65.

2 李良.历史时期重庆城镇景观研究[D].重庆: 西南大学, 2013: 112.

图 3.15　重庆官方祠庙
来源：张文耀.万历重庆府志[M].
国家图书馆出版社，2020.

　　除了上述所讲祠庙类型，重庆府、夔州府各州县也普遍兴建关帝庙、社稷坛、先农坛、城隍庙、东岳庙等祠庙。据雍正《四川通志》及同治《巴县志》载，重庆府城的关帝庙，在府西，清康熙时期总督李国英建。社稷坛，在府城西，附郭不置。风云雷雨山川坛，在府城南，附郭不置。孝义祠，文庙东，府县同。节孝祠，原在朝天门驿，道光十七年（1837年）迁至督邮街。文昌祠，在府治西北。关帝庙，治西北杨柳坊，康熙三年（1664年）重建，同治五年重建。城隍庙，府庙在川东道署右，县庙在旧同知署左。龙神祠，乾隆十七年（1752年）改治平寺为之。三忠祠，乾隆十五年（1750年）改缙云书院为之。狱神祠，在县治头门右监内。马王庙，在县治头门左马号。此外，这一时期府城内还有八蜡庙、火神庙、大禹庙、甘宁庙、李公祠、旗纛庙等。[1]（图3.16）

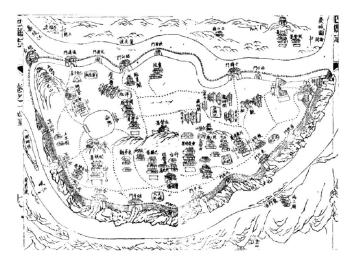

图 3.16　同治《巴县志·巴县新舆图》
图片来源：舒莺.重庆主城空间历史拓展演进研究[D].重庆：西南大学，2016.

1 李良.历史时期重庆城镇景观研究[D].重庆：西南大学，2013：114.

沿长江和嘉陵江两岸，以江北镇为首的若干集镇村落也逐渐沿江分布，如南坪场、海棠溪、龙门浩等。至清末，由巴县知县国璋编绘《重庆府治全图》可见，占据防守和交通两重有利形势的清代重庆山水城市景观已然成形。王尔鉴《巴县志》这样描绘道："巴县虽川东腹壤，而石城削天，字水盘郭，山则就是九十九峰，飞拴攒锁于缙云、佛图间；内水则嘉陵江会羌、涪、岩渠，来自西秦；外水则岷江会金沙、赤水，来自滇、黔。遥牵吴、楚、闽、粤之舟聚于城下。"

除中心城市外，清代四川各地城镇人文景观建设也得到恢复和重视。它们中间的突出代表往往以当地"八景文化"为核心获得认同和弘扬。在梳理了各地方志所载胜迹后，可以看出，四川地区独具特色的山川河流、飞泉瀑布、洞崖怪石等自然景致往往与反映本地交通活动、劳动生活、文化历史、宗教习俗的人文景观和谐融合，共同构成了清代四川城镇景观文化的底色（表3.7）。

表3.7 清代四川"八景文化"中的人文景观统计

城 镇	"八景"文化中的风景名胜	人文景观所占比例
成 都	古堰流碧、祠堂柏森、青城叠翠、草堂喜雨、西岭雪山、江楼修竹、文殊朝钟、天台夕晖、青羊花会、宝光普照	9/10
重 庆	金碧流香、黄葛晚渡、统景峡猿、歌乐灵音、云篆风清、洪崖滴翠、海棠烟雨、字水宵灯、华蓥雪霁、缙岭云霞、龙门浩月、佛图夜雨	5/12
灌 县	世遗青城、翠竹栖凤、寒潭伏龙、离堆锁峡、洞石生风、白沙晚渡、灵岩灯火、竹林夜雨、圣塔晨钟、长寿青城	8/10
乐 山	望灵峰、西岭精舍、石梁水、后壁、分澳塘、桂竹汀、梭原、茗冈、六度潭、长林阁、望山台、青猜径、山槐园、石壑院、南州草堂	7/15
宜 宾	翠屏晚钟、天池晚照、曲水流杯、江楼夜月、郁姑仙踪、水帘奇观、双江秋涨、大小漏天	4/8
自 贡	飞来横波、火井腾辉、峡口渔歌、仰天龙啸、马鞍步雪、龙门锦浪、石鹤喧滩、云洞朝霞、凤凰振彩、沙鱼古渡、珍珠积翠、雨台结雾、螃蟹涌泉、玛瑙凝烟、双河垂钓、仙螺遗迹、南极晚钟、炉峰夕照	9/18
泸 州	方山雪霁、琴台霜操、海观秋凉、宝山春眺、白塔朝霞、东岩夜月、余甘晚渡、龙潭潮涨	3/8
阆 中	锦屏春色、嘉陵秋水、云台仙风、颐神古洞、书岩遗迹、蟠龙池馆、南池晓波、西津晚渡、伞盖凌云、梁上戴雪	5/10
合 川	瑞映清风、甘泉灵乳、东津渔火、涪江晚渡、鱼城烟雨、濮岩夜月、金沙落雁、照镜涵波	6/8
潼 南	鹫台献瑞、飞仙流泉、怪石衔松、晴岚绕翠、黄龙吐雾、赤城旧迹、横江白练、群峰耸翠	4/8
铜 梁	龙堤春跃、仙楼望远、崆峒传书、金钟送曙、炉峰残雪、木莲呈瑞、圣灯夜照、岩悬千佛	5/8
璧 山	金剑晴雪、虎峰马迹、茅莱仙境、石泉凝脂、觉院夜雨、东林晓钟、圣灯普照、凉伞云遮	6/8
永 川	石松百尺、圣水双清、龙洞朝霞、竹溪夜雨、铁岭夏莲、桂山秋月、三河会碧、八角攒青	3/8
江 津	鼎山叠翠、华盖晴岚、龙门春浪、鹤峰霁雪、古寺晚钟、马骁春色、仙池古迹、江心砥石	3/8
荣 昌	棠堰飘香、桃峰积翠、虹桥印月、龙洞烟霞、古佛眠云、宝岩飞瀑、石航秋水、鸦屿仙棋	7/8

续表

城　镇	"八景"文化中的风景名胜	人文景观所占比例
綦　江	石笋参天、南崖仙弈、洞天玉井、琼枝连理、龙头云霭、飞泉喷玉、梯步鸣琴、崖波双鲤	1/8
长　寿	桃园仙洞、菩提圣灯、西崖瀑布、北观烟霞、龙寨秋容、凤山春色、龙溪夜月、定慧晓钟	4/8
涪　陵	黔水澄清、松屏列翠、桂楼秋月、荔浦春风、铁柜樵歌、鉴湖渔笛、群猪夜吼、白鹤时鸣	2/8
南　川	金佛晓霞、白雾晴岚、合溪印月、孝妇泉涌、古渡流金、圣水三潮、石池卧象、徧佛晨钟	4/8
彭　水	摩围云顶、石华晚翠、长溪九曲、圣水三潮、月岩飞石、木柜悬崖、甘山石燕、戏水金鳌	2/8
垫　江	冠山积雪、天马行空、群龟入汉、凤山仙勒、双箭文峰、罗王古洞、圣泉烹茶、奎笔点溪	2/8
梁　平	高梁耸翠、古洞蟠龙、崖泉瀑布、赤牛卧月、石马归云、垂云北观、万石春耕、福利钟文	3/8
石　柱	宾流玉带、凤凰叠嶂、西山翠旗、仙崖古迹、龙潭映月、倚天积雪、万寿连云、石柱擎天	4/8
万　州	岑洞水帘、峨嵋碛月、玉印中浮、仙桥虹济、秋屏列画、西山夕照、白岩仙迹、鲁池流杯、天城倚空、都历摩天	5/8
开　县	盛山积翠、州面列屏、熊耳晓云、迎仙夕照、莲池睡佛、仙镜凝辉、清江渔唱、瑞石凌霄	3/8
云　阳	五峰晴日、旸谷椒花、凤山春色、江楼得月、东瀼增潮、龙川夜涛、云岩滴翠、上濑牵舟	4/8
奉　节	文山彩瑞、武侯阵图、滟滪回澜、瞿塘凝碧、白盐曙色、赤甲晴晖、莲池流芳、鱼复澄清、草堂遗韵、龙冈蠡芳、白帝层峦、峡门秋月	5/12
巫　山	夕霞返照、秀峰禅刹、南陵春晓、阳台暮雨、宁河晚渡、澄潭秋月、女观贞石、清溪鱼钓	3/8
巫　溪	东山起凤、西岭伏麟、高渊跃鲤、北阁观澜、春岸花香、秋江月色、两岸渔火、万灶盐烟	2/8
城　口	诸葛遗垒、太极古图、金马晴岚、玉门残雪、遥峰文笔、峻岭祥云、东阁登高、南楼眺远	3/8

资料来源：吴然.四川盆地山水城市营造的文化传统与景观理法研究[D].北京：北京林业大学，2016.

　　　　　戴林利.明清时期重庆"八景"分布及其文化研究[D].重庆：西南大学，2009.

3.4.2　移民会馆在选址兴建中的独特文化意象

移民会馆既要满足移民团体彰显实力、强化集体身份认同的建设初衷，也承担着联系一方乡民，祈愿兴旺的社会使命，所以会馆建筑的选址会充分考虑城镇所处山水形势格局、自然景观和城镇空间结构的诸多特点，成为构成清代四川城镇独特文化景观意象的重要部分。

1）枕山临水，占据山水景观节点位置

根据地理学对景观的定义，山地的景观要素包括地质地貌和植被两大方面。其中，山地地形地貌是山地景观的核心与支撑。四川地区山地特征尤为复杂，又可分为山脉景观、丘陵景观、浅丘盆地景观、台地景观和高原景观。由于其间河流伴生，山水景观往往一体，相伴而生。本地区城镇选址看重形胜, 多是 "山水汇聚环绕之险地胜景"。人文景观的打造往往讲究与自然景物互为依存, 彼此增色, 从而丰富城镇景观结构层次, 营造地方景观形态和独特意象。移民会馆因承载着不同的信仰内容和功能, 往往选址在进出城镇大路两侧, 城门和码头附近以及航道上靠近城镇临河湾醒目之处, 作为往来行旅和商贾进出城镇的空间标志物, 结合河湾山骊的自然景观和风水塔、牌坊、码头、桥梁等人文景观要素共同构成山水城镇外部景观和空间的软边界。(表3.8、图3.17)

表 3.8 四川三峡地区传统场镇部分王爷庙的分布与选址

名 称	选 址
秭归香溪水府庙	在香溪河与长江交汇三角坡地上 (北岸)
巴东楠木园王爷庙	在码头上左岩坡上 (南岸)
巫山培石王爷庙	在码头向上走的半坡上 (南岸)
巫山大溪王爷庙	在场镇中段水井沟小溪之上 (南岸)
万县黄柏王爷庙	在上场口码头上方台地上 (南岸)
云阳巴阳王爷石刻	码头江岸石壁凿龛镇江王爷石刻像 (无庙、北岸)
石柱西沱王爷庙	码头向上走的街头左前方 (南岸)
忠县顺溪王爷庙	码头上方台地上 (北岸)
丰都南沱王爷庙	码头上方上场口台地上 (南岸)
涪陵石沱王爷庙	场镇临河凸出岩顶上 (南岸)
长寿扇沱王爷庙	码头上方上场口凸出岩顶上 (南岸)
酉阳龚滩上王爷庙 (土家族)	上码头上方上场口坡地上 (东岸)
酉阳龚滩下王爷庙 (汉族)	转角店旁坡地上 (东岸)
合川肖溪王爷庙	镇尾 (北岸)

资料来源: 李富政.三峡古典场镇[M].成都: 西南交通大学出版社, 2015.

国家文物局, 杨森, 等.中国文物地图集: 重庆分册[M].北京: 文物出版社, 1989.

乐山江西会馆萧公庙选址在三江交汇处的萧公嘴。乐山自古有 "嘉城如凤" 之誉, 这只凤凰的嘴就是指萧公嘴。河嘴背靠嘉州古城, 前瞻凌云、乌尤, 西望峨眉三峰, 岷江、大渡河、青衣江全踩脚下, 地理位置险要且是航运必经之道。对于生活在三江汇流之地的乐山人来说唯有在此建庙祭祀镇水神萧公最合适, 而江西移民普遍主祀的许真君却被冷落了。巴县万寿宫建于长江中的独立小岛上, 其选址与布局体现了临江山地建筑的特点, 场地南北两岸有突出的山峦对峙, 近前是滔滔东去的长江, 远处为连绵不断的山丘, 整体环境气势恢宏。殿堂共两重, 轴线对称布置, 山门台阶直抵江面。巴东县官渡口龙王庙位于与渡口镇隔溪相望的江岸峭壁上。据《巴东县志》记载: "清嘉庆二十四年, 四川学政吴, 舟行殆覆, 忽风吹到岸, 惑神佑, 倡建。" 历史上, 长江中上游的木帆船, 多在此停泊, 到庙内敬香拜佛, 保佑他们水上平安。类似现存实例还有龚滩西秦会馆、重庆湖广会馆建筑群等, 它们以体量、高度、形态的特殊性构成城镇景观视觉中心 (图3.18)。资中罗泉镇沿沱江支流球溪河上游建镇, 市街随河岸转折而变化, 类似龙形, 其龙头之处恰在下场口, 由隔岸相望的盐神庙、川主庙两处会馆和联结两岸的子来桥、城隍庙等组合形成, 进出这所因盐而兴的场镇都必须经过供奉盐神的行业会馆。

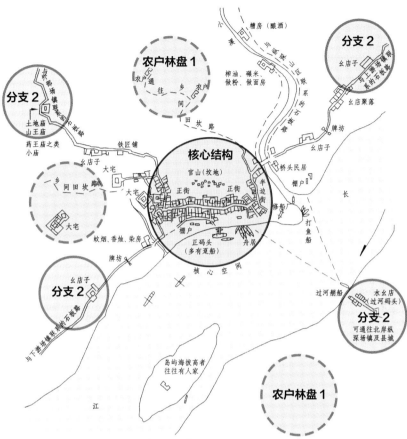

图 3.17　四川三峡沿江场镇人文肌理手稿
图片来源:李富政.三峡古典场镇[M].成都:西南交通大学出版社,2015.

图 3.18　清代沿江所见重庆湖广会馆（圆圈内）及东水门城墙一带景观
图片来源:（法）方苏雅摄于20世纪20年代

　　风水理论中的诸要素也与山地景观要素有所对应:以"龙脉"呼应山脉;"砂山"回应山体、丘陵、台地;"水"呼应水源和水形;"穴"呼应盆地、阶地等。以风水大局主导的地景结构往往以"水-穴-砂-龙"诸项为外在表现,以趋吉避凶、祈望平安的文化心理贯穿其中。四川地区城镇布局以山水自然形胜为基底，以人工勘定的风水布局为辅助。被称为"山顶一只船"的资中罗城，其街道格局以船的形貌比喻全镇如一船之人而同舟共济，团结、和谐、亲善，以船诉诸文化，凭借独特诡谲的造型成为中国小镇唯此一家的人文风貌（图3.19）；平原地区的雅安上里镇，主要街市呈"井"字布局，集镇建筑以木结构为主，寓井中有水、火不容之意，以水制火孽来祈愿小镇平安；而沿江河的城镇更加注重利用山水地形特点进行聚落的营建，如自古著名的风水名城阆中古城，其选址正处于大巴山脉、剑门山脉与嘉陵江水系交汇聚结点上，于此形成了"四面是山、水护三曲，金城汤池之固"[28]（图3.20）；塘河镇选址于山抱水绕处，整个镇坐北朝南，背靠祖山，正对案山，中间"金水"[1] 环绕，具有典型的风水选址布局特征。

图 3.19 资中罗泉古镇平面图
图片来源：自绘

图 3.20 阆中古城风水格局及重要建筑分布
图片来源：李小波，文绍琼.四川阆中风水意象解构及其规划意义
[J].规划师，2005, 21(8): 84-87.

　　聚落的选址与营建过程如此，城镇重要公共建筑的选址同样要考察风水，借自然的力量获得运势昌盛。主要方法是察看地理形势，审辨基地是否"藏风得水"，然后选择一处环境优美、形神俱胜，所谓阴阳之交、藏风聚气的宜土进行营造活动。重庆八省会馆集中在临近长江的下半城。除了其地处繁华外，"背山面水、左右围护、金城环抱的风水格局"在此处体现尤盛[44]；塘河镇王爷庙、清源宫两处会馆选址镇首、镇尾，既构成场镇标志，也恰好居"水口"位置，在藏风聚气之所（图3.21）。

---

1 吴明修.三元地理水法[M].呼和浩特：内蒙古人民出版社，1999：4.注：水形被分为"金、水、土、火、木"五行，其中金水最佳。

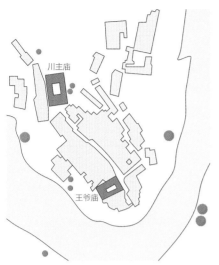

图 3.21 江津塘河镇王爷庙选址（带封火墙的建筑）与山水环境以及城镇的关系
图片来源：（左）自绘，（右）李忠提供

另外，对于那些不甚理想的聚落环境，会馆也可以承担风水物的角色，借此修复。《民国江津县志·典礼志·寺观》就有碑文记载："……县治旧庙在城内西南隅，前抵城墙，后逼孤贫院，湫隘秽亵，殊非神灵发越之所。予履任四载矣，审察县治山水来脉已结聚而无可议，惟左手形式迤东趋下，无复回顾停蓄情意，虽有文塔、广寿寺，孤弱零落不足以镇压。于是相度东郊外文塔之前，广寿寺后，傍山临水，提阳摧阴之区，新建川主二郎祠一所。……轩爽幽秀，不惟妥神灵，挽地脉，且为县属增一大气局也。"此文为当时当地知县所书，以一县父母官对会馆建筑选址之审慎以及考虑风水形势之全面，可以看出会馆选址择基对于一个地区的发展都具有重要意义。

作为风水地形补充物最典型代表就是自贡运商会馆王爷庙（图3.22）。它选址靠近釜溪河流经沙溪河段的拐弯处，背倚龙凤山，独踞夹子口（水口）。据缪希雍《葬经翼·水口篇》载："夫水口者，一方众水总出处也。"入口称天门、出口称地户，"水口"是观水环节十分关键的一环，因为形局的大小、生气的藏聚都取决于水口。清代王庸弼所著《地理五诀》称水口为生旺死绝之纲，"入山首观水口"。另据《入山眼图说·水口》载："夫水本主财，门开则财来，户闭则财用之不竭。"水主财源，所以天门宜开，来水宽大，财源滚滚而来；地户宜闭，即去水狭窄，财源不易泄出。[45]传统风水理论在重视水口自然形态之余，提倡水口间有大桥、林木、佛祠，建台立塔本相宜，因此王爷庙的选址既地位险要，也是众望所归。这样的风水格局在自贡地方上还演绎出一则传说，王爷庙下的"夹子口"有洞可通东海，按阴阳五行之说，"金生于水，水去金失"，如不在此修庙，锁住水口，则自贡这个"银窝窝"的财富将付之东流，所以在此修庙锁住水口，以免财源外流[46]。除风水意识，四川山水城镇中"水口"位一般也确是造景与赏景的最佳位置。据记载，夹子口自古就建有镇水王爷庙。但西秦会馆建成后，其豪华壮丽致本地盐商不满。于是自贡盐场大盐商王余埏、李春霖主持重修王爷庙，建筑规模与精美程度均可与西秦会馆媲美，用作本地商贾奉祀镇水王爷以及观景、赏戏、品茗和举办元宵灯会之处。在修造时，为了加强水口交节关锁的意向，王爷庙一反会馆建筑内敛封闭的传统院落空间，而是在临河三面开敞，引山水胜景入内，形式自由而趣味十足。其戏楼、庭院、正殿层层升高,借山脊的自然走势,使建筑在有意无意之间给人以"龙头"的印象。王爷庙戏楼依河临崖而建,二层是戏台,面向内院唱演,而戏楼底层除保留结构柱之外全部架空,临崖也只有轻巧的美人靠栏杆,该层还与东西两侧临河附崖所建外廊相连通,面积虽小但视觉开敞,一点不觉压抑,使虽在馆内却宛若处于自然山水包围中,清风徐来,沁人心脾。而与之隔河相对的松林坡山腰亦建桃花庵,山脚还留有相传东坡垂钓的唤鱼池遗迹,如此青山楼阁互为对景,自然人文交相辉映,方显出夹子口山水形胜的特色。[47]

图 3.22 反映自贡王爷庙风水胜景的老照片以及王爷庙戏楼现状照片
图片来源:(左)孙经明,(右)百度图片

2)彰显实力,占据城镇街道节点位置

会馆建筑作为城镇移民势力的物质象征和重要公共建筑,也倾向于占据城镇街巷空间节点位置,彰显标志性,主要集中在镇首、镇中、镇尾或者主要街道交叉口和拐弯处。对内而言,这些位于街道两端头、拐弯处以及街道交叉路口处的会馆建筑形成了场镇重要的场口标志或者街道对景,确立起城镇空间领域感,增强了街道空间的内聚性。广安肖溪场有雅称"江边一只船",场镇依渠江而建,主街两侧建筑出宽大檐廊,进深3米余,檐廊几乎贯穿全镇,形成四川独特的凉厅子街道空间。至西端场口,一个过街楼似的凉厅紧接两侧檐廊末端,并与王爷庙戏楼下架空底部相通,戏楼借王爷庙主殿前大台阶作观众席,还在面江一侧筑平台,护以石栏,于此观望江景在此,场镇街道与会馆及场口的水码头三者结合在一起形成独一无二的场镇空间形态。

选址城镇主要街道中段的会馆建筑更多。现存实例有洛带广东会馆、江西会馆、湖广会馆,资中铁佛镇南华宫、川主庙,德阳中江仓山镇帝主宫、禹王宫,永川县板桥场南华宫和仁寿县汪洋场南华宫,以及永川县五间铺主街上的禹王宫、南华宫等,它们或与街道凉厅子空间结合,或退让出广场空间形成独特的街心广场,或以高大的体量和独特的建筑造型成为场镇主景。对于那些"先馆后街""先馆后场"的场镇,会馆建筑群不仅构成城镇空间形态的核心骨架甚至成为辨析场镇发展历史的依据。《清代坪龙坝图》清晰地显示出坝上刚刚成形的街道和零落的民居尚未形成气候,只有高大的万寿宫雄踞场口，让人一眼便知此地移民必多是江西籍而且该籍势力最强。有"天上街市"之称的石柱县西沱镇，沿石梯街就分布着禹王宫、万寿宫、天上宫、王爷庙、张爷庙多处会馆。而从会馆离水码头的远近，可以看出早期移民是湖广籍，随之而来的是福建、江西等籍，场镇发展历史一目了然。重庆大昌城共有会馆6所，除禹王宫与文庙、清寂庵毗邻位居外城，其余5所会馆与4所祠庙共同占据了古城东西街道北侧街优越的位置。它们一律坐北朝南，又正对城南笔架山文峰塔的方向，其址为《相宅经纂》等风水经典选址的共同所指。而且公共建筑占据东西横街北侧是四川同一时期城镇建设公共建筑选址基本原则。江油青林口古镇由两条街道组成丁字街，其中上街繁华，老街比较僻陋，上街在形成之际，有一段街道因为地势有高差就形成左低右高的状况，上下相差约一米，分成上下两道街面。高的一面称上街子，低的一面则称下街子。这原本是自然环境条件造成的结果，却被引入了门第高低的寓意，场镇中几乎所有的重要建筑均布置在上街子，其中就包括了古镇三处会馆万寿宫、禹王宫、广东会馆。

各省移民为了巩固自己的生存空间，避免因占地而引起的纠纷，经过一段时间的酝酿、斗争之后，在城镇区域中划定了自己的地盘。会馆建筑往往处于这种势力范围的核心位置，从而强化了多中心的特点。如忠县洋渡镇、巫山大溪镇、铜梁安居镇、永川松溉镇、江津仁沱镇等会馆群的布局均体现出这种选址布局的特点。对于有些城镇，也许最初会馆的选址意图并不十分明确，但是会馆一旦建成，这个区域迅速成为该省移民、商贾汇集之处，势力范围进一步强化，形成专门性产品集散地或者商业区。例如，成都城中会馆建筑最初都建于城内荒野之处，并多无街道铺户。后因会馆会期甚多，商家小贩依会馆做起买卖，逐渐修成街房，渐成规模。会馆的兴旺，自然带动了饮食、百货等服务性产业的发展，使春熙路一带商业区进一步成形。而这种趋势在一些城镇扩展过程中渐次成为城镇发展的主导方向。从清代"邛州州城图"可以看到自城南门始，主街两侧接连兴建有江西馆、桓侯宫、福建馆，自城北门始，修建有广东馆、陕西馆，城镇街道形态几乎随会馆的选址而动。而从绘制于清代的"康熙涪州城池图"可以看到，川主庙、关圣庙等位于城墙外城门口，由此使城镇空间有首有尾（收），格局完整。

3）趋利心理和公共建筑选址的礼俗要求。

会馆文化的俚俗性和功能实用性的需要，使会馆选址受到清代四川城镇内部政治和经济权力空间分布状况的影响。在长江水系沿岸因航运而生的城镇、乡场中的表现就是靠近码头修建会馆。重庆八省会馆中的广东会馆、湖广会馆、江南会馆靠近东水门码头，山西会馆靠近太平门码头，浙江会馆靠近储奇门码头，陕西会馆和福建会馆靠近朝天门码头。一方面，重庆进出货物运输主要靠船运，码头形成各种来往货物的集散地，热闹非凡也容易产生混乱，会馆立在靠码头处，有一种威慑作用。货物装卸过程中发生纠纷混乱，会首可及时出面协调。另一方面，各种货物出入口岸也被各省各行势力瓜分清楚，因而各省会馆多建立在本省地盘范围内，维护本码头利益。当年的八省会馆中，建筑最宏伟气派的要数财力雄厚的湖广会馆和江西会馆。这两大会馆和相毗邻的广东会馆都在商业集中繁华的下半城的东水门内，形成庞大的建筑群。它们坐西向东，东临长江，西靠商业区。可见会馆交通之方便，地理位置之显要，这是作为商业贸易中转站、商人聚点的重要条件。类似的还有宜宾越波场的南华宫、禹王宫和东岳庙等。

选择靠近港口码头的另一大类会馆，就是船帮、运商建的王爷庙，如塘河镇王爷庙、石柱西沱王爷庙等。"明代以来有'南船北马'之说，这种依船为生的船户不为历代统治阶级、地方乡绅重视，船户在四民之外，自成一组织，被视为低贱而不与交游的阶层，然而在古代交通不便的情况下，依赖舟子截流横渡，往来四方，却又是一日不可缺的。"[48] 长江航运线上的场镇普遍有王爷庙，其选址与水的关系具有更强的象征意义。在三峡地区沿江因航运码头而兴的场镇上，王爷庙几乎是这些小镇最早的公共建筑。按照"趋利"原则选择距码头最近的地方建庙；若基础不佳，又不利于建筑面对江面或斜对上游方，则选址多在码头上游方江峡狭窄处的岸旁，如长寿扇沱场、忠县洋渡场、酉阳龚滩镇等。这种选址方式也构成了三峡沿江场镇不同于其他场镇的空间特色：行船顺江而下，眼目所及王爷庙就知场镇码头将近，其作为一个场镇空间的起始也是可识别性的先导；而王爷庙与场镇若即若离的关系，也标识出它与一般的以地缘为基础的移民同乡会馆的差异，沿江各个场镇共同的王爷庙成为整个川江地区共同的地理空间标志。

会馆作为公共建筑的选址与《考工记》所载传统城镇规划思想和官署建筑布局也有所呼应。这主要体现在毗邻官府衙门建会馆的做法上。它迎合了中国人心理中官本位思想，给予移民们极大精神满足。而且随着会馆参与社会事务能力的增强，会馆建筑更是欲与府衙争风头。建筑本身的规模和气派可以反映出该省势力在当地的强弱。选址上与官衙、公署相毗邻，在办事、互通信息等方面又有更多便利条件，而且借助官威也能有效地烘托出会馆的气势。重庆"八省会馆"选址中这种意图的体现就十分明显。重庆城市布局依山就势，有所谓"天生重庆"之喻，但是内部重要建筑布局还是尽量符合礼制，官署建筑一直建造在半岛山南的区域，形成"前朝后市"的格局。朝天门经三元庙街、下陕西街、中巷、陕西街、上陕西街、川东道署前、县庙街、新丰街、老鼓楼街、一牌坊、二牌坊、三牌坊、储奇坊、断牌坊、火神庙街、绣壁街、麦子市到南纪门出城。这条路是清代重庆下半城的主干道，清代重庆的衙门基本沿此街道布局，其中又以太平门正对的鼓楼街一带最为集中。会馆趋利也向这个区域靠拢，其中浙江会馆与重庆镇署仅一街之隔，广东会馆、黄州会馆（齐安公所）和湖广会馆则临近川东道署和重庆府署而建。（表3.9）

表 3.9　四川各地场镇会馆选址与街道的关系示意

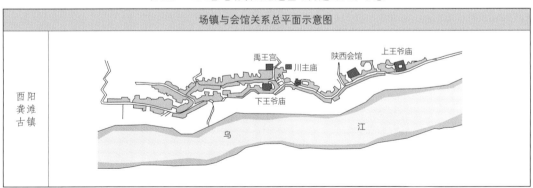

续表

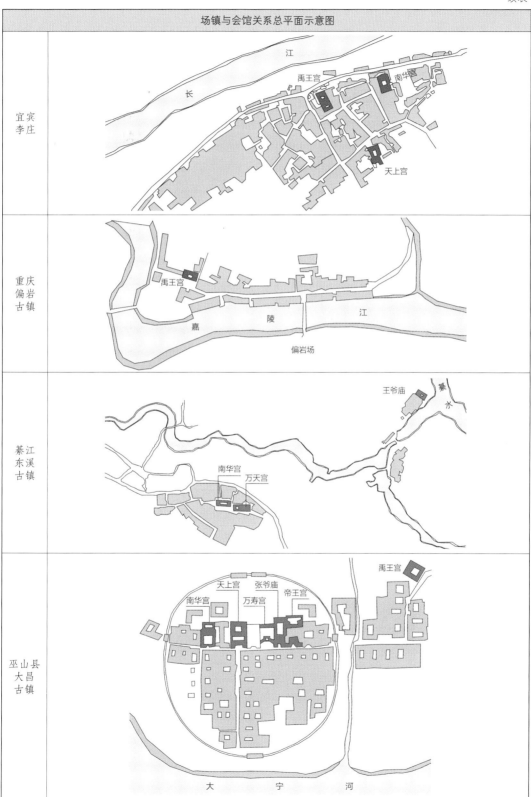

续表

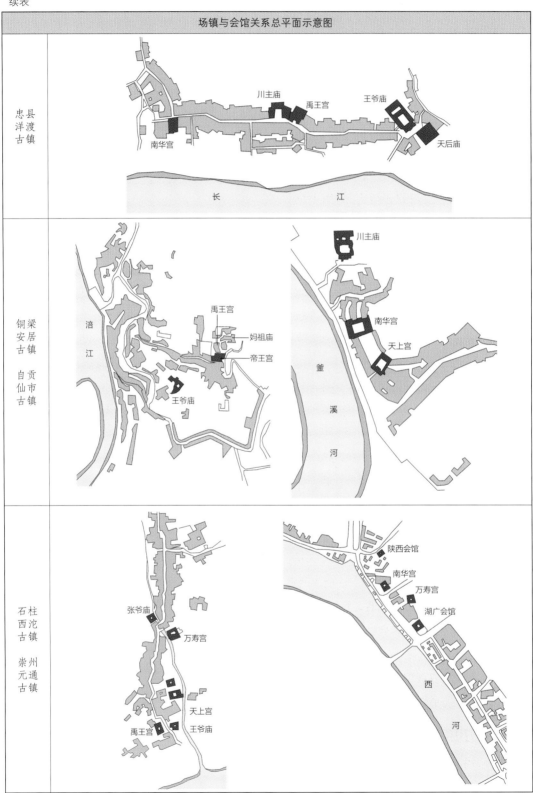

图表来源: 自绘

3.4.3　会馆文化脉络的地理标示——四川城镇和街巷名称中的会馆

会馆作为城镇重要的标志性建筑物而成为城镇结构发展的参照基础。这一点还通过其他方式渗透到城市文脉中间，即使在绝大部分会馆已经实物无存的今天，还有大量散布四川各地，以会馆命名的城镇街巷的存在。

在大的城镇，会馆的兴建与移民人气的聚集和商业贸易的繁荣相联，由于关乎体面，会馆兴修时间虽有先后，却几乎全部集中在城区的黄金地段，外省商贾往往不惜重金在城区各街道抢购地皮，划分势力。久而久之，城镇中不少街巷名称直接冠以会馆名。以成都为例，据宣统元年（1909年）出版的《成都通览》和民国《华阳县志》记载，成都城内外的会馆，从中看出直接因会馆而得街名的有七处：三道会馆街、陕西街、云南会馆街、江南馆街、湖广馆街、贵州馆街和燕鲁公所街。至今陕西街和燕鲁公所仍保留其街名，另外还有小天竺街、金玉街、棉花街、兴业里巷。陕西街原名芙蓉街，自康熙二年（1663年）陕西会馆建此处，旅蓉陕人经常到此祀奉神祇先贤、拜亲宴友、磋商贸易、听戏品茶、会试借宿，十分热闹。久而久之，约定成俗，街道便因陕西会馆而得名，原名芙蓉街却少为人知了。外南小天竺街，有浙江会馆人称小天竺庙（因杭州西湖附近有小天竺山），街便得名于此。金玉街北有广西会馆、仁寿宫、浙江会馆（城内外各有一处），俗称三道会馆。浙江会馆始建于清康熙年间，馆内有历朝文魁匾额，多历年岁，匾额益多，时人誉之为"金玉满堂"，街巷因此得名。棉花街街北有帝王宫（湖北黄州会馆）、江西会馆，湖北、江西商人从湖北黄州等地购进棉花，多以会馆为歇息堆栈之处，街中店铺多经营棉纱、棉絮、棉布买卖，街由此得名。江南馆街旁有一小巷，名兴业里，原为江南会馆的一部分，民国十四年（1925年）江南馆会首拆会馆辟为通道，取"兴家立业"之意命名。

在20世纪40年代的重庆地图上开始出现并保留至今的陕西街、万寿宫巷、三晋源巷等，是清代陕西会馆、江西会馆等的写照；"半边街"这个街名，也是会馆遗迹的曲折反映。相传与大梁子临近的一条街道（原九井街、翠花街），被外籍的八省会馆买下了半边，本地人只剩下半边，故而得名"半边街"。

其他城镇中也有会馆同名称的街巷、市场。如遂宁市有天上街（即福建会馆天上宫址）、叙永县有陕西街（春秋祠址），以及郫县的东街陕西巷、荣县的西街南华宫市场、安县的河清镇陕西街、中江县县城培元巷（福建籍培元会馆址）；中江县黄鹿乡有湖广馆巷（湖广馆和八府馆）、贵州馆巷；犍为县黄溪镇有万寿街（南华宫址），峨眉山市绥山镇有万寿宫街、万寿宫巷；重庆市双桥区有江西庙巷；南川县治所在地隆化镇有江西街；奉节县治所在地永安镇有禹王宫街。这些至今仍保留有此地名。还有因会馆位置重要且具有"标志性"，不少街道的定位以会馆为界。例如《潼南县志》"街道"记载，"……张爷庙至帝主宫称通和街、接龙桥至张爷庙为得胜街"等。

3.5　小结

伴随移民而来的新移民文化在经历了五方杂处、交流融合、嫁接与重构的三个阶段后，与四川地区的原生态文化基因相结合，共同构成了清代乃至近现代四川社会文化的深层结构。移民所带来的人口增长、土木大兴使百废待兴的清初四川得以恢复，并呈现出了新的结构性变化，主要体现为中心城市的复兴、以经济与商贸区域划分为基础的"城镇集群"的崛起以及地方场镇的迅速发育。在城镇建设与移民生活秩序同步的特殊时代背景下，移民会馆作为移民社会宗庙的传统公共空间的同时又具有新型公共空间的因素，兼具商贸、教育、慈善、祭祀、娱乐等多种功能。清代中后期，随着经济作用力的驱动也带来了城镇空间与形态的变化，出现了从团状到带状、从防御到开放、从单一中心到多中心的变化，其中会馆祠堂公共建筑成为引导城镇结构变化的关键力量。清代四川城镇的快速发展与复兴也带来了城镇人文景观的重建与打造，移民会馆在选址、构建时就充分考虑城镇所处山水形势格局、自然景观和城镇空间的诸多特点，成为构成清代四川城镇独特文化景观意象的重要部分。

参考文献

[1] 谢惟杰, 等. 嘉庆金堂县志[M]//中国地方志集成: 四川府县志辑. 成都: 巴蜀书社, 1992.

[2] 谭红. 巴蜀移民史[M]. 成都: 四川出版集团, 2006.

[3] 张勇, 严奇岩. 浅析四川移民的两大族群及其文化类型[J]. 中华文化论坛, 2009, (1): 33-38.

[4] 李凌霄, 钟朝煦. 民国南溪县志: 卷4[M]//中国地方志集成: 四川府县志辑. 成都: 巴蜀书社, 1992.

[5] 周克堃. 宣统广安新志: 卷2 户口[M]//中国地方志集成: 四川府县志辑. 成都: 巴蜀书社, 1992.

[6] 林成西, 陈家泽. 移民与清代四川城镇经济[C]//方行. 中国社会经济史论丛: 吴承明教授九十华诞纪念文集. 北京: 中国社会科学出版社, 2006.

[7] 郑国翰, 曾瀛藻, 陈步武, 等. 民国大竹县志: 卷3 风俗[M]//中国地方志集成: 四川府县志辑. 成都: 巴蜀书社, 1992.

[8] 裴显忠, 刘硕辅. 道光乐至县志: 卷3 风俗[M]//中国地方志集成: 四川府县志辑. 成都: 巴蜀书社, 1992.

[9] 霍为棻, 王宫午, 熊家彦. 同治巴县志: 卷1[M]//吴波. 重庆地域历史文献选编. 成都: 四川大学出版社, 2011.

[10] 卷4 风俗[M]//沈昭兴. 嘉庆三台县志. 刻本, 1813 (清嘉庆十八年).

[11] 黄权生. 从《竹枝词》看清代"湖广填四川"——兼论清代四川移民"半楚"的表现与影响[J]. 重庆工商大学学报 (社会科学版), 2009, 26 (1): 130-138.

[12] 刘佶, 刘咸荣. 民国双流县志: 卷1 风俗[M]//中国地方志集成: 四川府县志辑. 成都: 巴蜀书社, 1992.

[13] 钟禄元. 四川客家文化丛书: 民国年间的成都东山客家[M]. 成都: 四川客家研究中心, 2005.

[14] 吴友篪, 熊履青. 道光忠州直隶州志: 卷1[M]//重庆市地方志办公室. 重庆历代方志集成. 北京: 国家图书馆出版社, 2020.

[15] 王笛. 跨出封闭的世界——长江上游区域社会研究1644—1911[M]. 北京: 中华书局, 2001.

[16] 佟世雍. 康熙成都府志[M]//成都市地方志编纂委员会, 四川大学历史地理研究所. 成都旧志. 成都: 成都时代出版社, 2008.

[17] 李玉宣. 同治重修成都县志: 卷2 风俗[M]//中国地方志集成: 四川府县志辑. 成都: 巴蜀书社, 1992.

[18] 王尔鉴. 乾隆巴县志: 卷3 课税[M]//中国地方志集成: 重庆府县志辑. 成都: 巴蜀书社, 2017.

[19] 王尔鉴. 乾隆巴县志: 卷3 课税[M]//中国地方志集成: 重庆府县志辑. 成都: 巴蜀书社, 2017.

[20] 王梦庚. 道光重庆府志[M]//中国地方志集成: 四川府县志辑. 成都: 巴蜀书社, 1992.

[21] 连山. 光绪巫山县志: 卷15 风俗志[M]//中国地方志集成: 四川府县志辑. 成都: 巴蜀书社, 1992.

[22] 卷9 山货[M]//严如熤. 三省边防备览点校. 西安: 西安交通大学出版社, 2018.

[23] 贺长龄. 皇朝经世文编: 卷50[M]. 台北: 台联国风出版社, 1978.

[24] 段玉裁. 乾隆富顺县志: 卷3[M]//中国地方志荟萃·西南卷: 第二辑. 北京: 九州出版社, 2016.

[25] 黄友良. 四川同乡会馆的社区功能[J]. 中华文化论坛, 2002 (3): 41-46.

[26] 中国人民大学清史研究所. 清史研究集: 第三辑[M]. 北

京: 中国人民大学出版社, 1980.

[27] 卷7[M]//王存. 元丰九域志. 北京: 中华书局, 1984.

[28] 季富政. 巴蜀城镇与民居[M]. 成都: 西南交通大学出版社, 2000.

[29] 赵逵. 川盐古道文化线路视野中的聚落与建筑[M]. 南京: 东南大学出版社, 2008.

[30] 王鳞飞. 酉阳直隶州总志 [M]//中国地方志集成: 四川府县志辑. 成都: 巴蜀书社, 1992.

[31] 酉阳县志编纂委员会. 酉阳县志[Z]. 重庆: 重庆出版社, 2002.

[32] 王铭新. 民国大邑县志: 卷4 风俗[M]//中国地方志集成: 四川府县志辑. 成都: 巴蜀书社, 1992.

[33] 蒙默, 等. 四川古代史稿[M]. 成都: 四川人民出版社, 1989.

[34] 杨·盖尔. 交往与空间[M]. 北京: 中国建筑工业出版社, 1992.

[35] 张兴国. 川东南丘陵地区传统场镇研究[D]. 重庆: 重庆建筑工程学院, 1985.

[36] 陈法驾, 等. 民国华阳县志: 卷3 建置·学校[M]//中国地方志集成: 四川府县志辑. 成都: 巴蜀书社, 1992.

[37] 康昭宣. 漫话中坝的会馆[C]. //江油市文史资料委员会. 江油文史资料 (第一辑). 江油: 江油市政协文史资料委员会, 1989.

[38] 傅崇矩. 成都通览[M]. 成都: 巴蜀书社, 1987.

[39] 王梦庚. 道光新津县志: 卷15 风俗[M]//中国地方志集成: 四川府县志辑. 成都: 巴蜀书社, 1992.

[40] 黄友良. 四川的会馆[M]//四川省政协文史资料委员会. 四川文史资料集萃: 第6卷. 成都: 四川人民出版社, 1996.

[41] 富珠朗阿. 江北厅志: 卷2 舆地·寺观[M]//中国地方志集成: 四川府县志辑. 成都: 巴蜀书社, 1992.

[42] 谢惟杰. 嘉庆金堂县志: 卷2 疆域[M]//中国地方志集成: 四川府县志辑. 成都: 巴蜀书社, 1992.

[43] 蓝勇. 清代西南移民会馆名实与职能[J]. 中国史研究, 1996(4): 11.

[44] 许熠辉. 历史·现状·未来——重庆中心城市演变发展与规划研究[D]. 重庆: 重庆大学, 2000.

[45] 杨柳. 风水思想与古代山水城市营建研究[D]. 重庆: 重庆大学, 2000.

[46] 钟长永, 等. 中国自贡盐[M]. 成都: 四川人民出版社, 1993年.

[47] 焦颖慧. 自流井风水格局浅析[J]. 南方建筑, 2006(7): 67-70.

[48] 吴著和. 明代江河船产[J]. 明史研究专刊, 1978(1).

第4章 四川地区移民会馆建筑营造地域特色

四川地区作为我国西南腹地地理和文化都相对独立的一片区域，自然和人文生态环境特点以一种长期而稳定的方式影响着区域内建造活动和建筑形态的发展。一方面，自然条件比较严苛，人与环境的矛盾突出，人们为创造适宜的生存空间需要付出更加艰巨的努力，需要建设活动具有充分的适应和变通的能力；另一方面，由于远离政治行政中心，人文环境较为自由开放，地处长江上游和南北通道中枢地位又促使其与周边地区经济文化交流比较频繁，在历史发展进程中不断受到中原秦地文化、荆楚文化、吴越文化的影响；再就是在宗教文化层面，受巫（鬼）以及本土所创道教文化影响至深。这些不同源流的思想彼此融合交织最终成为传统巴蜀文化基因，建构起巴蜀子民勤劳务实的朴素民风与民性。体现在地区传统建筑文化层面，不仅以中原正统儒家文化和宗法制度构筑了地方民间建筑体系的基本结构，更以道家虚己以应物的思想为基础，以顺应大势、整顿小节为对待环境问题的基本处理原则，所形成的"应物变化，约而易操，事少而功多"[1] 思想成为指导四川地区传统营建活动的核心文化内涵。它们是受礼制思想体系深刻控制的中国传统建筑营造行为和方式的重要补充，虽然后者以一种自上而下的方式得到贯彻推行影响深远，但是道法自然、依常而行的力量使本地区传统建筑体系得以生生不息传承千年，发展出了生机勃勃的丰富形态。会馆建筑在适应本地区自然生态环境的过程中亦入乡随俗，调整布局，呈现出不同于国内其他地区的独特面貌。在遵从会馆建筑基本形制要求的基础上，在可用地少、空间狭的丘陵山地中，从对场所环境的尊重出发，应用处理环境与功能矛盾的娴熟技巧，表现出会馆建造者因地制宜的精巧匠心。

4.1 四川移民会馆建筑布局形态的地域性

4.1.1 会馆建筑的"择址定向"

传统建筑注重方位与朝向，以此为建筑布局的第一要务。早在《周礼·天官》就提出"惟王建国，辩正方位"[2]。在广袤的北方平原地区，由于在自然地形环境中缺乏定位参照点，从而以人为中心，借鉴天文星象定位，四向发散而成正交网络的四方位关系随之产生，并成为确定位置的基础，加之北方的气候环境使基于方位系统上坐北朝南的建筑朝向关系被广泛认同。在后来的发展过程中这种方位朝向关系与礼制思想联系起来，最终确立了居中、面南为尊的观念，并成为中国传统文化中很重要的部分，在营城、建筑中广泛运用。如《诗经·鄘风·定之方中》曰："定之方中，作于楚宫，揆之以日，作于楚室。"[3] 四川地区建造活动始于择址定向。但是由于地处丘陵山地环境，地理条件复杂多变，因此，基于形、理两派风水理论的"卜居、立向"之说是指导建筑落地定向的主要方法。

　　早在《周礼》中记述的建筑选址营造活动大致分为两类事务：一是地官司徒辖属官员职掌，主要是考察自然地理等条件，包括可利用的土地、水源及物产，甚至环境容量等，对其进行评价，从而作出选址规划。二是掌建邦之天神人鬼地示之礼的春官宗伯辖官负责，主要以占星、卜筑、古杖等抉择城市、宫宅、陵墓、宗庙等建筑的营建方位及兴造时辰。这两类事务传承后世，形成了风水的两大流派。班固《汉书》载，汉代的风水派别已经有"形法家"与"堪舆家"之分。唐宋以后，风水术大抵分形派和理派。前者讲形势、彤法、峦体，主要活动在江西。后者讲理气、方位、卦义，以福建为中心。明初王伟在其《青岩丛录》中阐析道："后世言地理之术者分为二宗。一曰宗庙之法，始于闽中，其源甚远，及宋王极乃大行。其为说，主于星卦，阳山阳向，阴山阴向，不相乖错，纯取五星（按即五行）八卦，以定生克之理。其学浙闽传之，而今用之者甚鲜。一曰江西之法，肇于赣人杨筠松、曾文遄，及赖大有、谢之逸之辈，尤精其学。其为说，主于形势，原其所起，即其所止，以定位向，专注龙、穴、砂、水之相配，其他拘忌，在所不论。其学盛行于今，大江南北，无不遵之。"（图4.1）四川地区风水之术自古盛行。唐初有著名风水家袁天罡、李淳风勘定风水古城阆中。后来受五代宋初陈抟及其弟子所影响，在延续传统堪舆学的基础上融合"观气理学、太极五行"等思想，创藏派风水。明清以来，受南方地区风水学说影响，四川地区逐渐形成融合形势派和理气派的地方风水意识。

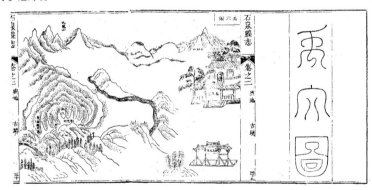

图 4.1　史志中堪舆家所绘石泉禹王宫择址定向点穴之"禹穴图"
图片来源：舒钧.石泉县志[M].台湾：成文出版社，1969.

　　在地形环境比较复杂的山地丘陵地区，建筑立向之法多借用形势派的理论，从"龙、砂、山"考察自然界的山形水势，寻龙脉看峦头多数委托本地堪舆家进行。历史上不少会馆建筑得以居于城镇风水佳穴之上。例如，自贡王爷庙、綦江东溪王爷庙这类依靠河神保平安的行业会馆，往往选址城镇"水口"位，建筑群的主要朝向对位山（龙）脊末端，起到续接龙脉之势。前者的层层院落收束于卓然悬崖之上的戏楼，建筑三面临水，视野开敞，成为整个环境气场的控制枢纽。重庆主城龙脉自大巴山—华蓥山—歌乐山—平顶山—虎头岩—鹅岭—枇杷山—新华路—朝天门一路延绵而来，主城几大会馆纷纷背靠山势面临长江河道而建，坐西向东，背山面江。入口在沿江低侧，建筑拾级而上，逐步借助山势形成重叠巍峨之态。由会馆戏楼反观江面，开阔的长江航道行船如织，人气聚集，远眺南山山峦苍翠，神韵疏朗，如此，山、水与人的活动共同构成容天纳地、藏风聚气的大壮之势。对形势和山水景观的重视反映出从整体环境角度进行建设活动的意识，所谓"以山水有情，四势平和为准；天然之山水，必有天然之向"[4]。这与勘定四川阆中古城风水格局的唐代风水师袁天罡所提出的"宇宙有大关合，气运为主，山川有真性情，气势为先，地运有推移，天气从之，天运有转旋，地气应之"的论述相一致。如此思维，打破了严格的方位等级秩序的禁锢，以"三吉六秀，何用强求"[1] 作为人与自然和宇宙互相对话的方式。这种环境观背后的文化内涵与以顺应自然、灵活变通的四川山地传统营造思维和原则也是一致的。因为，从风水形势派角度，良好的景观朝向就是"贵迎官就禄"[5]，风水以取面前之官星向我为贵，称为迎官。官星是案山背后逆拖而出的特别秀异之山峰，明堂前面端庄秀丽、贵气照壁的官星是阳宅立向时对准的基准点。由于山势走向往往不依南北方位，因此四川地区会馆建筑朝向很少有完全正南北向，基本上采取顺应山势，自下（低）而上（高）垂直于等高线纵向布置，形成背山面水的格局。由于这种依山水形势而成人工造化的方法非常有利于这方水土和景观的自然属性，因而成为会馆建筑确定朝向、展开布局的重要基础。对于地处城镇街巷闹市中的会馆建筑，除了尽可能利用小环境要素和周围景观对人们生理和心理上的正面影响力去获得良好的结果，更多利用罗盘"格龙乘气"，将选择朝向与使用者"避凶顽、迎有情"的心理需求联系在一起，由堪舆家使用九星法、八宅卦及大小游年卦来确定建筑朝向。除了利用罗盘测定方位，四川地区民间公共建筑和民居往往还会刻意避免作正南北布局，即使有足够的空间也会主动将轴线偏转几度，这与官衙、文庙和佛寺建筑都不相同。四川民间的说法是"煞气太重，承受不起"。这样做的结果是自然与受礼制规矩限制的官建筑有所差别，也代表一

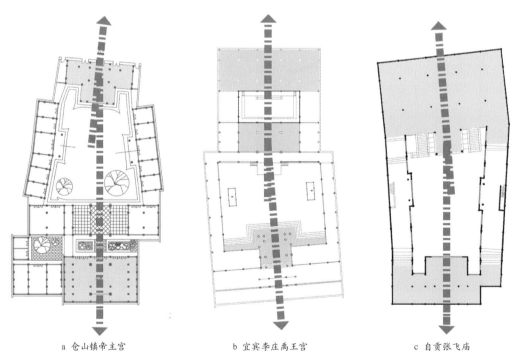

a 仓山镇帝主宫　　　　　　b 宜宾李庄禹王宫　　　　　　c 自贡张飞庙

图 4.2　因风水使轴线偏折的会馆实例：仓山镇帝主宫、宜宾李庄禹王宫和自贡张飞庙
图片来源：自测，自绘

1　（唐）卜应天，雪心赋（百度文库），是中国堪舆学中的名篇名著，是形势法（峦头法）风水的经典作品。

种遵从礼仪等级的做法。具体的朝向需要根据风水先生现场罗盘计算而定，影响因素会细致到考虑建筑用途、业主生辰等情况，因此，即使是相邻的建筑也少见完全一致的朝向，多少都会有所错落。一组建筑内部有些也会出现轴线偏折的做法，即主体建筑朝向（又称"建筑坐向"）和门楼朝向（又称"大门朝向"）出现差别。究其原因，多数是出于风水避让或者景观对位的需要。例如酉阳龙潭镇万寿宫大门偏离主体建筑轴线东南向15度，目的在于正对远处笔架山中峰。自贡桓侯宫（张飞庙）山门戏楼与看厅（杜鹃亭）、正殿明显不在一条轴线上，这从观与演功能的角度来看是不恰当的。据说当年曾发生火灾，风水师解释是大门正对了河对岸佛寺的缘故，重建时故意偏移了大门朝向。类似因风水避让而出现轴线偏折的做法，实例中还有德阳仓山镇帝主宫、宜宾李庄禹王宫等。（图4.2）

除却风水之说的影响，山地环境导致的用地条件和可建设用地的限制，城镇已有路网结构的走向等因素也决定着会馆建筑的朝向客观上无法满足礼制方位的规定和要求。从清光绪三十二年（1906年）历史地图可以看出，清代成都存在着"三种路网并存"的格局。其中保持正南北朝向的只有城市政治核心"贡院（原明蜀王府）"一带，清代所建满城和城市主要路网基本保持北偏东30度，城市所建会馆基本分布在贡院及满城以外的区域，建筑朝向必定有所偏离。从目前保留下来的陕西会馆可以看出这种影响。在那些"一街一场"的小型乡场，核心街道的走向会直接决定沿街建筑的朝向。最典型的是被誉为"天上街市"的石柱西沱镇主街，自长江边的码头直通山脊，街道几乎垂直等高线拾级而上，沿街几所会馆坐东朝西或者坐西朝东，平行于等高线横向布局（图4.3）。可见在用地紧张的山地场镇里会馆建筑因山水之势而确定朝向的理由也由求兴旺借运道变成了求生存的基本措施。

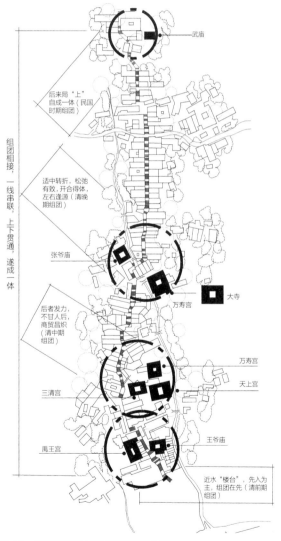

图 4.3 石柱西沱镇上不同时期所建会馆
图片来源: 李富政.三峡古典场镇[M].成都: 西南交通大学出版社, 2015.

会馆所承载的思乡文化也影响到建筑的朝向。四川各地客家会馆基本遵循无论在哪里，会馆大门都要朝着东南故乡的方向开。目前保存下来的洛带广东会馆、江油县青林口镇闽粤会馆广福宫可以印证。广福宫因地形关系，会馆正殿本来坐西朝东，但是会馆大门及戏台与正殿却不在一条中轴线上，而是有意偏向东南方以表达对闽粤故土的留恋。

如此多看似章法不清的立向准则，从四川山地城镇形态结构和构成肌理的形成来看却是重要的基础。如果说，中国城市结构因单体建筑的同一性而呈现出一种"自相似"结构[6]，四川地区山地城镇的丰富形态有一部分原因就在于在这种自相似结构中，加入体量、朝向方位的些许改变，打破了均质状态，形成结构的错动，带来复合型空间和城镇肌理形态的多样性，反映出建筑环境和人契合关系的唯一性，避免简单的雷同，也合乎自然造物的规律。

4.1.2 会馆建筑"合院天井式"平面布局

1）四川合院民居布局的地方特色

离散型的建筑形态，院落组合式的建筑构成，给中国传统建筑带来了组群化内向性空间特征。所有主次单体建筑都以围合或面向院落这个基本空间单元组织起来，并以符合阴阳八卦演化规律的一倍法，即二进制法则来增殖。这样以院成组，以组成路，以路成群，形成庞大的建筑群落，同时"保持其一致的整体性"[7]。尽管院落的基本平面形态是简单的矩形，但是从建筑文化意义角度，"建筑群落的组织方式及空间序列化形式依赖于由空间图式、文化传统、社会结构、固有习惯等文化合力所限定的空间力场的作用，主要表现自己所追求的天地和合与宇宙秩序的理想"[8]，这一点正是中国建筑组群的生成机制和演绎内因。另外，从建筑空间形态构成角度，不同的自然地理环境条件下，建筑院落组群空间又呈现出形态的多样性和广泛的适应性以及地方化趋势，使得各地的传统建筑空间拥有能够自发展的强大生命力。

汉民族的合院民居形式经历了在北方诞生并向南方传播，以及南方合院民居形成再回传影响的两个阶段。这两个阶段是与移民迁徙相伴相随的，四川地区在多个历史时期都处于人口迁徙的中间环节，合院形态上受到北南方不同影响。唐宋以前主要是受到了北方及关中地区建筑文化南传的影响。根据李映福《三峡地区早期市镇的考古学研究》中市镇发展的几个阶段划分，早期成熟的合院型建筑形式大致是在唐末五代至北宋早期。这个时期正是北方移民的高潮时期，四川地区的合院形制也表现出了北方合院的特点。根据《明月坝唐宋遗址研究》中的02F1房址平面进行想象复原，其布局特点与王休泰墓明器住宅的第一进院落基本是一致的，属于典型的北方式院落（图4.4）。宋元以后南方地区逐渐形成了房房相连的四合院形态，构造出了南方独特的天井空间。其特点是天井院的核心围合空间比较紧凑，仅明间露明，左右厢房亦是露明一间，因而中间核心空间大约占据一间呈长方形。天井的四面檐口将雨水汇集到地下沟渠再排出房屋外，又称"四水归堂"。随着南方建筑文化影响力的西进，四川地区发展出了兼具南北方合院特点又适应于本地区自然生态环境的"合院天井式"建筑平面，并且普遍应用于各类建筑。（图4.5、图4.6）

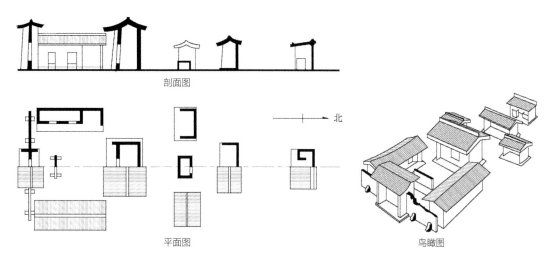

剖面图

北

平面图

鸟瞰图

图 4.4　王休泰墓明器住宅
图片来源: 解媛媛, 魏海龙.浅谈西安地区传统民居历史形态特点[J].陕西建筑, 2008(11):1-3.

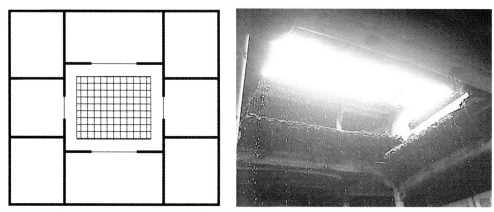

图 4.5　南方天井院核心空间　　　　图 4.6　南方天井院

图片来源: 张潇尹.基于移民影响的巴渝传统民居形态演进研究[D].重庆: 重庆大学, 2015.

　　明清四川合院民居的主院核心围合空间兼具南北方的特点,其围合的屋檐相连,底部有时也做沟渠汇聚雨水。主院部分可开至五间,正房以及门屋(或过厅)露明三间,左右厢房则露明二至三间,平面呈"明三暗四厢四间"或是"明三暗四厢六间","厢六间"的合院每面都露明三间,又称"明三方院"。四川地区的合院通常将正房与厢房脱开,改善过于封闭的状态,同时借此通达左右侧院。(图4.7、图4.8)

　　以院坝围合的核心空间是四川合院的标准模式,其可以是独立的一个院落,更多的是以此为基本范式和核心,以天井庭院向四周扩展形成更加丰富的组合。主要方式有横向扩展、纵向扩展、纵横扩展。其中纵向扩展受到山地用地局促的影响,多为二至三进。大型院落纵向发展类似广府客家的三堂屋,又称"三厅串"。门屋敞厅为前厅即下堂。中间过厅为正厅或中堂,正房堂屋又称祖厅或后室即上堂。纵向扩展在中轴纵深方向可至多进多院,即多厅串,所谓"重门深院",至多可达五六个院落。这样就有头道朝门、二道朝门、三道朝门之说。无论是两进的院落还是多进的院落，其核心围合空间都是依次逐渐缩小。潼南杨氏民居群的兴隆街大院占地3000多平方米，呈南北竖向长方形，布局形态方正。主轴线上有三进院落，四排房屋，依次为倒座（宅门）、正厅、正房和后房（图4.9）。

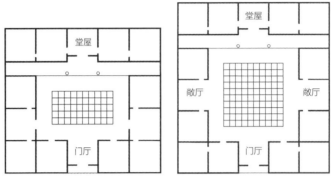

图 4.7 明三暗四厢四间   图 4.8 明三暗四厢六间
图片来源：张潇尹.基于移民影响的巴渝传统民居形态演进研究[D]重庆：重庆大学，2015.

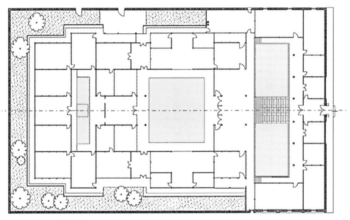

图 4.9 兴隆街大院平面图
图片来源：张潇尹.基于移民影响的巴渝传统民居形态演进研究[D].重庆：重庆大学，2015.

　　横向多路适合丘陵缓坡地带，应用也比较普遍，拓展方式通常有两种。一种是在横轴线上以多个天井庭院组织合院。中间主院的围合空间较大，跨院的天井亦是开敞明亮。涪陵青羊镇陈万宝庄园由8个天井组织院落，规模宏大，院坝宽敞，平面格局构图均衡（图4.10）。正屋明间与下厅正中单檐歇山的戏楼相对，形成整个庭院的中轴线。其他建筑围合成跨院沿中轴线左右对称布置，分布既讲究实用性，又谨遵封建宗法礼仪分内外、长幼、主宾之序。合院横向拓展的另一种方式是中间主院为"明三暗四厢四间"或是"明三暗四厢六间"，在其一侧或两侧加条形天井及横屋，类似广东客家民居堂横屋的形制。这种从厝式的布局向心性强烈，也许更能表达家族内聚的需求。例如潼南双江镇杨氏民居群的长滩子大院，又名"四知堂"，大院前对良田溪流，背靠密林青山，以院墙围合整个大院，平面方正规则（图4.11）。主轴线上有两进院落，依次为朝门、正厅和正房。一段宽约2.5米的甬道将朝门与前厅之间的前院一分为二。顺着四步台阶进入前厅，作为家族公用的场所，一般不允许直接由正厅明间的大门迈入中庭，而是由两侧夹道进入，这样的设置可以让日常交通回避对公共空间的干扰。穿过前厅进入中庭，中庭每面房屋露明三间，并以檐廊环绕。正房借助地势坐落在宅院的最高点上。两列跨院房间整齐布置，各有三进天井。整座院落廊、房环通，大小房间共有46间。

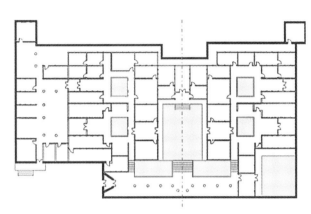

图 4.10　陈万宝庄园平面图
资料来源：张潇尹.基于移民影响的巴渝传统民居形态演进研究[D].重庆：重庆大学，2015.

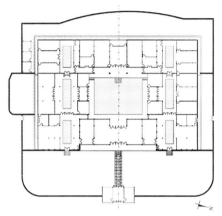

图 4.11　长滩子大院平面图
资料来源：张潇尹.基于移民影响的巴渝传统民居形态演进研究[D].重庆：重庆大学，2015.

　　综合纵横两个方向扩展的合院，基本为中轴堂厢式布局，即一正两厢组成主庭院。在纵向以主庭院所在轴线为中路，两侧设副轴线为左路、右路。在横向则对应每层递进的院落布置邻近的跨院，组织成纵横轴线交叉网络，纵向为路，横向为列，形成几路几进几列的群体组合格局，展开复杂变化而有条不紊的院落空间群落。纵横拓展型合院的布局方式是采用单元重复式，即是在纵横方向各几列几行布置院落，每一个单体院落都是一正两厢完整格式且面积相近，与北方的合院组合方式比较相似。

　　综合而论，四川地区由于受到山地用地条件所限，以及夏季炎热、秋冬多雨的潮湿气候的影响，传统民居院落兼具南北方做法特点。就单组合院的尺度而言，比北方的合院要小，比南方的天井院要大。就院落组合方式而言，四川合院更具灵活性和适应性，大尺度的院坝和小尺度的天井，根据需要混合使用，因境而生，没有定式，既适应需要，又经济节约。结合自然环境条件，院落的尺度和形态也有自己的特点。受进深限制，院落形状多呈近正方形或扁方形，宽而浅，以正面迎风纳阳。受地形条件限制，房屋之间不规则组合比较多，院落、天井异形也较多。尤其是在城镇中间，大大小小，形态各异，密如蜂巢。（图4.12）为了和多雨的气候相适应，四川地区合院建筑既有北方平面规整、外围封闭的特点，又吸收了南地厅井式住宅注

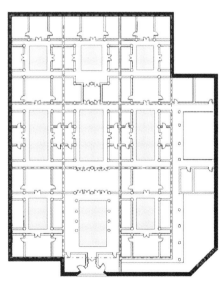

图 4.12　刘瑞廷宅平面图
资料来源：张潇尹.基于移民影响的巴渝传统民居形态演进研究[D].重庆：重庆大学，2015.

重开敞通透和祛湿功效的处理样式与手法,以彼此咬合、穿插的屋顶和连续的廊式空间避免日晒雨淋(图4.13、图4.14)。

图 4.13 江津白沙古镇民居   图 4.14 酉阳龙潭古镇民居
图片来源:陈蔚,胡斌,等.重庆古建筑[M].北京:中国建筑工业出版社,2015.

2)四川会馆建筑平面组合特点

四川地区会馆建筑吸收了本地合院天井式民居建筑的组合特点,也吸取了四川地区传统祠庙寺观建筑的布局特点。在遵循会馆建筑基本形制的基础上,较之北方地区,四川地区会馆建筑组群布局更为紧凑,院落天井大小适度并且组合形态丰富多变,是一种"传统寺庙型庭院与居住型庭院组合交叉"的产物[9]。(图4.15)

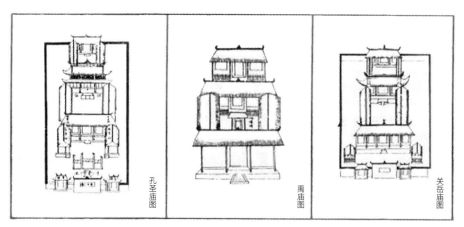

图 4.15 四川地方史志中保留的文庙、会馆(禹王宫)和关岳庙形象
图片来源:王梦庚,寇宗.道光重庆府志[M]//中国地方志集成:四川府县志辑.成都:巴蜀书社,1992.

根据规模大小、功能结构和侧重点不同,四川移民会馆可以分为功能齐备完善的大中型会馆,以观演结合祭祀功能为主体的中小型会馆,以及强调住宿、接待服务功能的小型会馆。

大型会馆规模较大,平面形制更为完整。组织方式有两种:其一,以主轴线为核心发展两进及多进院落,两侧发展跨院;其二,基本不发展侧院,主要依靠加大院落进数以扩大空间。前者典型实例有自贡西秦会馆(图4.16)、广汉福建会馆、广汉陕西会馆;后者主要实例有重庆湖广会馆之禹王宫、广汉黄州会馆、广汉三水镇湖广会馆(图4.17)及泸州叙永春秋祠。而且这四组会馆都出现了"双戏台",也是目前所知四川地区双戏台会馆实例。

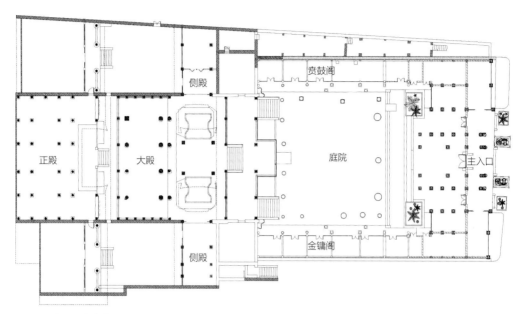

图 4.16 自贡西秦会馆平面图
图片来源:自绘

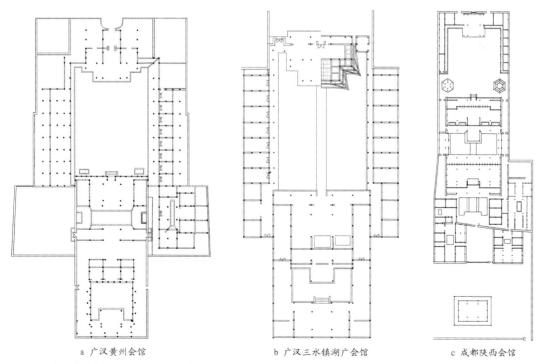

a 广汉黄州会馆　　　　b 广汉三水镇湖广会馆　　　　c 成都陕西会馆

图 4.17 广汉黄州会馆、广汉三水镇湖广会馆、成都陕西会馆平面图
图片来源:梁思成,等.未完成的测绘图[M].北京:清华大学出版社,2007.

以观演结合祭祀功能为主体的中小型会馆：清代晚期随着会馆功能的变化，祭祀部分在会馆中的重要性也有所改变，娱乐集会功能突显，使建筑前区空间的地位逐渐强过后区。那些规模较小的场镇会馆，面积规模有限，使用功能相对简单，主要注重演戏、祭祀和赶庙集会，大多忽略住宿等辅助功能。甚至有些只保留"酬神娱人"基本功能。平面仅有一到两进院落，少数仅由三合院组成。典型实例是自贡行业工人会馆炎帝宫、重庆长寿扇沱王爷庙、江津白沙张爷庙等（图4.18）。

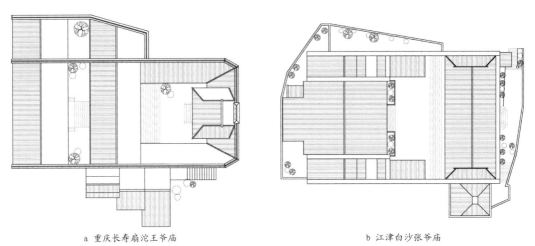

a 重庆长寿扇沱王爷庙　　　　　　　　　　　　　　　b 江津白沙张爷庙

图 4.18　重庆长寿扇沱王爷庙屋顶平面图和江津白沙张爷庙屋顶平面图
图片来源：自绘

强调接待服务功能的会馆，会馆功能基本完备，但是从建筑面积比例分配的角度比较，戏楼及前区观演空间占地较小，而看厅、中殿到后殿所占面积比例大，侧院功能完备，设有厨房、客房等空间。现存实例有重庆湖广会馆之齐安公所（图4.19）、江南会馆等。

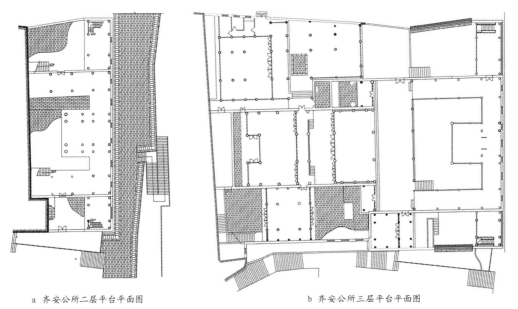

a 齐安公所二层平台平面图　　　　　　　　　　　　　b 齐安公所三层平台平面图

图 4.19　重庆湖广会馆齐安公所平面图
图片来源：陈蔚，胡斌，等.重庆古建筑[M].北京：中国建筑工业出版社，2015.

合院在具体组合形态上，主要有以下几种方式：前区空间中戏楼、耳楼和两侧厢房三者合一，组合成为三合院（四川称"三合头"）（图4.20）。这种情况比较普遍，适应于各种类型会馆。部分会馆（如重庆广东会馆）即使还能够从建筑形态上区分耳楼和厢房，但其实两者内部空间是联通的。也有一些，虽然形态上它们是统一的，其实空间并无关联，可以据此区分耳房和厢房，如资中铁佛南华宫。另外一种情况是，戏楼、耳楼、厢房和看厅四者合一，组合成为四合院（四川称"四合头"）（图4.21）。这种情况相对较少，基本适用于只有一进院落的小型会馆，如自流井黄镇铺惠民宫（川主庙）、綦江东溪王爷庙（图4.22）、南华宫等。主要轴线上多为"口、日型"布局，大型会馆会出现"目型"布局，但是比较少。对于后区以及中轴线两侧辅助性服务空间，北方地区采用的跨院，在四川地区基本被天井或者院落加天井的方式取代。天井和主院落的尺度差距很大，戏楼与看厅之间主院落尽量宽敞，而辅助部分的天井一般尺度较小且形状不规整，完全是一派民居的做法。天井空间一般不会出现在主轴线上，主要考虑到尺度局狭，不适宜公共建筑空间需要。现存实例中有少数几个小天井结合入口在主院落前部出现的情况，形成类似前院，虽然实用性不强，但是进一步丰富了建筑空间层次，增添了灵活生动的气息。

为了适应不规则用地状况，一些城镇会馆建筑平面和空间不能保持左右、前后完全对称，出现了不少斜角、单边，前后偏转、对而不称的做法，形成了别具地方特色的不规则合院类型，这也是借鉴地方民居布局手法的体现。

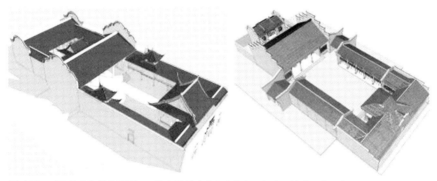

图 4.20　"三合头"做法示例——资中铁佛南华宫（左）、江津石蟆清源宫（右）

图片来源：重庆大学建筑城规学院测绘组

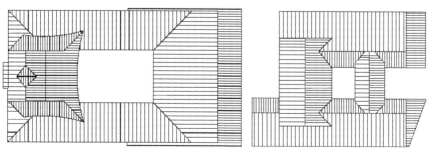

图 4.21　"四合头"做法示例——綦江东溪南华宫（左）、铜梁安居广东会馆（右）

图片来源：自绘

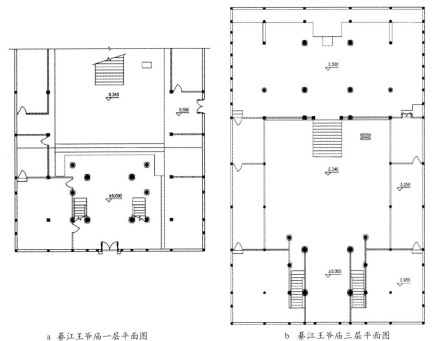

a 綦江王爷庙一层平面图   b 綦江王爷庙三层平面图

图 4.22   重庆綦江东溪镇王爷庙平面图
图片来源：重庆大学建筑城规学院测绘组

4.1.3 会馆建筑单体的环境适应方式

四川地区会馆建筑组群空间的紧凑和组织高效也体现在单体建筑的形态适应与改变。北方地区的祠庙会馆类建筑非常注重空间的层次性和建筑规制的完善，除了必要的功能性建筑，通常在中轴线以及两侧增设诸如照壁、牌楼、旗杆、钟鼓楼等特定的建筑小品增添礼制祭祀建筑所需要的庄重肃穆的气氛。四川地区会馆建筑普遍倾向于使用更加简练的手法处理这些单体建筑之间的关系。既能够保持隆重的建筑形态，又避免因为空间层次过多、单体建筑类型过多可能带来的整体布局上的松散。因此，单体建筑"复合化"成为四川地区会馆建筑平面构成的另一特色。这些使建筑群体布局更加紧凑的独特处理措施贯穿在建筑各个部分，涉及入口、厢房、钟鼓楼、殿堂布置等，主要体现在门楼倒座，山门、牌楼和戏楼合并，钟鼓楼和厢房合并，牌楼和看厅合并以及后区殿堂空间合并等几个方面。

1) 门楼倒座

"明代神庙剧场的锐意改革，主要是在神庙大门或二门上做文章，将戏台与山门合二为一，着眼于前后台、化妆间、看楼以及戏班食宿之处等剧场整体设施的完备"[10]，从而形成"山门戏（舞）楼倒座"的基本形制。这是中国古代神庙剧场中配套设施最完善的形式，在清代广泛流行。按照《山西神庙剧场考》中将清代神庙剧场从其地形、地势、庙院大小、广狭、建筑基础和经济条件等情况出发，分为"标准型、简易型和复杂型"三种规格的山门舞楼的方式，四川地区会馆观演建筑主要为标准型做法。基本特点是：一是山门之后建造戏楼，外看是高大的山门，雄伟壮观，里看则是戏台，雕琢华丽。二是山门戏楼两侧一般建有二层耳房，上层作为专门的化妆间，有门和舞台相通，底层则用作戏班的柄息之所。在一些小型会馆里，耳房和厢房也有合二为一的做法，但是总体功能上还是保留耳房作为演出辅助用房的惯例。在山门与戏楼的关系上，四川地区会馆出现以下两种形式。

（1）"山门戏楼分列式"

山门与戏楼分开设置是明清祠庙会馆建筑中常用的手法。入口分成大门、二门两个部分，可以形成比较丰富的前区空间。这种在北方地区比较普遍的做法在四川地区会馆建筑中并不多见。现存实例中采取这种方式的情况多数是因为大门和戏楼不在一条轴向上，如重庆渝中区齐安公所、广东会馆和四川三台县刘营镇南华宫。即使位于一条轴线上的山门与戏楼分开设置，两者之间也靠得很近，只有缝隙式的天井作为过渡，现存实例仅见宜宾李庄禹王宫（图4.23）、南充双桂镇田坝会馆两处。

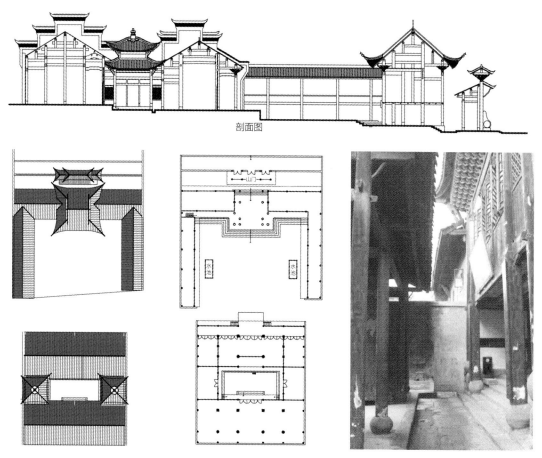

剖面图

图 4.23　"山门戏楼分列式"示例——宜宾李庄禹王宫
图片来源：自绘，自摄

（2）"山门戏楼合并式"

四川地区会馆建筑山门前面普遍不设置照壁、牌楼，大门直接面对街道，并且山门与戏楼背靠背合并而立，成"门楼倒座"形式。在造型方面，山门和戏楼的造型也被结合在一起考虑，在集合各自

造型特点之后，会馆山门往往格外华丽，不少独特的复合型屋顶形式也出现在这里。（图4.24）

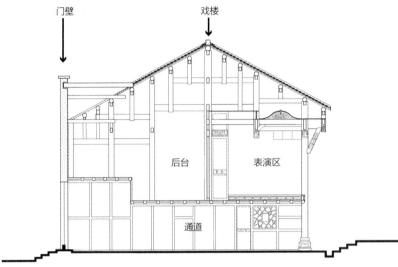

图 4.24　四川地区山门戏楼合并式布局案例——铁佛南华宫戏楼
图片来源：自绘，自摄

2）牌楼与看厅合并

为了增强戏楼和拜殿之间空间序列的层次和威仪，有些会馆在戏楼和拜殿之间设置造型独特的独立式木牌楼，颂扬神灵的功绩。造型最为张扬的是河南开封山陕甘会馆木牌楼和甘肃张掖关帝庙牌楼。但是从使用功能上看，这样会损失观演空间的完整性，使戏楼成为酬神仪式的陪衬。四川地区会馆为了避免看厅和戏楼之间的视线遮挡，使酬神和娱人同样受到关注，也为了节约纵向空间，采取了牌楼与看厅合并的处理方法，即会馆看厅朝向戏楼开敞的一侧立面采用牌楼样式。典型代表是重庆渝中区禹王宫看厅和重庆龙兴镇禹王宫看厅。（图4.25）

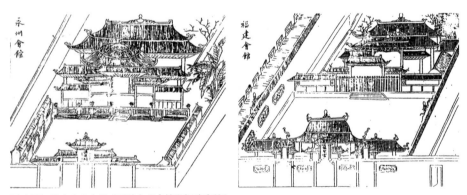

图 4.25　地方史志中的"岳池永州会馆和福建会馆"
图片来源：何其泰，等.清·光绪岳池县志[M].成都：巴蜀书社，2010.

3）钟鼓楼和厢廊合并

钟鼓楼是形制完善的寺观、祠庙建筑必不可少的附属单体建筑。由于平面布局紧凑，四川地区会馆建筑不一定配备钟鼓楼，因为随着厢房被合院式厢廊代替，钟鼓楼变得不好处理，逐渐被放弃。即使有, 钟鼓楼和厢廊也是合并在一起, 而非独立设置。调查中发现四川地区有明确资料支持钟鼓楼独立布置的案例, 只有建于清早期康熙年间的广汉陕西会馆, 钟鼓楼分列看厅前两侧。多数钟鼓楼和左右厢廊合并, 从造型上演变为左右双阁形态。现存具代表性的有自贡西秦会馆的金镛阁和贲鼓阁、四川金堂县土桥镇禹王宫、四川泸州叙永春秋祠、四川宜宾滇南馆、重庆江津石蟆清源宫等。

　　这样的趋势也反映出一种原乡建筑意识的四川本土化。对比建于清康熙年的广汉陕西会馆和建于乾隆年的自贡西秦会馆总平面就可以看出, 前者还保持戏楼、耳房、厢房、拜殿、钟鼓楼各自独立的布局方式, 这些在后者已经逐步合院化。(图4.26)

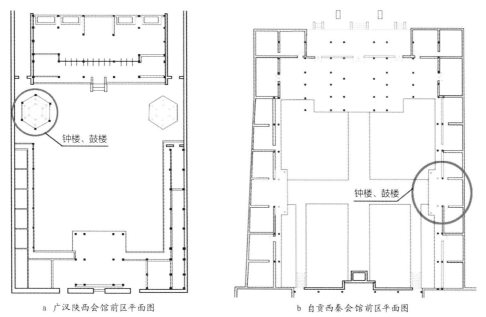

　　　　a　广汉陕西会馆前区平面图　　　　　　　　b　自贡西秦会馆前区平面图

图 4.26　广汉陕西会馆前区平面与自贡西秦会馆前区平面比较

图片来源: 自绘

4) 后区殿堂部采用"硬山加封火山墙"

　　后区几进殿堂直接以封火山墙围合, 两侧配殿取消。院落形状从前区比较方正的改为扁宽形的, 这样使殿堂之间的院落在纵深方向尺度大幅减小。在主轴线两侧利用跨院天井安排附属功能。将后区几重殿堂以各种方式串连成整体, 也是一种加大殿堂有效使用面积, 压缩庭院空间, 产生丰富建筑形态的措施。最常见利用"勾连搭""抱厅"等处理手法, 将后区几进院落组合连接成为一个进深很大的整体, 方便更多人在室内聚集。代表作有重庆齐安公所, 其看厅、中殿及后殿三组建筑之间运用勾连搭和抱厅联系, 使三殿覆盖的连续室内空间深达23.5米, 融合了观戏、聚会、宴饮、办公和祭祀等多项功能(图4.27)。

　　自贡西秦会馆, 在"大丈夫抱厅"和中殿之间庭院加建"参天阁"(图4.28)。这里前是抱厅, 后为拜殿, 左右跨院设为客廨, 建筑群高度密集。若按一般处理手法, 此处只是空出作一天井, 或仅以廊道覆顶, 以避风雨。但西秦会馆反而在此建起一个高达12米的建筑, 六角盝顶屋顶, 四重檐, 内饰藻井。参天奎阁后角柱与中殿内柱仅距1.6米，设计者巧妙地使檐角起翘刺破中殿前檐，应用了两座独立的建筑在空间穿插的处理方式，既联系沟通了观戏和祭祀功能又加入了会客、休闲功能，一来减弱了祭祀空间的敬畏感，二来使宾客有休息交流的场所，使本来无足轻重的过渡空间，形成了全馆功能和视线的重点，与武圣宫大门前后呼应。

这种合并观戏看厅和祭神正殿的处理方式也多见于只有一进院落的小型会馆。观戏的空间和祭祀的空间被整合在一个单体建筑里面，戏台上演出进行时，祭台上的神灵和祭台下刚刚还在烧香跪拜的人们已经和它一同看戏了，人神同乐在这里是如此自然。这既是紧凑空间的最佳方式也是场镇会馆酬神娱人功能的最简洁表达方式，代表作有四川资中罗泉盐神庙等（图4.29）。

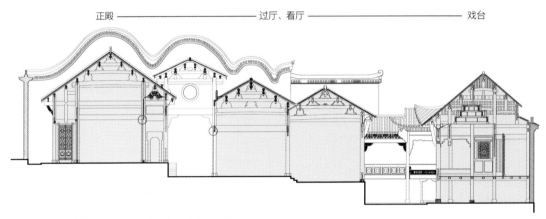

图 4.27　重庆齐安公所中后区"抱厅加勾连搭"做法
图片来源：重庆大学建筑城规学院测绘组

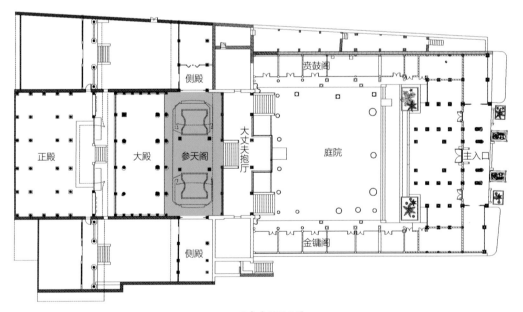

a　西秦会馆平面图

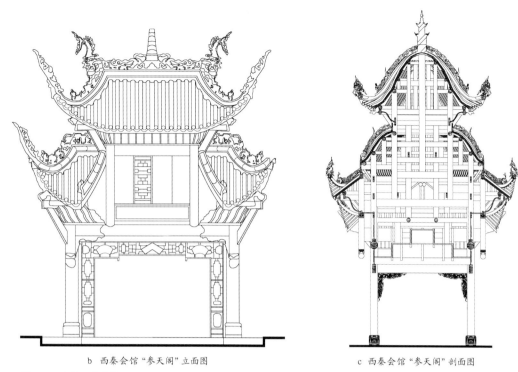

b　西秦会馆"参天阁"立面图　　　　　　　　　c　西秦会馆"参天阁"剖面图

图 4.28　自贡西秦会馆
图片来源：重庆大学建筑城规学院测绘组

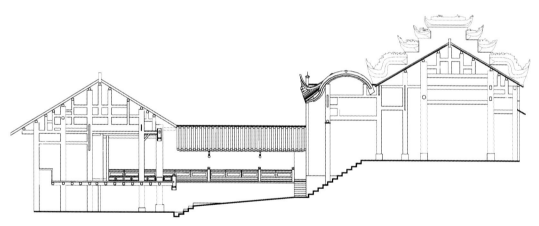

图 4.29　资中罗泉盐神庙纵剖面
图片来源：自绘

4.2　四川移民会馆建筑造型形态的地域性

4.2.1　因势赋形、巧于因借

为了尽量少破坏自然地貌，控制建设成本与难度，山地建筑往往"量其广狭，随曲合方"，做到因地制宜，灵活应对。大体量建筑采取化整为零的手法，通过院落、回廊实现功能上的联系过渡，并且利用多标高入口,立体化交通流线组织等措施,合理解决了山地建筑交通不便的问题。如云阳张飞庙,位于与云阳城隔江相望的飞凤山麓,始建于蜀汉末期,后经历代扩建,现存建筑1400平方米。主体建筑采用分散布局、依山跌落的手法,十余座单体建筑分处于上下两个高度的台地,高差达10米有余,以院落相连。单体建筑形态各异、主次分明且彼此退让,既避免了环境与建筑以及前后建筑之间的完全遮挡,也利用原有地形形成了错落有致、层次丰富的建筑形态。(图4.30)

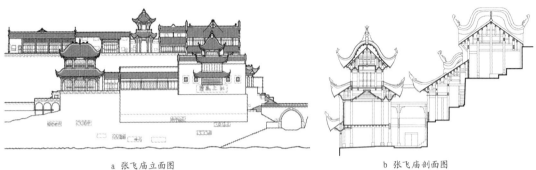

a 张飞庙立面图　　　　　　　　　　　　　　　b 张飞庙剖面图

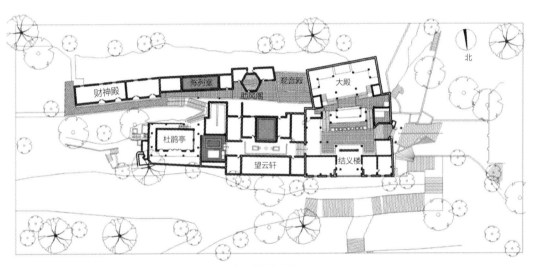

c 张飞庙总平面图

图 4.30　云阳张飞庙
图片来源:陈蔚,胡斌,等.重庆古建筑[M].北京:中国建筑工业出版社,2015.

　　山地环境下，单体建筑体量受到限制，因而非常注重建筑群体的层次变化和建筑簇群所展示的形态表现力。这种彼此借力，聚集气势的做法是山地建筑"以小博大"的典型手法。它利用"堆、靠、嵌"等手段，借助山形地势使小体量建筑获得雄伟的视觉效果（图4.31、图4.32）。最为典型的当数山地摩崖佛寺建筑，如重庆潼南大佛寺、江津涞滩二佛寺等（图4.33、图4.34）。会馆建筑也善于利用这种手法。以重庆湖广会馆为例（图4.35），建筑群以沿坡逐级而上分层筑台的三进院落为主体，前后建筑所处地点高差近20米，群体总进深达60米。但就单体建筑体量而言，几进殿堂的单体建筑体量并不算大，但是通过与地形高差的结合和视线视距的调整，建筑群体体量远胜于周围民居。尤其自江中行船和江对岸望去，处于渝中半岛山腰位置的会馆建筑群无疑是长江沿岸重要标志建筑。在小型会馆中，资中罗泉镇盐神庙看厅就借鉴了峨眉山伏虎寺正殿处理地形的手法，整坡台阶自院落中间直接深入室内，处理高差手法洗练，同时使原本仅一层的看厅从视觉上具有两三层建筑的高大气势。除此之外，更多选址高处的会馆直接借助街道的不断升高，增强气势。

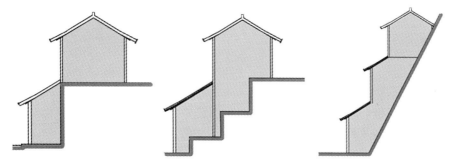

图 4.31　山地建筑中"堆、靠、嵌"的设计手法
图片来源：自绘

图4.32　从城市滨江路看重庆湖广会馆群体建筑造型形态
图片来源：张兴国摄

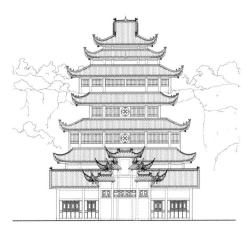
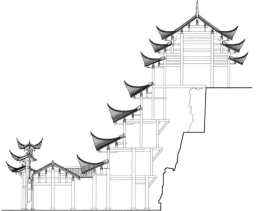

图 4.33　重庆潼南大佛寺

图片来源: 陈蔚, 胡斌, 等.重庆古建筑[M].北京: 中国建筑工业出版社, 2015.

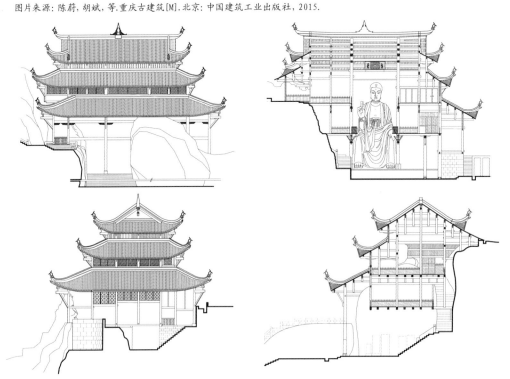

图 4.34　江津涞滩二佛寺

图片来源: 陈蔚, 胡斌, 等.重庆古建筑[M].北京: 中国建筑工业出版社, 2015.

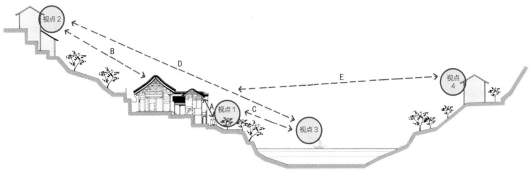

图 4.35　重庆湖广会馆建筑群与城镇山水构成"立体景观"分析
图片来源: 自绘

　　利用山地独特的地形条件除了能够增强建筑群体的气势, 也增加了建筑空间与形态的层次。在山水聚落环境中多视点的存在使对城镇中重要建筑景观的观赏突破了平原城市在视点角度上的局限, 对建筑形态的感受与对自然山水环境的感知密切相关, 从而构成了山水城市"立体化、多层次"的建筑景观特色(图4.36)。

a　庭院空间

b　入口立面

c　屋顶鸟瞰

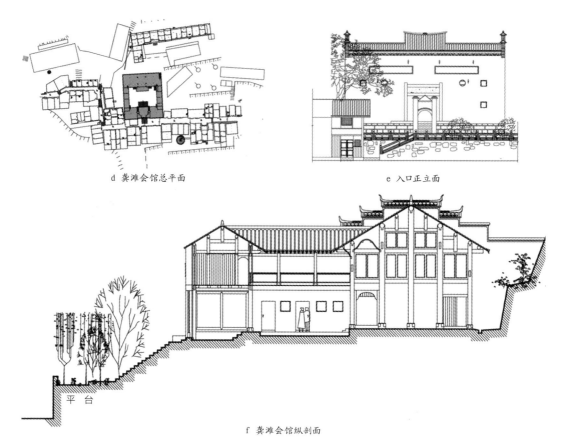

d 龚滩会馆总平面　　　　　　　　　　　e 入口正立面

f 龚滩会馆纵剖面

图 4.36　酉阳龚滩陕西会馆与环境的关系
图片来源: 重庆大学建筑城规学院龚滩保护规划设计小组

4.2.2　融于自然、质地朴素

　　与自然融合的意识除了体现在建筑形态方面也体现在建筑质感层面, 其中建筑材料和使用方式对建筑表皮质感的构成具有决定性作用。四川地区传统建筑选材的主要特点为"就地取材, 辅以雕琢"。四川地区建筑用材丰富, 有土质为紫红色的砂岩和黏土(四川盆地亦称赤色盐地); 石材有简阳一带的花岗石, 西充一带的砂石, 灌县、黔江的石灰石, 中江等处的青石; 川内多松、柏、杉、楠一类的树木, 竹更是房前屋后随处皆有, 成为地方建筑主要材料之一。在使用方式上, 会馆建筑梁架结构主要为木作, 墙体维护结构主要采用木、竹、砖、石、泥等材料。这些当地建筑材料的使用既使会馆建筑整体质感偏于温和, 也使建筑与自然的关系高度协调。同时这些材料也决定了建筑色彩以大片的灰、褐、土黄以及少数暗红、白、黑等为主, 在自然环境的衬托下显得凝重朴实。清代中后期砖石墙体被大量采用, 建筑四面多以封火山墙围合。大块面砖石墙的厚重感、体积感与木结构轻巧灵动、构架穿插的效果结合起来, 使建筑造型更加富于线条与块面、轻与重、白(墙体)与黑(构架)的对比, 与四川地区山纵水横的空间肌理建立起内在的共鸣(图4.37)。

图 4.37　穿斗白粉墙
图片来源: 陈蔚, 胡斌. 重庆古建筑[M]. 北京: 中国建筑工业出版社, 2015.

在建筑装修和色彩的格调上，会馆建筑不崇尚过分的奢华，彩画亦多轻淡雅致，图案及用色均较节制，虽少繁琐的附加装饰，在一些重要部位，装饰仍然是整个建筑中最出彩的地方。重庆古建筑装饰风格和工艺技术以精巧秀丽为特点，深受南方地区影响。其中门、窗、隔、扇、罩、挂落等小木作很考究，仅是窗户类型就有木楞窗、风窗、提窗、开启窗等多种，花格变化各异，以格条、套方、夔龙、卍字、锦花居多，采用不同疏密的排列，变化多样，工艺细腻，脉络明晰（图4.38）。与其他地区不同，由于盛产石材，本地石雕工艺更高。石雕被大量用于抱鼓石、柱础、栏板及"太平缸"，常用吉祥图案、动物花草、历史故事、戏剧人物作为装饰题材，形象生动自然。脊饰喜用蓝花碎瓷片镶饰表面的"嵌瓷"工艺，流露出朴实和率直的审美意趣。

a　湖广会馆建筑木雕　　　　　　　　　　　　　b　湖广会馆建筑木雕

c　建筑栏板戏曲故事木雕　　　　　　　　　　d　建筑栏板戏曲故事木雕

图 4.38　建筑木雕
图片来源: 陈蔚, 胡斌. 重庆古建筑[M]. 北京: 中国建筑工业出版社, 2015.

4.2.3 利用对比、形象鲜明

1）形态体量对比

中国传统建筑向来以平和、安详和"水平向度的铺展"为特色，然而四川地区会馆建筑在山地环境的影响下却表现出突兀的构图特征。地形的高差夸大了建筑的竖向空间尺度；建筑的随曲合方、轻巧出檐又令建筑具有了雕塑感极强的张扬形体；吊脚楼探出坡外，下方悬虚，形成强烈的视觉冲击，表达出建筑对环境的对抗与适应。

建筑群因山地起伏产生的错落有致的天际轮廓线，也是构成山地建筑形态的重要内容。它们与沉稳厚重的山体背景相对应，层次分明，对比强烈，体现出地域的特色。处理手法上，灵活采用对称、对比、相似、均衡、光影变幻等美学的构图和统一处理的手法。建筑从平面布局到立面构图并不遵循严格对称的法则，高低错落有致，构图不拘一格，有着多种对比。

四川地区会馆建筑造型的地域性特色还体现在对其他类型公共建筑、民居建筑营造技术和手法的借鉴，展现了独特的地方建构文化之美，建筑中大量运用了各种形式：悬山、硬山、卷棚、歇山、重檐歇山、攒尖、盔顶等及式样极其复杂的复合式屋顶形式。配以两侧曲线优美，跌宕起伏、装饰华美的各式封火山墙，构成了地区传统城镇中最富有魅力的形象，与城镇民居形象形成差异和对比。

自贡西秦会馆无疑是会馆建筑在这方面的集大成者（图4.39）。西秦会馆由十数个用途不同，形式各异的建筑单体依靠廊楼（耳楼），山墙的环绕与衔接，有机地组合成多层次的闭合式建筑群体。各建筑单体多采用统一的"双坡硬山式"屋顶，或"卷棚式硬山"屋顶。建筑随地形坡度的起伏而呈现出日趋升高的气势，直至正殿，其建筑面积和相对高度均为全馆阁之冠，供奉着关羽和陪祀诸神，成为全馆"精神"控高点。但是西秦会馆建筑群体组合的精彩之处却不仅限于此，而是"武圣官大门和参天阁"。武圣官大门与献技诸楼（戏楼别称），是前后靠背关系，从前后望去，都自成一体，从基座到屋顶却又穿插交错，形成一座不可分割的复合建筑。宽约32米的武圣宫，重檐歇山层顶达四层之多，下面三层断开化作两翼飞出，檐角成行，依次加宽。献技诸楼屋顶的基本结构由两个歇山式屋顶重叠组成并与武圣宫屋顶连成一片，而在屋顶紧靠正脊处，又加建了一个六角攒尖屋顶，其后两角则嵌进歇山屋顶之中，组成牢固的复合结构，在外形上构成一个嵯峨雄奇的大屋顶，复合屋顶下，环列24个檐角，参差起伏，造型奇特。武圣宫与献技诸楼由22根浑圆的石柱和众多的深枋组成框架，承受屋顶的重量。其中两根最长的石柱，直贯四层。建筑第一层为进入会馆通道；第二层"献技楼"朝向院坝；第三层大观楼下接"献技"，上承"福海"，贯通前后；第四层"福海楼"以高窗面向大街。这样楼身虽为四层，但前后望去均为三层建筑。牌楼门与后面背靠着的戏楼之间的关系，通过纵剖面可以看出，木梁架结构完全结合成一体，并且通过调整，在保证戏台上空所必须的高度之后，设计有夹层，方便演出中间烟火道具的处理。

2）虚实对比

虚实关系的建构是山地建筑造型形态的重要内容。为了与厚重的山、柔美的水和谐共生，一种亦虚亦实，亦动亦静的整体构形策略被自如运用在山水城镇建筑中。建筑从平面布局到立面构图都

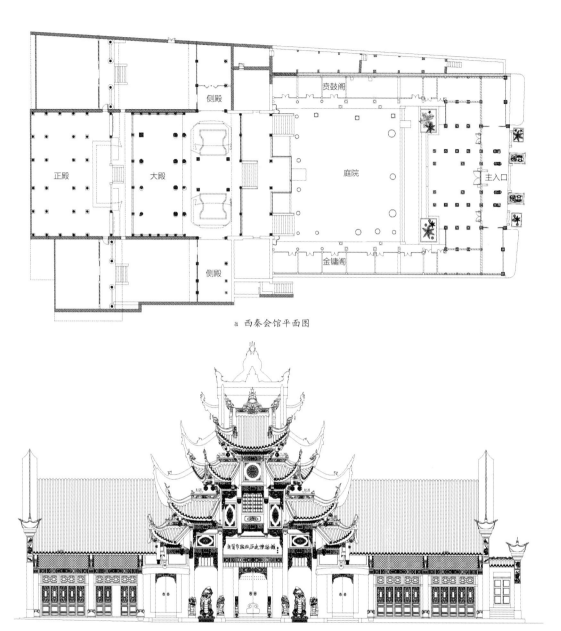

a　西秦会馆平面图

b　西秦会馆立面图

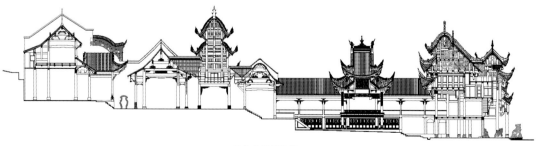

c　西秦会馆剖面图

图 4.39　自贡西秦会馆测绘图
图片来源:重庆大学建筑城规学院测绘组

不完全遵循严格对称的法则，反而高低错落有致，构图不拘一格，有着多种对比。地形的高差夸大了建筑的竖向空间尺度；建筑的随曲合方、轻巧出檐又令建筑具有了雕塑感极强的张扬形体；大量出现的挑廊、凹廊、挑楼、吊脚、架空处理，在建筑上产生了上与下、虚与实的强烈对比，既表达出建筑对环境的对抗与适应，在建筑立面上同时产生出丰富的光影变化。

"虚实变化"的特征，还充分表现在从城镇到建筑，介于实与虚之间的灰度空间的层次变化与形态变化中。场镇中各式檐廊街、凉厅子街、吊脚半边街、骑楼街等，使城镇公共空间与人们的住居生活联系紧密而自然，打破了建筑内外截然隔离的关系，使城镇街道成为最富于人情味的交往空间。合院建筑中大小院落、天井以及围绕生成的敞厅、檐廊、跑马廊以及四周雕花的门窗、挂落等，也使看似简单封闭的合院，成为宜居的小环境。

3）质感和色彩对比

建构之美因建筑结构、材料和建造技术的合理性、真实性和符合逻辑性的表达而产生，它是建筑之美的本原之一。会馆建筑借鉴四川民居在这方面的做法和技巧，通过体现建筑材料、建筑结构特征的美学表现力获得了独具特色的造型效果。基于多雨潮湿的气候环境特点，四川地区建筑的遮阳、避雨以及通风等问题十分重要，体现在建筑技术措施方面表现为：建筑围护体系比较轻薄，如屋面构造多采用"冷摊瓦"做法，室内一般采用"彻上明造"加强通风；建筑出檐深远，檐下少见斗拱，出檐依靠穿枋直接支撑挑檐檩，可作"单挑、双挑甚至三挑"处理，下部辅以撑弓支持。这些构件本身多样的形态和对结构力的直接表达成为建筑造型形态的基础。同时，多开敞少封闭的建构特点也使以暴露真实梁架结构和构造节点技术措施成为展示建筑"力与美"的重要手段。四川地区传统建筑主体构架大多为木结构，从结构上讲，会馆建筑有"抬梁式、穿斗式"或二者混合的"两端用'穿斗'、中间'抬梁'承重"的结构形式，这种"墙倒屋不塌"的框架结构特点既给建筑外观处理带来很大的灵活性又使承重构件、围护构件因建筑技术上不同的要求，产生出不同的表现形态，从而丰富了地方建筑造型形态语言。最具地方特点的就是由暴露的穿斗构架、板壁墙所构成的建筑山墙立面。那些垂直方向的承重柱与横向联系性非承重穿枋的穿插既构成了建筑外表皮的基本肌理，也清晰地反映出结构力的传递。

山地建筑用材丰富，材料本身的质感差异带来建筑造型的变化。会馆建筑墙体有砖石封火墙、木板壁墙、夹皮墙（竹编抹灰墙）、夯土墙以及石墙等多种做法及选材，它们因自身不同的肌理、质感、色彩以及组合与构造方式形成了丰富的视觉效果，从而使对建筑造型形态美的营造达到了"随意之中不乏匠心，简约之间富于人情"的境界。例如，砖石墙的厚重感和体积感与木构件轻巧灵动、构架穿插的效果结合起来，使得建筑造型更加富于线条与块面、轻与重、粗糙与细腻的对比，也更加能够和山地城镇山纵水横的空间肌理建立起内在的共鸣。石墙既有用条石砌筑而成、表面平整"磨砖对缝"的处理方式，也有直接用乱石垒就、毛石错接形成的特殊的质感，别具纹理。为坚固和防潮考虑，墙的底部用条石砌筑，中间段为穿斗式的白墙黑柱的构架组合，上部或有开窗。这样不仅符合力学要求和使用功能要求，也充分发挥了材料组合的美感，形成质感上细腻与粗犷之间的对比。取材天然，决定了建筑色彩整体保持中间色系，较少明度和纯度过高的色彩，以大片的灰、褐、土黄以及少数暗红、白、黑等为主，它们与山川大地的色彩一致，在植物环境的衬托下显得温和而少生硬，朴实而深沉。同时，建筑本身又有粉白墙体与外露的深棕褐色系为主的屋架梁柱构件及青灰色瓦顶之间的对比与协调，使色彩层次更加丰富。（图4.40）

a 渝东民居的"梭厢"

b 沿江民居二层悬挑

c 依附于悬崖的吊脚楼

d 重庆山地分台合院

图 4.40　山地民居建筑典型立面
图片来源：陈蔚，胡斌，等.重庆古建筑[M].北京：中国建筑工业出版社，2015.

4.3　四川移民会馆建筑空间形态的地域性

在地形起伏变化较大的环境中建造的建筑，表现出更加明显的空间耦合性、整体性和动态性特征。四川移民会馆建筑充分地利用了这些特点，结合会馆建筑本身的仪式性功能需要，表现出空间组织、空间层次以及空间界面的丰富性和多义性地方特征。

4.3.1　"路径"组织

宗白华先生在《中西画法所表现的空间意识》中提出，"中国艺术具有一种独特的空间意识，一个充满音乐节奏的宇宙（时空合一体），中国艺术创造的空间不是现实空间，而是一种'灵的境界'。"清乾隆时画家华琳著《南宗抉秘》讲到中国艺术中"虚实、黑白"的关系,也提出"有情之白"的概念。中国艺术的虚实之道,并非多留虚空就可生出灵气,关键是视此白(空)是不是生命整体的有机组成部分,能否在虚实、阴阳之间互摩互荡,盎然而成一生命空间。从以生命体验带动实体形态认识的角度去了解中国传统建筑空间特征,使时间和过程成为完整理解空间形态的必要因素。

中国建筑组群的铺陈方式使对其空间的完整感知离不开时间,对于毗连成片布置的多进建筑组群而言,单体建筑体量和外观的艺术表现是不可能完整的,更多的情况是"建筑表现重内不重外,重组群空间景象而不重单体建筑体形的倾向更为显著。在庭院中,建筑艺术的表现多以空间景象为主"[9]。要获得一定的对于建筑空间全景认识就需要进入、感受,甚至与"看"建筑的方式联系起来,即路径的设计显得重要。对时间要素的运用还成为区分建筑类型、建筑空间性质的一种途径,如礼制建筑的祭祀性空间和普通民居建筑的生活起居性空间在体验时间与空间的关系性方面要求是不一样的。

中国传统建筑中交通流线的组织并不是一个简单的功能问题,而代表着人与自然宇宙相互回应的第四维时间轴,它和建筑本体的三维空间相结合使人们在不断的身体运动中,因步移而景异,在院落与房屋、室内与室外的时空转换体验中获得情绪的释放,使"身体在运动中一直保持与建筑的对话",[11]达到所谓天地人合一的境界。也就是说,对于建筑组群空间里时间要素的体验方式,不是一般意义上的建筑漫游,而是将人在建筑内的连续性的行动结合演变成带有仪式性和象征意义的行为(《周礼》中的《仪礼》就是完备的仪式性行为大典),基于各种礼仪规制的仪式行为可以建立人与建筑物质空间之间的最佳和谐状态,进而带来建筑平面布局和空间的合理性。

不同环境状况下人民自觉按照相应的仪式行为规范活动,并将"远离那些出现于房子外边的分散注意力的事物。同时,它使人类公共身份转变为夸大和增加家庭仪式。它就是唤起和展示基本的维持生命的要素"[13]。这是中国式建筑空间以及体验中非常独特的部分,它在对视觉、听觉、嗅觉等感官知觉体验的强调之外,注重人的行为与建筑之间完全的心物一体的通感。一种完全由建筑建立起来的场所精神产生了。而与时间和仪式行为关联性最强的音乐性就成为中国人潜藏在心灵深处对于建筑空间的要求,只有满足乐,作为社会人行为规范的"礼"才真正可以被容忍。这也恰是儒家礼乐精神的物化体现。

总体来讲,要改变建筑组群空间效果,不仅可以通过改换单体建筑的形态实现,也可以通过控制建筑内时间要素的展现方式——行为来达到目的。行为的控制不仅仅表现为物质性客观因素的把控,更加重要的是人自身对行为规律的遵从意识。这时,路径设计就变得十分重要和微妙。路径的设计与行为和功能有直接关系,对于不同类型建筑,路径和要求不同。路径设计与礼仪行为有关系,也与自然环境条件有关系,山地建筑中,高差问题实际上就限制了路径,同时利用台阶、楼梯的设置也规定性提供了多种方式的路径选择,这些成为形成空间序列特色的重要手段。

四川地区会馆建筑因其功能性也十分注重仪式性气氛的营造,但是由于山地环境的限制使建筑组群无法以长距离、大尺度、多段落的空间序列来渲染所需气氛,它的处理手法更加强调节奏的变化和抑扬关系，以达到对使用者情绪的调动。路径设计中，主要采取"三结合"策略，即水平交通和垂直交通相结合，仪式性交通和功能性交通相结合，主要交通和辅助交通相结合。面对复杂的基地环境，会馆建造者们合理运用"水平与竖向交通相结合"的交通组织模式削弱地形高差带给人们心理和行为上的不便之感，同时将功能性便捷交通和仪式性体验交通结合在其中，使"运动不再是一系列含糊得无法形容的本能行为，而是一种与空间的实体交互作用的感觉。攀登的行为有助于呈现出仪式的意味。它使得向上走、向下走以及徘徊闲逛是如此地吸引人，以至于目标、场所都包含于路径之中，到那里去是全部的快乐"[11]。山地地形的劣势转变为生动有趣的过程体验，通过路径的安排，传达出信息并引导行为，使人们获得对于场所环境与场所精神更加明确深刻的记忆。（图4.41）

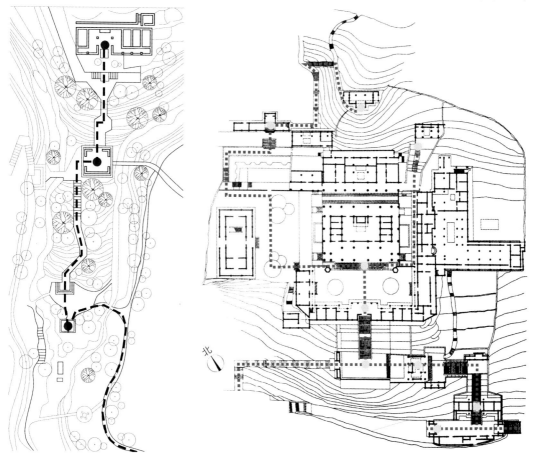

图 4.41　都江堰伏龙观和二王庙建筑群交通流线组织分析图
图片来源：（左）自绘；（右）四川省建设委员会，四川省勘察设计协会，四川省土木建筑学会.四川古建筑[M].成都：四川科学技术出版社，1992.

从"大门—戏楼—院落—看厅，直达流线终点后殿"这个过程由长短不一台阶处理高差关系，局部有分与合的流线变化，避免单调。次要流线为垂直交通，两侧耳楼设楼梯直达左右厢廊二层，由二层敞廊前行达看厅，主要方便看戏人流的疏散。另外还有方便会馆管理和人群疏散的服务性流线和基于防火和控制人流而设计的安全通道。水平向顺序展开的主要流线也体现了建筑行为仪式所需的庄重肃穆、中规中矩的气氛，而在其中根据地形条件或长或短，坡度自由变化的台阶就成为营造强烈宗教仪式氛围的有力工具。这既削弱地形变化对交通的不便,也利用高差划分领域增强场所特征。

作为建筑群交通关系的结点,入口位置的选择成为建构整体建筑内外交流和流线关系的最重要因素。受环境限制,四川地区会馆建筑入口方式比较多样。最普遍的方式为底入,即从位于主轴线起点位置的戏楼一层穿入,最利于保持会馆流线和行为模式的完整,符合礼制的要求。

另外,受城市道路和基地环境的限制,少数城市中心区的会馆建筑入口无法设置在建筑中轴线上,而是结合地形环境和外部道路系统灵活处理。主要类型手法包括:底入——经过跨院转折,再经戏楼一层底入;侧入——从戏楼两侧厢房进入;从看厅位置进入。大中型会馆可以根据情况综合应用以上几种模式。重庆湖广会馆建筑兼有以上几种方式(图4.42)。广东公所在布置上只有侧面

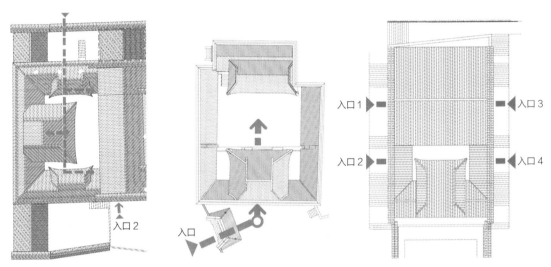

图 4.42　重庆湖广会馆建筑群入口方式分析
图片来源:自绘

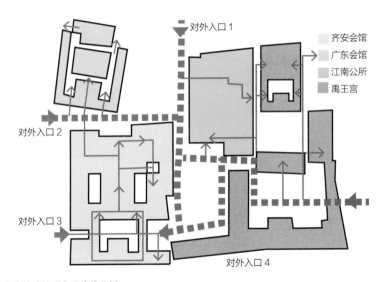

图 4.43　重庆湖广会馆建筑群交通流线分析
图片来源:自绘

与道路相邻，采用顺应外部街道，由"八字门"（朝门）进入前院空间，再由建筑正立面随墙式牌楼门进入，经戏台下部进入内部。重庆湖广会馆齐安公所的主要入口位于看厅侧面山墙上，由大门进入看厅空间再左右分流至戏楼厢房二层和后区；同时，建筑正面虽毗邻街道，但与临江老街高差十几米无法直接进入，为了辅助交通，另外开辟通道经两侧厢房一层直接进入观戏小院落，形成立体综合交通（图4.43）。另外还有一类情况，如自贡王爷庙、仙市天后宫、自贡炎帝庙等将山门置于后殿或者两厢，则是为了保证戏楼位居河湾山嘴风水和景观要紧之地的权宜之策。

4.3.2　空间"层次"

不同的建筑类型其行为仪式化的程度和要求各不相同，对于会馆建筑这种以酬神、集会为主要目的的民间公共建筑而言，建筑空间性质及组合方式因功能需求而构成比较固定的模式。在以街道公共空间—入口空间—观演空间—祀神空间—（附属）生活空间等构成的基本空间序列中，观演和酬神两个部分又是整个会馆空间形态和序列发展的核心，它们一前一后，形成了前区公共（观演）空间和后区私密（祭祀）空间的呼应，中间拜殿作为过渡与分界（图4.44）。其中位于前区的观演空间要求尺度大空间开敞，便于人群聚散；后区的祀神空间尺度相对紧凑，气氛较为安静。四川地区会馆建筑空间一方面保持会馆类型建筑自身的空间特色，另一方面借鉴了四川地区传统寺观祠庙在空间营造上的技巧，以尽量消除地形条件限制所带来空间的凝滞和不便为目标，通过对时间（线）和空间（体）互动关系多样可能性的认识，于时空转换中展现出建筑的变化，在层次和高低的迂回递进中充满音乐的节奏感和韵律感。虽然处于城镇闹市的会馆限于规模和用地的局限，总体布局不如选址郊外的佛寺道观铺展得开，但是也形成了处理空间形态和意境的独特手法。

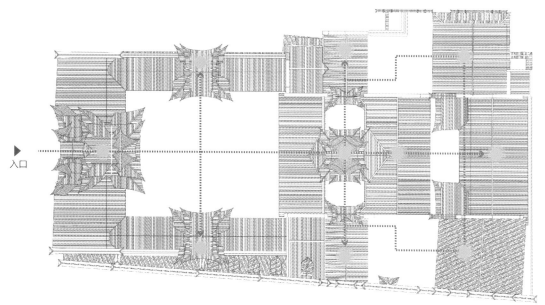

图 4.44　西秦会馆路径分析
图片来源：自绘

1）序——入口外环境空间

入口外环境空间作为"先声夺人"营造整体氛围所需，历来为建造者所重视。地处平原和缓丘地区的会馆往往结合城镇街道或利用台阶的铺垫，或利用柱廊和大门的造型来营造气氛，标榜其地位。而地处山地的会馆建筑往往巧妙利用外部地形环境的特点强化入口的标志性，获得公共建筑所需要的庄严气氛。

针对山地城镇会馆，由于街道普遍平行等高线布置，建筑整体建于一片纵深坡地之上，建筑临街而立，人们进门必须登坡仰视，继而穿门过廊拾级而上，有步步登高之感。因此虽然建筑本身体量小，却因地势的关系已经让人有肃然之感，不失为一种实用简便的借力手法。如自贡桓侯宫就是这方面的典例（图4.45）。它将整个建筑空间序列与解决高差问题结合起来，在门厅之上即为戏楼，其两旁辅以两层楼的回廊，从天井拾级而上即是正殿。而且由于坡度的限制，桓侯宫无法在纵深空间发展其院落，为维护中轴线上戏楼—看台—神殿的基本形制，将五开间抬梁式木构的正殿中间用隔墙隔开，前半部为看台观戏赏景，后半部为供奉张飞神位的祭台，利用顺坡布置与紧凑功能双管齐下的手法，使仅1300多平方米的建筑空间丰富而不觉拥挤，充分体现了民间建筑的实用精神。而与大门等宽的条石台阶自室外街道标高一直延续到戏楼前区庭院，一次性解决几米甚至十来米的高差，处理手法直接、高效而且朴实大气，这些或长或短的垂直梯道也形成了入口空间极强的方向感。在四川采用类似做法的还有金堂五凤关圣宫、龚滩陕西会馆等。

针对那些处于场镇外围水口、道路端头或者风水之地的会馆，选址更容易结合城镇整体山水环境关系来处理场所氛围。例如綦江东溪王爷庙选址綦河和东溪两水交界的坡地；一坡石阶直通会馆大门，并联系河边码头，人们进出场镇无不仰视，门口左右培植大黄桷树，可乘凉歇脚，成为场镇标志性空间节点（图4.46）。

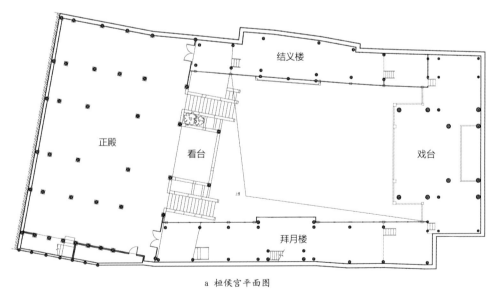

a 桓侯宫平面图

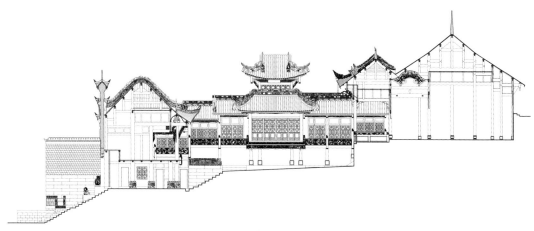

b　桓侯宫剖面图

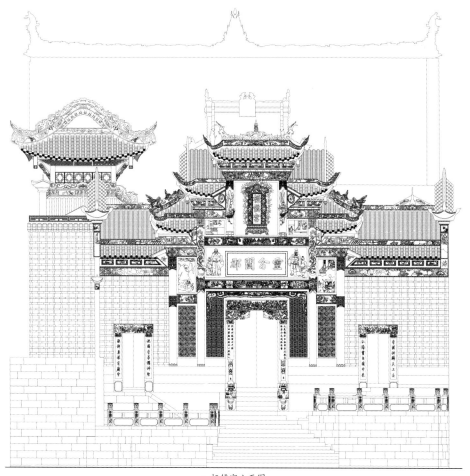

c　桓侯宫立面图

图 4.45　自贡桓侯宫测绘图
图片来源: 重庆大学建筑城规学院测绘组

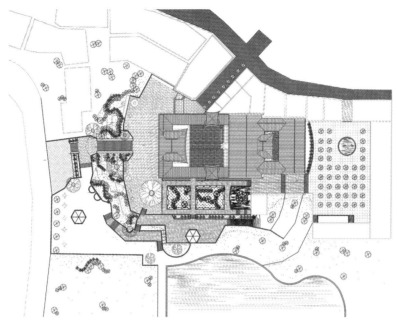

图 4.46　綦江东溪王爷庙及周围环境处理
图片来源：自绘

2）会馆发展——入口空间

受地形条件的限制，会以抬高会馆戏台，形成山地环境中观演视线关系的需要。与北方祭祀建筑非常注重前导空间的层次章法，讲究以照壁、牌坊、棂星门等次要建筑烘托气氛、酝酿情绪，以利于接下来发怀古之幽思的空间效果不同，在跨进大门之后，四川地区会馆较少设置其他建筑小品作为陪衬，而直接从戏楼下比较低矮空间穿入，以压抑和短暂的阴暗带来会众情绪的收束和姿态的恭敬。这种欲扬先抑的做法，使人在短暂视线昏暗后对看到的宽阔庭院，气势雄伟、翼角高翘的厅堂和布满雕刻与色彩的内部充满惊奇和景仰（图4.47）。而这个合院空间给予的围绕自然成为移民漂泊心灵的皈依。有时这个前后通畅的场所也会成为乡民乐于聚会乘凉的地方。而每逢会期，各家会馆戏楼内锣鼓喧天、乐音袅袅的热闹气氛让紧邻戏楼隔墙行走在城镇街道上的人们心生想象，各个会馆的实力较量也在这关不住的乐声中展开。

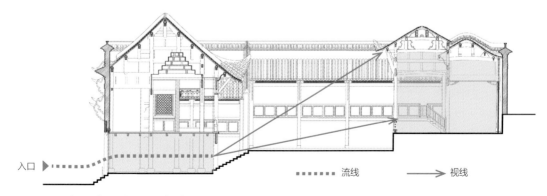

入口　▶　　　　　　　　　　　　　●●●●●●　流线　　　　⟶　视线

图 4.47　重庆禹王宫入口节点和视线分析
图片来源：自绘

3）高潮——观演空间

会馆建筑初期的空间以"祭祀性空间"为核心，其他空间性质、形态是为之服务的。盛行于清中后期的四川地区会馆建筑呈现出"观演世俗空间和祭祀性精神空间"并重的特质，使会馆建筑组群空间氛围"高潮阶段"提前，主要集中于观演空间部分，这也是四川地区会馆建筑空间形态不同于其他地区的一个重要特点。

在会众通过入口空间进入会馆内部，迎面而来的就是戏楼看厅、两侧厢房、回廊和钟鼓楼等建筑围合构成的院坝。与入口空间的"抑"不同，这个场所作为大家集会活动和观看戏曲演出的地方，无论从实用功能出发还是为了显示会馆的综合实力，它都是所有会馆最浓墨重彩的一笔。

在自身环境条件许可的范围内，空间尺度尽可能大，在小型会馆里它甚至挤占了后区祭祀空间。到清代后期，前区空间逐渐成为城镇公众皆能够进出的公共性场所，平时各大会馆演戏活动不断，既有各种祭神日和赛会上演戏，庆祝开市大吉和完成工程后酬谢神佑而演戏，行会成立或新开设店请同行看戏，违反行规罚其破财献戏或给工匠加薪演戏庆贺，更发展到后期戏班子长期驻场售票演戏，成为名副其实的

图 4.48　四川某场镇会馆戏场空间演出场景历史照片
图片来源：百度图片

戏场。不过四川地区会馆观演空间并没有能够发展出类似北京湖广会馆、天津广东会馆室内戏场形态。（图4.48）

由于全年气温不低，建筑遮阳避雨和通风比保温更加重要，同时为了使观演活动方便，四川会馆戏楼基本采用厢廊替代厢房，看厅也多是门板可以全部拆除再安装的敞口厅形式（图4.49）。有些甚至没有安装门窗，直接几柱落地，如资中罗泉盐神庙；有些直接是全开敞式过厅，如自贡西秦会馆；有些既不安装门窗也不是完全开敞，而是模仿衙门大堂的做法，正面安装栅子门，如德阳平桥

图 4.49　宜宾李庄天上宫看厅及观演空间（可拆卸式木板门窗）
图片来源：自绘

镇禹王宫、资中铁佛镇南华宫。这样就形成了前区丰富的灰空间层次和界面明暗对比的变化。与会馆外部因山墙围合给人的封闭形象相比较,这个空间显得愈发开敞和通透,具有很强的参与性和空间流动性。

观演空间四周建筑从造型到装饰都代表了该会馆的精华,形成华美精致的空间界面。装饰所构成的图像象征世界,使最初的酬神演出之所变成教化乡民的场所。尤其是两侧保留有钟鼓楼的几个会馆,钟鼓楼多以楼阁形态出现,屋顶为歇山、攒尖,造型精巧,富丽堂皇,极大地丰富了这一空间领域的艺术表现力。代表作有自贡西秦会馆、重庆湖广会馆和金堂县土桥镇禹王宫等。

4)延续与结束——祭祀及服务空间

相较会馆前区空间的丰富性,因地形环境限制,多数四川地区会馆的后半部分稍显仓促。空间到此逐渐收缩,空间性质由前区强调开放性和流动性迅速变得封闭和紧凑。在空间使用上,这一区域仅供同行和同乡中的上层人物进入。看厅与正殿之间院落进深比较小,院落形状扁宽,大中型会馆在两侧以小跨院组织接待、留宿等功能。即使普遍做法如此,还是有一些会馆的殿堂空间处理手法各有特点,将这些小尺度空间变得耐人品位。

比较出彩的就是殿堂合建式的后区空间。例如,自贡西秦会馆在看厅和中殿之间安排四重檐六角攒尖建筑参天阁就是整个建筑的点睛之笔,既起到丰富空间的效果,又突出了建筑后区(祭祀区)的精神核心地位。重庆齐安公所在看厅、中殿和后殿之间采用了勾连搭加四川民居"抱厅"的做法,从地面高差变化、柱网的布置可以区别看厅和正殿,但两者在空间又融为一体,建筑顶部高侧窗又解决了建筑整体进深过大、自然光线不足的弊端,同时有利通风、避雨,既拓展了空间,又进而形成建筑宏大的整体气势。这可谓一举多得的解决方案。洛带江西会馆将观演区后移,比前厅抬高近半米的戏台面对正殿,将后院作为观戏院落,这种空间倒置的做法也使会馆后部空间变得趣味盎然。而重庆禹王宫因过大高差导致前区后区完全分成两个相对独立的部分,正殿之前就单独配置了小戏楼、小天井,这种做法和洛带江西会馆有异曲同工之妙。(图4.50)

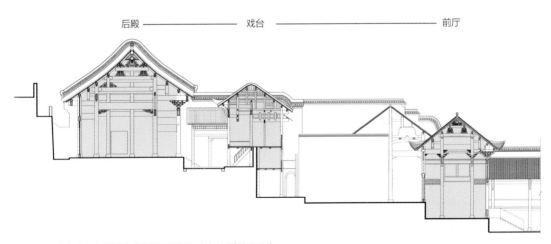

图 4.50 重庆禹王宫后区小戏台和后殿以及空间序列关系示意
图片来源: 冷婕.重庆湖广会馆保护与修复的研究[D].重庆: 重庆大学,2005.

同时，四川场镇里那些由一进院落构成的小型会馆，将祭祀正殿和开敞看厅融为一体作看厅正殿合并式布局，神灵的祭台就直面广场对面的戏台。每逢会期，会众在举行完庄重的祭祀仪式后，又把这个环境改变为乡民节日娱乐的场所。如此多义性空间的形成，既反映地形环境、经济条件对建筑物质形态的制约作用，也反映出会馆功能从最初的祭祀功能为主逐渐向观演娱乐功能转变，暗示了清代晚期封建宗族社会在四川乡村社会的逐步瓦解。

4.3.3　丰富"界面"

李先逵先生据《易经》所载"太极生二仪，二仪生四相，四象生八卦"的四象思想提出将中国院落空间按照空间阴阳层次性质定义，"室内空间（内檐空间）为太阴空间；檐廊空间（外檐空间）为少阴空间；院落空间为少阳空间；室外空间为太阳空间"[9]，这种解释不仅深化了对中国传统建筑空间概念和内涵的认识，将"有与无"的二元论争引向深入，而且将传统建筑室内外之间的过渡型空间、复合型空间以及一些没有明确功能归属空间的重要性从文化的角度给予确立，也从另一层面上解释了中国传统建筑空间所蕴含的虚实相生、阴阳对立统一，相互渗透与转换的思想。正如中国阴阳思想玄妙之处不在于强调阴与阳两者静态对立的不同而在于两者融合转换的过程和动态，中国传统建筑空间性格和形态丰富而多样的部分也是那些与太阴和太阳空间交接的"少阴、少阳灰空间"（图4.51）。它们又被称为中国传统建筑空间的模糊性、多义性特征，主要包括空间界定的不确定性、空间功能的复杂性、空间形态的模糊性等[12]。中国北方地区由于气候等原因，建筑空间往往内外分界鲜明，所谓灰空间形态和表现形式还不十分典型。在南方地区，尤其是四川山地丘陵地区的建筑，由于独特的地形环境、气候条件和人们的生活习惯、社会交往方式的不同，灰空间类型和表现方式丰富，成为城镇与建筑空间形态最具特色之处，如传统场镇的"凉厅子"檐廊灰空间，以及民居中的吊脚楼、挑厢、披檐、抱厅、燕窝（入口退进空间）等（图4.52）。

会馆建筑充分借鉴和发扬了民居建筑在灰空间形态和空间界面上的创造力，将空间界定、空间功能和空间形态三者结合获得多样的空间效果。其主要包括：戏楼下穿式空间融合室外环境和山门

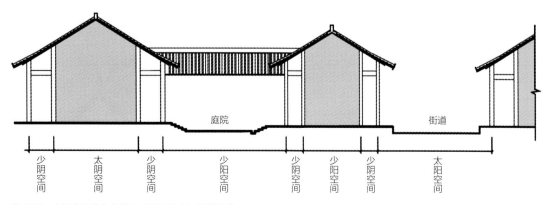

图 4.51　中国传统建筑空间之"阴阳层次"图形示意
图片来源：根据李先逵先生资料绘制

图 4.52 广安肖溪"凉厅子"街道、罗城"凉厅子"和过街戏楼
图片来源: 自摄

及倒座的二层戏台; 看厅和月台组合的观演空间采用宽大前檐廊、过厅甚至敞廊的手法等, 既体现
了气候环境对建筑空间形态的影响, 也使复合空间形态与功能需求相结合; 山地分筑台而成多重叠
院也是一种争取空间的做法, 充分利用吊脚楼下空间、二层挑厢、抱厅加大建筑进深, 极大地丰富
了空间形态。(图4.53、图4.54)

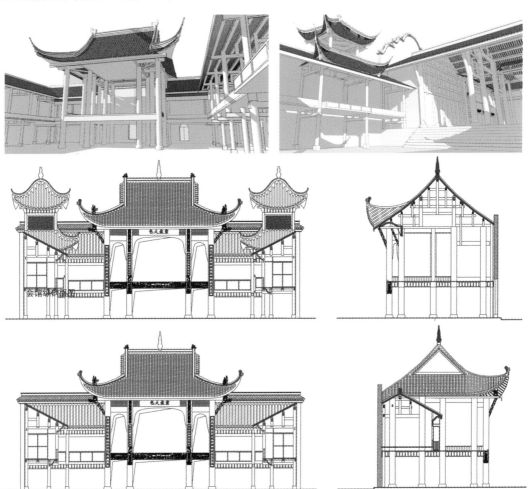

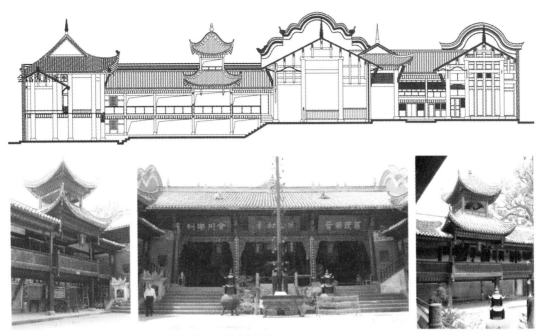

图 4.53　江津石蟆古镇清源宫（川主庙）不同断面的空间形态与界面

图片来源：自绘，自摄

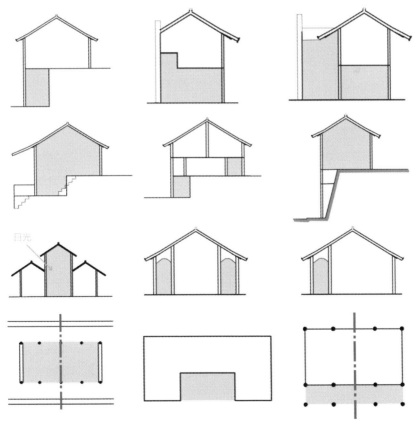

图 4.54　四川移民会馆建筑"空间多义性"示意

图片来源：自绘

4.4　四川移民会馆建筑营建技术的地域性

作为生产生活环境相对独立的区域，四川地区建筑技术体系的发展也有其自身的历史逻辑。在发现的先秦时期考古成果中，广汉三星堆遗址出土的大量地面建筑已经采用"搭接或榫卯结构"，并且出现了类似竹编泥墙的做法；成都十二桥商周时期建筑遗址表明属于"木结构干栏式建筑"，适应于成都潮湿的气候环境。而先秦时期的三峡地区不仅出现了"缚架楼居，牵萝珠茅"的早期干栏建筑在适应地形环境条件的过程中向"吊脚楼"民居演变的营建方式；而且巴人西迁带动当时较为先进的荆楚、吴越建筑文化向西部传播[1]。这些资料说明在秦统一中国之前，四川地区建筑技术的发展相对于北方地区是比较独立的。秦汉一统后，确立了主流文化，流布四方。四川地区建筑技术的发展逐渐归入以北方体系影响为主的阶段。抬梁式在重要殿堂建筑中使用；民居建筑中由干栏建筑演变而成的"穿斗式"也得到大范围利用。由于这一时期成都平原地区经济发展很快，至汉代成都已经成为全国著名都会之一，地区建筑的类型、形态以及做法得到迅速丰富，这由保存下来的大量技艺精湛的石阙、画像砖、明楼和陶屋等遗迹得到证明。这也说明汉唐时期，四川地区建筑技术发展不仅与中原地区步伐一致，而且在某些领域和做法上还有创新领先全国之处。

自东晋中原士族衣冠南渡起，江南地区逐步取代中原地区成为中国经济文化最发达的核心地带，国家的政治中心也开始东移，大型营建活动和官方建筑技术的发展开始受到新的因素影响，一些早期盛行于中原的技术做法渐渐消失。由于地处西南内陆，四川地区建筑活动和技术的发展进入一个"延续与地方改良"相结合的阶段。一些其他地区放弃的技术措施被保留下来，而且出现了独具地区特色的改良做法。明清尤其是清以后，"湖广填川"移民和地区经济的恢复，使四川地区建筑技术呈现出新的面貌。地区建筑技术已经发展成为相对完整的具有一定地区独特性的体系，充分体现出"因地制宜、兼收融合"的特点。

与其他地区比较来看，自然生态环境的差异性和文化生态环境的独特性是四川地区建筑技术工艺发展演变直至现象呈现的重要诱因，建筑技术的面貌与地区建筑文化之品格特质一脉相承。一方面，一套地区适应性朴素生态技术发展成熟，主要从应对地区地形环境、气候条件和利用地区建筑材料入手，使建筑技术成为处理自然与人类物质空间需求的媒介；另一方面，除了自然地理、气候和建筑材料特性上的不同，历史文化环境对于地区建筑技术层面的影响在这一时期综合表现也十分明显。会馆建筑集中兴建于清代中后期，作为城镇中重要的公共建筑，其建筑技术在一定层面上正是清代四川地区建筑技术和工艺总体水平与特点的集中体现；同时，会馆文化、移民文化对会馆建筑技术的表现也会产生特别的影响，它们使会馆建筑技术的发展在共性之外还有自身的特性。其主要表现为：

第一，"官民融合、根植民间"。中国古代建筑技术体系一直有官方与民间两套体系。前者所仰仗的基本是源自儒家所倡导的以礼法为核心的秩序论，随时代的变迁，至明清愈发规矩和森严。其

---

1 在三峡柳林溪以及三家沱遗址中发掘出的大量春秋时期的板瓦和筒瓦碎片，其形制花纹与江陵楚都纪南城遗址中出土的基本一致。

间不少创新求异的方法可能带来的技术层面拓展的空间也逐渐被这种根深蒂固的技术文化论所削弱。而儒家"重道抑器"思想进一步抑制了国家层面对于建筑本体问题的兴趣，建筑成为国家政权管理人民的自上而下等级制度里的副产品。比较而言，民间建筑技术体系却丰富多样而章法适度，其背后的科技思想主要得归功于与儒家经世哲学同样重要的道家所提倡的天道自然论和墨家的工艺实用论。前者使适应环境、因地制宜的自下而上的建筑技术得以发展，后者在很大程度上避免"炫技"的行为。四川地区不拘礼法、自然率真的人文环境，使四川地区民间建造技艺多样而灵活，尤其体现在四川传统民居建筑技术体系上面。四川地区的公共建筑技术，相较于北方官式建筑对于法式、则例的严格遵循，更大胆吸收南方地区民间建筑技术经验，以实用洗练的手法对规范技术予以地方化，构成了四川地区公共建筑建造技术体系的核心特征。

第二，"南北融合、兼收并蓄"。历史上多次的移民迁徙和周边民族建筑文化的影响使四川地区建筑技术的"多元化、杂交性"特征突出，而清中后期全国范围内逐渐出现的以江南地区地方技术为核心的新建筑技术趋势对四川地区现存大量明清时期建筑的影响更加直接。以会馆产生之"地缘"文化因素为基础，确立文化身份和寻根思想为出发点，对各自原籍建筑技术手段刻意保持，维护自身"文化基因"。体现于两种情况，第一种从时间的维度，是在移民迁徙的初期建造行为中；第二种从可能性的角度，主要发生在清代中期一些与原籍保持着密切利益联系同时财力雄厚的商人会馆上面。最典型的就是陕西盐商会馆。它所保持的"秦地"建筑技术层面的元素比较集中和纯正，主要基于它的建筑材料和工匠直接由原籍带来，技术的移植是主要方式。但是随时间的推移，无法建立文化根系的技术移植方式逐渐丧失生命力，在吸收了四川本土文化之后，多元融合逐步成为主要特点。

地域环境对文化和技术的影响，打破了原来的基于地缘关系的技术壁垒，出现了在一定地理空间范围内各个会馆建筑都采用的技术措施。它既可能是国人攀比和跟风文化心理的体现，表现出某种更加强势的文化对地区其他文化形态的影响，如修建于清乾隆时期的自贡西秦会馆对后来修建的行业会馆王爷庙和桓侯宫的技术影响；也可能是对适应性技术的共同选择，这在比邻而建的会馆群中体现尤为明显，如重庆湖广会馆建筑群、宜宾李庄会馆建筑群等。

4.4.1　山地建筑接地技术

四川地区地貌多丘陵山地而少平原，可用建筑基底面积较少，合理处理地形高差，争取更大使用空间，保护生态环境，同时营造出丰富的建筑形态与空间层次是山地建筑最重要的技术成就。通过长期经验积累，民间逐渐总结出"山地建筑接地十八法"[1]。这些技术被充分利用于在会馆建筑处理与山地地形的关系中（表4.1）。

1　李先逵.重庆民居[M].北京：中国建筑工业出版社，2009.

表 4.1　重庆山地建筑接地方法图示

台	筑台	
挑	悬挑	
吊	吊脚	
坡	坡厢	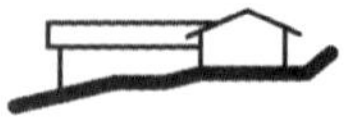
拖	拖厢	
梭	梭厢	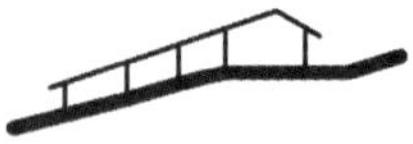
跨	跨越	
架	架空	
靠	上爬、下跌	
错	错开	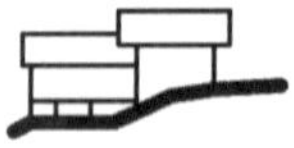
分	分化	
联	联通	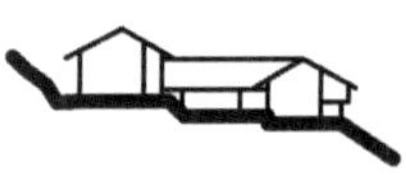

资料来源: 陈蔚, 胡斌, 等.重庆古建筑[M].北京: 中国建筑工业出版社, 2015.

1）台、挑、吊

台，即筑台。在中国传统建筑行为中作为人工造物的建筑与基地（代表大地）的关系一向都被认真地对待。"台"表达了建筑与基地的关系，它是人工物与自然直接对话的中介物。《诗经·大雅·灵台》说"经始灵台，经之营之"，此时还没有关于台上建筑的描写，至甲骨文、金文所见"高"字，才有台上建屋的象形。也就是先民对于台及筑台的兴趣其实早于作为建筑"下分"的台基。除却从山岳崇拜角度解释的关于台产生的可能性，筑台的意义还在于在广袤大自然中建立了特殊的人工标记，一种有意义的场所。而筑台不仅表达出人们对基地的认识和控制能力，也代表了人对自然地貌特征的基本处理态度和技巧。建筑组群构成中，台基还起到"组织空间、调度空间和突出空间重点的作用"[1]。平原地区这些作用主要体现于增强重要单体所需要的隆重感，营造主建筑前方富有表现力的"次空间"，但总体来讲，除了重要的皇家宫殿、礼制坛庙类建筑运用这样的手法，普通建筑中台的作用是有限的，远不及"上分"屋顶的表现力。

重庆地区由于复杂的地形地貌条件，建筑与自然环境的关系处理变得更加直接，筑台是本地先民采用的最简便的一种地形处理手法。通过或填或挖，将坡地平整化，在陡坡区创造出局部的平地小环境，然后在平整的台地上布置建筑，成为不同类型建筑物都采取的基本接地手法。虽然通过高差的分解处理，使每层平台上的建筑形态接近于平原地区，但是，在分层筑台过程中，台的变化会强烈地影响到建筑整体形态和空间，其组织空间、调度空间和突出空间重点的作用显著。依照最经济原则，尽可能少改造地形的基础上，结合不同的坡度，重庆山地建筑筑台的手法各有差异，主要有"取平补齐"、集中性处理高差，院落内分段处理高差，建筑内部和院落同时处理高差，以及由建筑内部处理高差等五大类手法。（图4.55）

挑，即悬挑。是利用挑楼、挑廊、挑阳台、挑楼梯等来争取建筑空间，扩大使用面积的处理手法。重庆地区传统建筑采用的捆绑结构、穿斗结构中，常用的竹、木等材料重量轻、受弯性能良好，利用悬挑的方法可以充分发挥材料的抗弯抗剪的力学性能。在悬崖、陡坡等局促地形采用悬挑，"占天不占地"，具有很好的节地性。滨水地区建筑常以挑楼或挑阳台悬挑于水面之上，不仅获得了良好的景观和空间，而且也有利于楼面通风，改善小气候。由于常用的穿斗木构架较为纤细，出挑的跨度受到一定限制，因此人们又创造出层层出挑的方式，楼层自下而上面积逐步扩大，人们居于"危屋"，却能怡然自处。（图4.56）

吊，即吊脚。是指建筑物的一部分搁在下吊的脚柱上，使建筑底部局部凌空的一种处理手法。在重庆地区陡坡地段、临坎峭壁或者临江两岸，常见利用木柱下探得以获得支撑的房屋，看似纤细的几根木柱，其上可达四五层，这类房屋又称吊脚楼。

由于与架空一样，吊脚楼与地面的接触部分减少到只有几个点，因此避免了建筑与山地地形之间的矛盾，使建造之后仍可以保持原有的自然地貌和绿化环境，同时可以避免破坏地层结构的稳定性而产生如滑坡、崩塌之类的工程事故。再者，由于脚柱的高度、位置可以随意调整，采用架空和吊脚处理适应的坡度范围较广，因此在山地区使用相当广泛。

---

1 侯幼彬. 中国建筑美学[M]. 北京：中国建筑工业出版社. 2009，28.

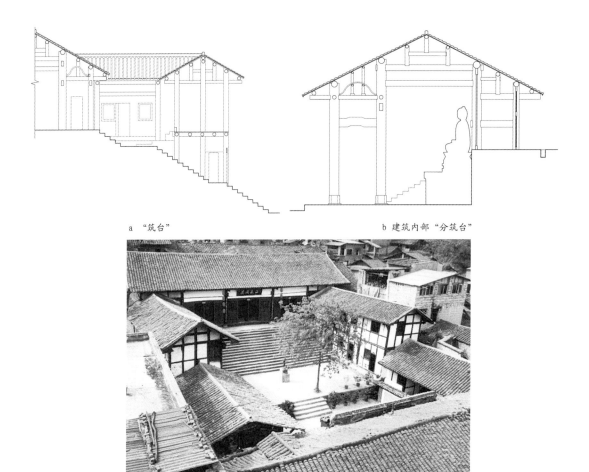

a "筑台"　　　　　　　　　　　　　b 建筑内部"分筑台"

c 重庆山地分台合院

图 4.55　重庆山地建筑筑台的手法

图片来源: 陈蔚, 胡斌, 等.重庆古建筑[M].北京: 中国建筑工业出版社, 2015.

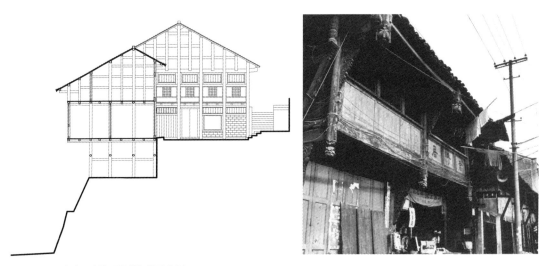

图 4.56　重庆地区建筑"悬挑"处理实例

图片来源: 陈蔚, 胡斌, 等.重庆古建筑[M].北京: 中国建筑工业出版社, 2015.

吊脚下部的空间,在乡村地区或可作杂贮、畜栏之用,在城镇中其往往完全架空,形成上下房屋"重屋累居"之势。尤其临江吊脚楼,一为适应水位的变化,二为底部通风,只见成排长短不一的吊脚柱高悬,这也是自巴人时代就有的逐水而居居住习俗的真实写照。此外,吊脚常与筑台、悬挑手法相结合,以争取更多的空间。(图4.57)

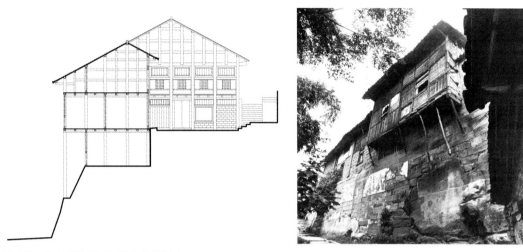

图 4.57 重庆地区建筑"吊脚"处理实例
图片来源:陈蔚,胡斌,等.重庆古建筑[M].北京:中国建筑工业出版社,2015.

2)坡、拖、梭

坡,即坡厢。也就是位于坡地上的厢房结合地形的处理方法。在三合院或四合院布置于缓坡地段时,垂直于等高线的厢房做成"天平地不平"的形式,称为"坡厢"。"天平"指坡厢处于同一屋顶下,"地不平"指坡厢地坪标高处理不同。一种情况是指厢房室内地坪按间分台,以台阶联系;另一种情况是室内地坪同一标高,而外部院坝地坪顺坡斜下,厢房台基不等高。(图4.58)

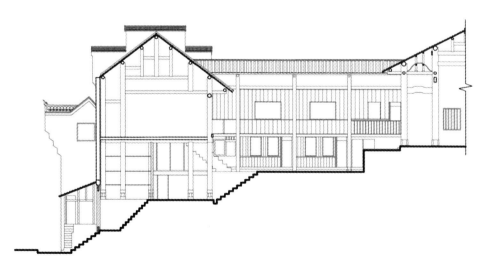

图 4.58 "坡厢"
图片来源:陈蔚,胡斌,等.重庆古建筑[M].北京:中国建筑工业出版社,2015.

拖,即拖厢。合院中较长的厢房可以分为几段顺坡筑台,一间一台或几间一台,每段屋顶和地坪都不同标高,有的层层下拖若干间。也可以各间地坪标高相同,而每段屋顶高度逐级低下,这种"牛喝水"拖法也称为拖厢。(图4.59)

图 4.59 "拖厢"
图片来源:陈蔚,胡斌,等.重庆古建筑[M].北京:中国建筑工业出版社,2015.

梭,即梭厢。将屋面拉得很长叫"梭檐",带梭檐的厢房则称"梭厢"。一般较长的厢房常做长短檐,前檐高而短后檐低而长,且随分台顺坡将屋面梭下。有的厢房也可以沿垂直等高线方向做单坡顶,随分间筑台屋面顺坡而下,屋面为整体,屋面下的室内高差不等。梭的手法还可用于正房或偏厦。正房进深较大,有时也做成长短檐,后檐可梭下几近一人之高。偏厦的单坡顶同样可以随坡分台成梭檐。如中山古镇沿街剖面,临河方向做梭厢垂直与等高线层层梭下。(图4.60)

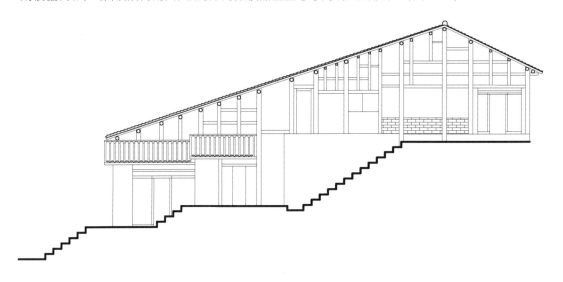

图 4.60 重庆地区建筑"梭厢"处理实例
图片来源: 陈蔚, 胡斌, 等.重庆古建筑[M].北京: 中国建筑工业出版社, 2015.

3）转、跨、架

转, 即围转。在地形较复杂的地段, 特别是在盘山坡道的拐弯处布置房屋, 常呈不规则扇形以围绕转变的方式分台建造, 而不是简单垂直或平行等高线布置。这是山地营建特别灵活别致的处理手法。

跨, 即跨越。在地形有下凹或水面、溪涧等不宜做地基之处, 或在过往道路的上空争取空间建房, 则可采取跨越方式, 将房屋横跨其上, 如枕河的茶楼、跨溪的磨房、临街的过街楼等。

架, 即架空。此种方式与吊脚相似, 区别在于架空是将建筑物全部搁在脚柱上, 为全干栏建筑的遗风。重庆地区采用全架空的建筑比较少, 即使从结构角度木构架采用了底层架空处理, 在空间上也会以砖石墙围合后作为储存杂物、喂养牲畜空间。

4）靠、跌、爬

"靠、跌、爬"为附崖建筑的几种不同表现形态。附崖是指重庆山地区附贴崖壁, 以崖体为重要结构支撑, 因地制宜、发展建筑的特殊处理手法。附崖建筑充分利用几乎不能建设的高山悬崖地段和空间, 充分反映出先民建造的智慧和勇气。附崖建筑常见的有"（上）爬"和"（下）跌"两种方式: 上爬式附崖建筑位于上崖下街地段, 建筑物依附崖壁, 逐层上爬, 由底层入内。下跌式附崖建筑位于上街下坎地带, 建筑物高出地面一至三层, 附贴崖壁下掉一至三层。靠, 即靠山, 尤指一些楼阁类建筑紧贴山体崖壁而成摩崖建筑形态。建筑横枋插入崖体嵌牢, 房屋及楼面略微内倾, 或层层内敛, 整幢建筑似乎靠在崖壁上, 是重庆山地区"以小博大"建筑手法的技术体现。

5）退、让、钻

退, 即后退。山地房屋基地窄小且不规则, 多有山崖巨石陡坎阻挡, 布置房屋不求规整, 不求紧迫, 而是因势赋形, 随宜而治, 宜方则方, 宜曲则曲, 宜进则进, 宜退则退, 不过分改造地形原状。所谓"后退一步天地宽""以歪就歪", 即对环境条件采取灵活变通的处理。前有陡崖可退后留出院坝, 后有高坡可退出一段空间以策安全。有些大型宅院也不追求完整对称方正, 尤其后部及两侧多随地形条件呈较自由的进退处理。

让,即让出。有的基址台地本可全部用于建房,但有名木大树或山石水面,房屋布置则有意让其保留,反而成为居住环境一大特色。有时为多种生活功能的综合考虑,也可主动让出一部分空间,不全为房屋所占用,如让出边角零星小台地作为生活小院或半户外厨灶场地。在一些场镇房屋布置密集的地段,房屋互让,交错穿插,形成变化十分丰富的邻里环境空间。有的房屋讲求不"犯冲"的风水关系,实际上也反映了一种为求得环境和谐的避让原则。

钻,即钻进。利用岩洞空间建房,或将其作为生活居住环境的一部分,与房屋空间结合使用,犹如"别有洞天"。例如丰都乌羊村罗宅,整栋房屋由一个高约12米,进深五六米的岩洞改造而成。房屋除了正立面的墙面为木构,其余3面墙直接利用岩壁。房屋底层用岩石垒砌,用来养牲口。另外一种"钻入"手法则是因台地较高,房屋前长台阶设置的巧妙处理就是将其直接伸入房屋内部空间再沿梯道而上,形成十分特别的入口形式。

6)错、分、联

错,即错开。为适应各种不规则的地形,房屋布置及组合关系在平面上可前后左右错开,在竖向空间上可高低上下错开。有时台地边界不齐,房屋以错开手法随曲合方,或以方补缺。

分,即分化。房屋可随地形条件和环境空间状况,化整为零,化大为小,以分散机动的手法使平面自如伸缩,小体量组合更为灵活。在竖向空间处理上,可分层入口,可设天桥、坡道、台阶、楼梯等,以多种方式化解垂直交通难题。

联,即联通。采用各种生动活泼、因地制宜的联系方式,使庞大复杂的多重院落和建筑相互沟通,连成一片,如联通建筑群各部分的外檐廊、场镇中的过街楼等。

4.4.2　大木构架地方技术

清代四川地区会馆建筑木构架有带斗拱的大木大式做法和无斗拱的大木小式做法。根据调研,采用大木小式做法的比较普遍,只有规模和实力突出的几处大型会馆的重要建筑单体采用了大式做法。与《则例》规定的做法比较,它们具有明显的地方特征,同时也综合了四川民居和传统寺观祠庙类建筑的技术特点。

1)会馆建筑中抬梁式结构的典型构架形式

抬梁式,本地称之为梁架式列子。[1]通过梁的层层叠加,将整个屋面和屋架重量向下传递至柱身。四川地区会馆建筑因功能和进深要求,多用五架和七架,少数甚至达到九架。按照四川地区比较常见的一个步架0.9~1.2米计算,七架梁的进深在5.4~7米。而民居一般不超过五架,极少数用到七架。一般屋中不落中柱,保证空间通敞。重要殿堂附以前后廊,既满足重要建筑在进深上的需求,同时凸现建筑的等级差异。但单独带前廊或后廊的建筑比较少,一般应用在会馆建筑当中较为次要的部分或者后殿。(图4.61、表4.2)

1　川渝地区将房屋排架称为"列子"。

图 4.61　重庆地区 "抬梁式" 屋架实例

图片来源: 自摄

表 4.2　重庆地区建筑中典型抬梁式构架做法实例

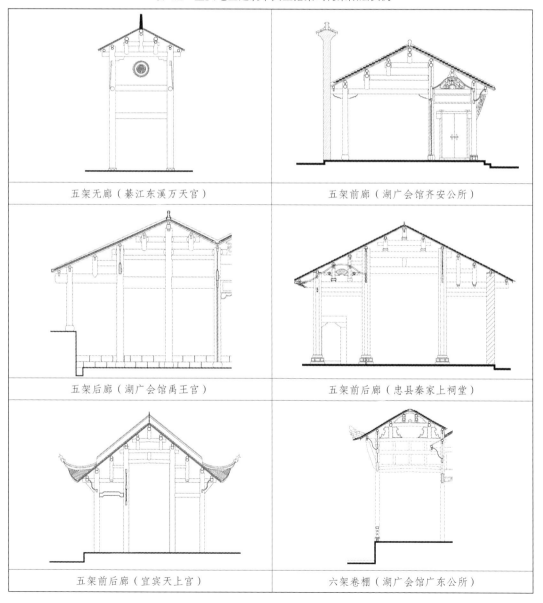

五架无廊（綦江东溪万天宫）	五架前廊（湖广会馆齐安公所）
五架后廊（湖广会馆禹王宫）	五架前后廊（忠县秦家上祠堂）
五架前后廊（宜宾天上宫）	六架卷棚（湖广会馆广东公所）

续表

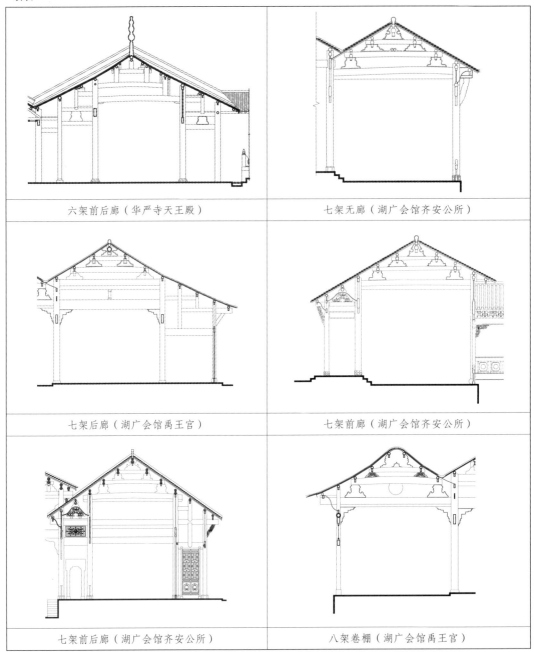

六架前后廊（华严寺天王殿）	七架无廊（湖广会馆齐安公所）
七架后廊（湖广会馆禹王宫）	七架前廊（湖广会馆齐安公所）
七架前后廊（湖广会馆齐安公所）	八架卷棚（湖广会馆禹王宫）

图表来源：重庆大学建筑城规学院测绘组

2）会馆建筑中抬梁式结构的地方做法

为了增加抬梁式结构的适应性，四川地区抬梁式结构吸取了本地区穿斗式结构灵活多变的优点和技术特点，有了自身的地方特色。其主要表现为：

（1）抬梁式结构和穿斗式结构混合使用，形成一种抬梁穿斗混合构架

具体做法有三种：一是根据建筑形式及功能需要，将两种构架形式在同一建筑的不同榀屋架上使用；二是在同一榀屋架的不同部位组合使用；三是前两者的混合。（图4.62、图4.63、表4.3）

第一种做法，抬梁式木构架用在看厅和正殿、后殿的明、次间，满足了宽敞空间的要求，便于观演、会客、祭祀等活动的功能需要；山墙位置仍采用穿斗式木构架，增加建筑整体刚度，发挥穿斗构架的优势。

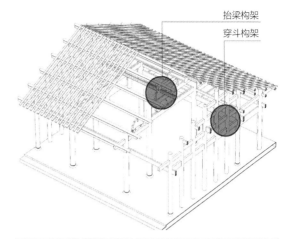

第二种做法，主要是出于空间需要和节约材料双重考虑，例如，为了避免中柱落地，常在相距五檩的前后金柱间设置"抬梁式"，用来承托上部的檩及短柱。所谓"堂屋有中柱，厅房无中柱"正是这种写照。而前廊和后廊仍用挑枋连接檐柱和金柱。这样的做法还有利于挑枋直接出挑支撑挑檐檩，加强檐部出挑的力度，使出檐尺寸可达1米以上。这种做法的综合优势是显而易见的，它既具有空间开敞，室内少柱，结构整体性好、承载力强的优点，也具备用材、用工经济，制度灵活的特点，同时它也是适宜于重庆地区木材材料特性、施工环境条件及工匠建造习惯的普遍性成熟技术。

图 4.62　"混合式"屋架的表现形式
图片来源：自绘、自摄

还有一种也可以被称为"混合式"屋架的做法，就是出现在清代后期的"砖木混合承重式"。随着清代中期以后木材的匮乏及

图 4.63　"混合式"屋架山墙柱柱落地做法
图片来源：自摄

制砖技术的成熟，砖石墙体开始在川渝地区普及，柱间填充维护材料向承重墙方向发展，出现了砖木混合承重的做法。有的中间采用木梁架，两山木构架直接被砖墙体代替，有的后墙直接承重，省去后檐柱，如重庆湖广会馆禹王宫侧殿。

表 4.3　重庆地区建筑中典型抬梁式构架做法实例

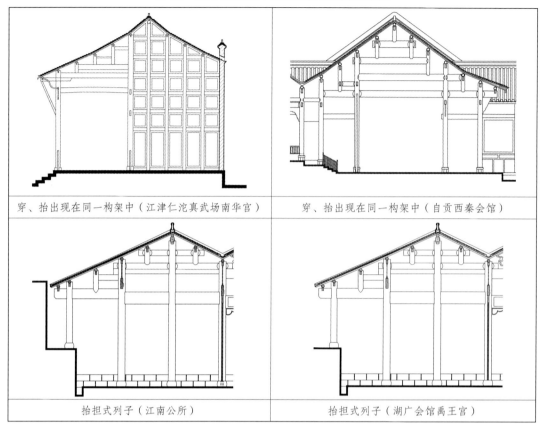

穿、抬出现在同一构架中（江津仁沱真武场南华宫）	穿、抬出现在同一构架中（自贡西秦会馆）
抬担式列子（江南公所）	抬担式列子（湖广会馆禹王宫）

图表来源: 重庆大学建筑城规学院测绘组

　　除此之外,建筑木梁架组织方式与《营造法式》所录木构架类型比较就更加自由多样,几乎没有固定模式。还出现了同榀屋架步架宽窄不统一做法,与闽粤地区"步步进"[1]做法比较接近,即愈近脊檩处步架愈小。

　　（2）抬梁式结构的受力和承托方式上的差异

　　与其他地区柱承梁头,梁头承檩做法不同,四川地区基本做法是柱直接承檩,梁头插入檩下一定距离的卯口内,类似于穿斗构架做法。这使得在节点设计上常规作为区分抬梁式和穿斗式最重要的细部问题在本地区界线并不明确,这也是一种技术地方化的结果。它使得原本的抬梁式结构中的梁柱关系发生了根本性的改变,即原来是梁头位于柱头之上,然后再由梁直接承托檩条的受力关系,变成了梁不再直接承托檩条而是起到托起上层梁的作用,而且与柱的关系也变成了梁头直接插入前后金柱之内。从受力合理性和整体结构稳定性角度考虑,显然后者更加优越。另一种四川地区抬梁式是底层跨度最大的梁插入前后檐柱柱头,柱头同时也会承檩,在底层梁之上的各层梁是以驼峰、坐斗、替木等构件依次叠起,檩放其上。重要殿堂往往喜欢用雕刻精美、硕大的驼峰代替短柱。与北方地区"檩三件"（檩、檩垫板和随檩枋）做法不同,川渝地区檩与随檩枋（称为挂）之间并没有

1 曹春平.闽南传统建筑屋顶做法[M]// 贾珺.建筑史.北京: 清华大学出版社,2006.

檩垫板这个层次。同时它的随檩枋（副檩）也要贯穿立柱，直接承重。而且檩与挂都用圆料，很少用圆檩方挂，或者方檩方挂。挂的上段向上弯曲，所以它两端入柱的地方不与圆檩接触，这样可以避免柱头开口过长显得脆弱。同时为了加强柱与檩及随檩枋之间结构强度，在柱顶端会在檩之两侧伸出类似雀替功能作用的小斗拱作为辅助性支撑，大有汉代"一斗三升"做法遗风，与民居的做法也比较接近。（图4.64—图4.66）

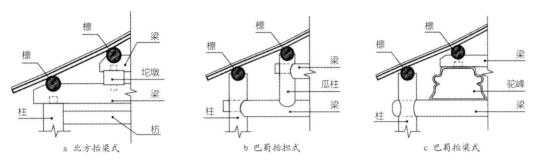

图 4.64　"抬梁式"屋架节点设计
图片来源：张新明.巴蜀建筑史——元明清时期[D].重庆：重庆大学，2015.

图 4.65　黄家大院大木结构
图片来源：张潇尹.基于移民影响的巴渝传统民居形态演进研究[D].重庆：重庆大学，2015.

图 4.66　黄家大院剖面图
图片来源：张潇尹.基于移民影响的巴渝传统民居形态演进研究[D].重庆：重庆大学，2015.

3）会馆建筑中穿斗式结构的构架形式

穿斗式构架，是指以柱头直接置檩，上下多组纵向穿枋、横向挂欠连接立柱，共同构成稳定屋架的做法。穿斗构架的主要构成要素有柱、穿枋、欠子、檩挂。柱和穿枋形成进深的排架，檩、挂和欠子是在面阔方向上联系各排架的构件，使得各排架相互穿连拉靠，形成一个整体框架（图4.67）。由于它在适应山地地形、就地取材等方面具有很强的灵活性和经济性，是四川地区民居建筑普遍采用的结构形式，除了"柱柱落地"这种基本形式，为了改善室内空间，同时考虑到节约材料，在"柱柱落地"这种基本形式的基础上，逐步发展出利用穿枋支承短柱，以供承檩，"隔柱落地""隔多柱落地"等不同的木构架形式，做法丰富灵活（图4.68）。大的厅堂建筑比较常用的有"四柱三骑（挂）、五柱四骑（挂）、六柱六骑（挂）等"（表4.4）。按照每个步架0.9~1.2米计算，进深在4.8~7.2米，基本满足大多数房屋对于进深方向上的尺度需求。多种构架形式也可以组合在同一个房屋当中，如中柱不落地的两柱三挂作为明间的构架形式，中柱落地的三柱两挂作为次间的构架形式。这样既获得了不落柱的明间空间，又在次间的山墙面获得了稳定的构架形式。（表4.5）

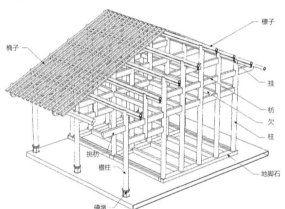

图 4.67　穿斗构架构成要素
图片来源:张新明.巴蜀建筑史——元明清时期[D].重庆大学,2015.

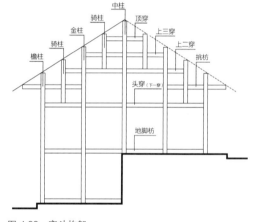

图 4.68　穿斗构架
图片来源:袁晓菊.渝传统干栏建筑营造特色研究[D].重庆:重庆大学,2014.

表 4.4　穿斗构架图表

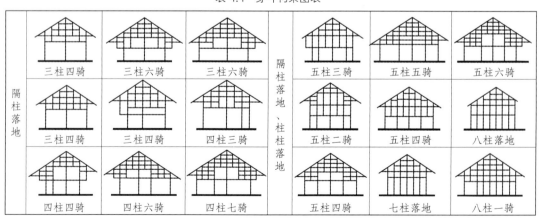

隔柱落地	三柱四骑	三柱六骑	三柱六骑	隔柱落地、柱柱落地	五柱三骑	五柱五骑	五柱六骑
	三柱四骑	三柱四骑	四柱三骑		五柱二骑	五柱四骑	八柱落地
	四柱四骑	四柱六骑	四柱七骑		五柱四骑	七柱落地	八柱一骑

图表来源:　袁晓菊.巴渝传统干栏建筑营造特色研究[D].重庆:重庆大学,2014.

表 4.5　重庆地区建筑中的穿斗式构架形式实例

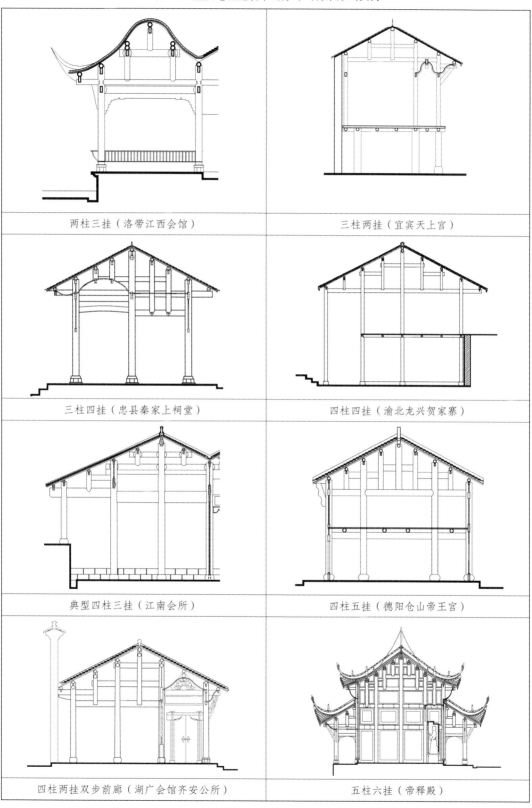

两柱三挂（洛带江西会馆）	三柱两挂（宜宾天上宫）
三柱四挂（忠县秦家上祠堂）	四柱四挂（渝北龙兴贺家寨）
典型四柱三挂（江南会所）	四柱五挂（德阳仓山帝王宫）
四柱两挂双步前廊（湖广会馆齐安公所）	五柱六挂（帝释殿）

续表

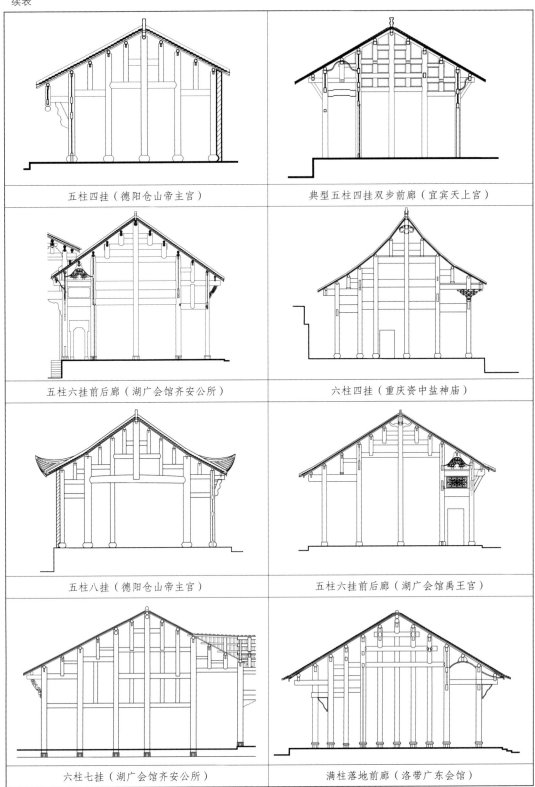

五柱四挂（德阳仓山帝主官）	典型五柱四挂双步前廊（宜宾天上官）
五柱六挂前后廊（湖广会馆齐安公所）	六柱四挂（重庆资中盐神庙）
五柱八挂（德阳仓山帝主官）	五柱六挂前后廊（湖广会馆禹王宫）
六柱七挂（湖广会馆齐安公所）	满柱落地前廊（洛带广东会馆）

图表来源：重庆大学建筑城规学院测绘组

　　柱，分为落地柱和非落地柱（短柱）两种。一般情况下，川渝区的穿斗式木构架的落地柱比非落地的直径要大。落地柱直径一般在200~250毫米，而非落地柱的直径一般在200毫米左右。民居建筑的檩间距在900~1200毫米，会馆殿堂建筑檩的间距在1200~1350毫米。相比于北方抬梁式构架，穿斗构架的柱子形体纤细，细长比可达1:30以上。[1]（表4.6）

表 4.6　重庆地区建筑中的穿斗式构架形式实例：落柱形式

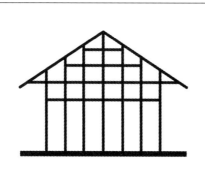 

　　满柱落地：最常见的落柱形式，柱子完全承受屋面质量，穿枋只起拉结柱子作用，但用料过多，不便于在立面上开窗。满柱落地一般是在房屋的山墙面，这样既保证结构的稳定性也不影响里面的空间使用。

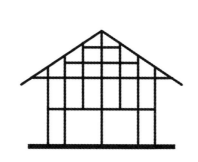 

　　隔一柱落地：前后檐柱、金柱和中柱落地，再有中柱左右的瓜柱落在穿枋之上，成对称性布置。承受瓜柱的穿枋尺寸加大，既承弯又受拉。

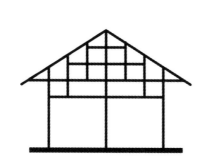 

　　隔两柱落地：密集的落地会影响门窗洞口的开启，于是利用穿枋来抬起形成隔梁柱的构架形式。

1　张新明. 巴蜀建筑史[D]. 重庆：重庆大学, 2010.

续表

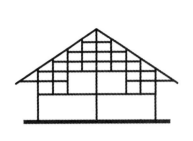

隔三柱落地：房屋进深过大时，为了防止在山墙面形成密集的柱子，所以采用隔三柱的落地形式，既节约了木材，又可以形成可利用的门窗洞口。

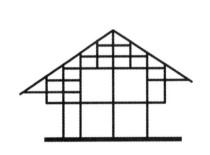

局部不落地和不对称落柱：为了实现山墙面开窗的需求，柱子直接落在楼枕位置处，下部可以开窗或者开门，结构上具有较大的灵活性。通常山墙面的柱子落地情况不是严格的对称，往往随着进深的情况和开窗的需求而灵活改变。

满柱不落地：这种情况比较特殊，其特殊之处在于，一般山墙面的穿斗构架不完全落地，而是处在砖砌或者石砌的承重墙之上。这是木料与石材的完美结合，木料负责顶部承重，然后受力传递给底部的石料，而石料抗压能力强，所以可看作对材料的灵活运用。

图表来源：自制

穿枋，又称"穿"。是在进深方向联系柱子的重要构件。穿枋穿过柱子，把柱子联结成一排架子，作为承重的屋架。穿枋的多少视房架的大小而定，常见"三柱一穿、五柱二穿、七柱三穿"等不同构架。穿枋根据檩柱的数量而定，也便于装木板壁和夹泥，也可出檐变为挑枋承托檐端。穿枋有穿连全部柱子的，也有只穿连大部或一部分柱子的。考虑到榫卯切口的不宜损害柱的整体刚度，四川地区穿枋的断面高而窄，一般的尺寸高150~250毫米，厚30~70毫米，厚高比例是1：2，1：3，会馆建筑甚至达到1：4，1：5。柱枋之间安装轻薄的木镶板墙或竹编夹壁墙。

檩和随檩枋（称为挂）往往平行而且贴在一起，民间俗称"双檩"，檩子的主要作用是承椽子，挂则是起稳固穿斗列子的作用。与抬梁式构架不同之处是穿斗构架的檩子直接搁在柱顶之上，而不是像抬梁式那样搁在梁头之上。

欠子，是在面阔方向起联系每榀屋架作用的构件，是木构建筑中横向的拉结构件，其实质等同于进深方向的拉结构件——穿枋。根据其作用位置不同，欠子有天欠、楼欠、地欠之分。其中天欠用在柱的上端，相当于随檩枋，起拉牵作用。楼欠，也叫作楼栅，作用在柱子中部，以承载楼板设置阁楼之用。地欠，也作地栅、地脚枋，起稳定和联系柱子底部的作用。地栅往往配合连磉[1]做法。

四川地区建筑用木材的选择往往根据不同树种木材的性能合理搭配。一般使用质地密实，"宁断不弯"的柏树做柱；用"宁弯不断"的松树做梁、枋等；用质地细腻容易加工的杉树做檩和椽。建筑的木质构件普遍还要通过特殊火烤、水泡等繁杂程序的防腐、防潮处理，并以土漆饰面，能取得很好的防潮防腐效果。

4.4.3　屋顶组合与屋面地方做法

1）四川民居屋顶基本组合方式

四川地区建筑屋顶形式多样，除普遍采用的双坡悬山屋顶，还常见带高大封火墙的硬山屋顶、歇山屋顶、卷棚顶以及单坡屋顶。受到地形条件制约，房屋密集的城镇民居屋顶的处理更是灵活机动，建筑屋顶彼此间交叉错落，连接成片，形成了城镇丰富的第五立面。在这些看似随意的变化中，可以归纳出以下几种山地建筑屋顶组合方式，主要包括"平齐、趴、骑、穿、迭、勾、错、扭、围"等，[2] 其次还有"抱厅"等特色做法（图4.69、图4.70）。

"平齐相交"：是指两个屋面高度相等或进深相等的情况下的一种屋面组合模式，此时屋面或是檐口几乎齐平，或是屋脊的高度或者檐口屋脊高度都相同。

"趴"：指当一个屋面在体量、高度、进深上都要比另外一个屋面大的情况下，为了使两个屋面在视觉上的差异不至于太大，将体量小的屋面趴在体量大的屋面之上，这样体量小的屋面和檐口都要比体量大的屋面高，但是屋脊会矮些。

"骑"：指当两个屋面在体量、高度、进深等方面的差距不是很大，但通常是希望将一个屋面作为主屋面，另一个作为厢房屋面时，主屋面的屋顶骑在两厢屋面上以突出其中心地位，主屋面的屋面檐口和屋脊都要比两厢屋面的高。以下为"骑"的几种典型式样。

---

1 四川地区穿斗式构架木柱柱脚下一般少见单个柱础做法，而以连续通长石条承托，叫作连磉，连磉高约一尺宽或六七寸不等。

2 曾宇. 川渝地区民居营造技术研究[D]. 重庆：重庆大学，2006 .

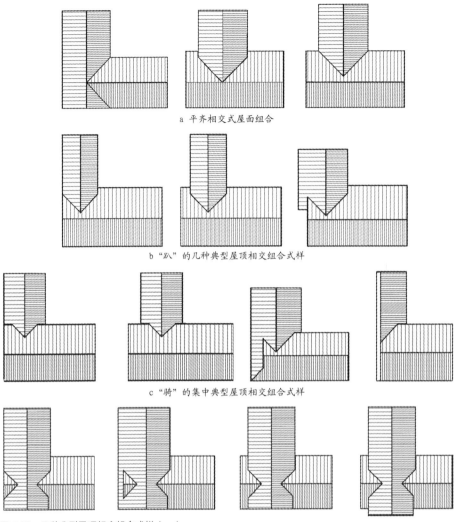

a 平齐相交式屋面组合

b "趴"的几种典型屋顶相交组合式样

c "骑"的集中典型屋顶相交组合式样

图 4.69　几种典型屋顶相交组合式样（一）

图片来源: 曾宇.川渝地区民居营造技术研究[D].重庆: 重庆大学, 2006.

a "爬"的屋顶组合

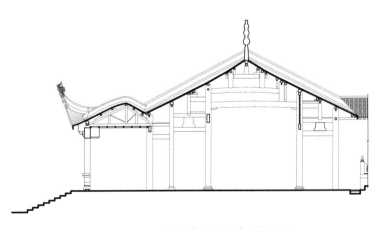

b 华严寺天王殿"勾连搭"屋面

c "错"的屋顶组合

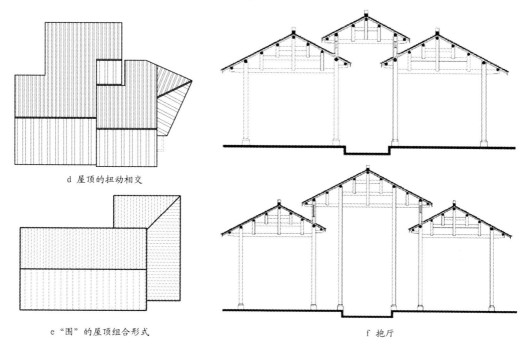

d 屋顶的扭动相交

e "围"的屋顶组合形式

f 抱厅

图 4.70 几种典型屋顶相交组合式样（二）
图片来源：a、b、c图来自作者；d、e、f图引自：曾宇.川渝地区民居营造技术研究[D].重庆：重庆大学，2006.

　　"穿"：指两屋面相交时，一屋面的屋脊比另一屋面低，这时就可直接穿过这一屋面的一侧坡面，并且从另一侧坡面穿出来。这种形式在立面造型上极具特色。

　　"迭"：指当建筑群有时依山而建，顺着登高的道路两面排开，此时，上面一级的屋檐往往迭在下面一级的屋檐之上，依次往上发展，类似拖厢的做法。此种形式的屋面组合极富有韵律感。

　　"勾"：即"勾连搭"，指两个建筑前后相接，前面一个建筑的后檐口搭在后面一个建筑的前檐口，在两个檐口处形成一天沟。此种屋面形式往往能为下面的平面争取一个较大的空间，但天沟的防水需要很重视。这样的做法可以加长房屋的进深，但是却不用将屋面高度升得过高。

　　"错"：是指当建筑顺着街道排布，屋面紧挨着屋面时，为使整个建筑形式不至于单调化，往往要将相邻两个屋面错开，使形式活泼一些。

"扭":传统建筑的两个屋面相交,大多数情况是垂直相交,但也有少数情况是一个屋面扭动过一个角度之后再与另一个屋面相交,两个屋面的夹角不再是90度。这种情况往往是因为道路方向改变等外界因素变化致使一个屋面不得不扭转一个角度。

"围":当一屋面的高度较高,其檐口的高度都要比下面一个屋面的屋脊要高,此时往往采用围的做法,即将下面的屋檐围住或半围住上面屋檐下的墙体,形成围脊。此种情况通常用于多层建筑和单层建筑组合时。

"抱厅":是指在天井、院落上空加屋盖的做法。重庆地区抱厅大致有两种形制。第一种,在天井上方做一高出四周的屋面(一般是两坡屋顶,也有四坡屋顶),屋面覆盖整个天井并利用相对四周屋面高出的距离采光、通风。此类型适合较小的天井院落,它们又被称为"凉厅子""气楼"或者"旱天井"。第二种,工字型抱厅。在大的院落上方局部覆盖两坡屋面,连接前后厅堂,如此构成工字型平面。此类型适合大、中型院落。[1]

2)屋面坡度地方取法

举屋之法,在《考古记》中就有"葺屋三分,瓦屋四分"的记载,各个朝代根据所处地区降雨量、风量的大小,屋面材料排水能力的差异,建筑物进深大小以及审美的需要对屋面举折的具体方式和屋面坡度进行调整,宋《营造法式》和清《工程做法则例》中都有关于"举折"的规定。总体来讲,明清以后屋面举高数值增大,建筑坡度增陡。除此之外,各个地区还有其他确定屋面坡度的方式。比较获得的数据和结合民间建造经验,四川地区建筑的屋面坡度确立主要有两种方式。

第一种,无"举折"的做法。

根据目前掌握的大量测绘资料总结发现,川渝地区建筑屋面少见举折处理,屋面坡度的确定主要遵照民居建筑做法。当地匠人将建筑屋面的坡度叫作"几分水"。如果是一分水,就是建筑的檐檩到脊檩的水平距离每10尺举高1尺;如果举高4尺就是四分水,以此类推。且各地的坡度也不相同,本地民居屋面坡度多在四分水(坡度约合22度)和五分水(坡度约合27度)之间。这种做法屋面成一直线和斜面,而不是按照举折之制出现折线,以及屋面"反宇向阳",但是这种做法施工简单,排水效果好,非常实用。

建筑屋面坡度在不同的建筑类型上也不完全相同。例如观演类建筑,如戏楼、看厅,为保证观演效果,在不同程度加高了屋顶坡度。如重庆渝中湖广会馆齐安公所戏楼,其屋面坡度达七分水(约达35度),屋面瓦的固定要用泥灰及瓦钉作固定技术处理(图4.71)。究其原因,除了审美的趣味,更重要的是戏台正上方为了聚拢声音而设置的层层叠进式藻井需要建筑顶部的空间,加大屋面坡度可以获得。还有一个细节是,一般正房前檐柱较后檐柱高2~3寸,或是前檐步架较后檐步架略微缩短;另外将两山的屋架较中间的屋架升高2寸多,房右山的高度不能超过左山的高度,右耳房的高度能超过左耳房的高度,所谓"青龙直可高万丈,莫使白虎抬头望"。

---

1 曾宇.川渝地区民居营造技术研究[D].重庆:重庆大学,2006.

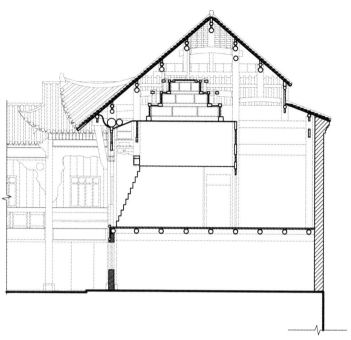

图 4.71　重庆湖广会馆齐安公所戏楼
图片来源:重庆大学建筑城规学院测绘组

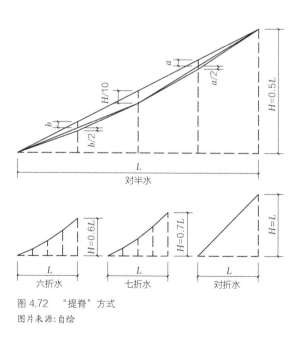

图 4.72　"提脊"方式
图片来源:自绘

第二种,有"举折"的做法——"折水"和"提脊"。

除了以上做法,在地方工匠中还一直沿用着一种简化的举折技术,称之为"折水"。它是地方工匠对比较繁复的"折屋"之法的简化。根据屋面坡度不同分为"对半水、六折水、七折水、对折水"等,有时为加大屋面陡峻程度,还在此法上另用"提脊"的方式(图4.72)。以进深八架椽为例,对半水的做法是:檐檩与脊檩之间的水平心间距为L,步架均分,定脊檩举高为$H=0.5L$;檐檩与脊檩上皮之间连直线,中金檩上皮高则折下$H/10$;檐檩、脊檩与已定位的中金檩上皮各连直线,可以算出上金檩和下金檩各折下距离a和b,然后各加折$a/2$、$b/2$。其所得屋面折线与按《法式》折屋之制所得折线相比,大致相同。在实际情况中,上金檩与下金檩折数可以调整,只要做出屋面折曲效果即可,一般是下金檩加大折数,使檐口平缓舒展。六折水、七折水是脊檩举高为$0.6L$,$0.7L$,各檩折数做法同对半水,其中七折水屋面折线与用《做法》所获折线非常接近,这两种折屋方式可能是由对半水衍化而来,是对明清屋面变陡规律的适应。对折水是举高与L相同，常用于攒尖建筑，如钟鼓楼。"提脊"则是在"折水"的基础上将正脊提高，以加大屋面的坡度，提高的尺寸视具体情况而定。在清《则例》中有"实举""加举""缩举"之说，允许针对具体情况有所增减。

3）瓦屋面做法

四川地区建筑屋面做法迥异于北方地区，比较常见的是"冷摊瓦"做法。其主要特征是，无木望板和苫背层，直接将仰瓦放置于椽条之间，将盖瓦盖在两仰瓦的缝隙上（图4.73）。究其原因，除了经济和施工、维修便利方面的考虑，更重要的是这种做法适应了重庆地区潮湿闷热，多雨少风的气候特点，有利于建筑散热与通风。由于椽条（重庆称"桷子"）之上没有望板和苫背的阻挡，再加上，室内多采用彻上露明造，瓦与瓦之间的结合部有许多气孔，且分布均匀，因此就将室内的大量热气从这些气孔之中排出，形成一个气流的对流循环，对于建筑的通风、除湿、避热都很有好处。同时，这种构造减轻了建筑尤其是屋顶部分的重量，和穿斗构架小巧的梁架结构和轻薄的墙面做法结合起来，既减轻结构压力，建筑风格也轻巧自然。这种做法应该至迟在宋代已经在南方地区产生，宋周去非《岭外代答》有："广西诸郡富家大室，覆之以瓦，不施栈版，惟敷瓦于椽间，仰视其瓦，徒取其不藏鼠，日光穿漏，不以为厌也。……原其所以然，盖其地暖，意在通风。"[1] 虽然他不是直接描述西南地区的情况，但是基本与重庆的情况类似。

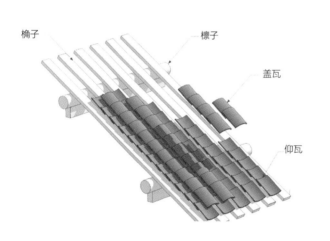

桷子　　檩子　　盖瓦　　仰瓦

图 4.73　瓦屋面的做法
图片来源：张新明.巴蜀建筑史——元明清时期[D].重庆：重庆大学，2010.

与普通民居比较简单的做法相比，公共建筑中瓦屋面的构造做法比较考究。工匠会在桷子上先铺一层小青瓦底瓦（又称"望瓦"），底瓦相互对接而不搭接，用石灰砌缝，铺成一个平整的底面，兼作望板，这一点与闽粤地区的做法类似，但是未见闽粤地区以满铺桷椽，兼作望板的做法。瓦底部或者保持素色，或者施以白灰，从室内仰望屋顶十分平整素雅，衬托出屋架结构。在底瓦之上，顺

1　（唐）柳宗元《增广注释音辨唐柳先生集》·卷17四部丛刊初编本。

沟铺仰瓦,"搭七露三"是普遍做法(有的"压六露四",可节约用瓦量),其上覆以小青瓦或者素筒瓦;少数地方也见到类似琉璃瓦"剪边"做法,板瓦屋面,筒瓦作边。

除了少数建筑有琉璃瓦做法,寺观祠庙类建筑屋顶多见素筒瓦做盖瓦,只有辅助性用房或者一些场镇小型公共建筑用小青瓦。用筒瓦作盖瓦的方法是在椽上先置底瓦(用仰板瓦摆平铺底,或不置底瓦),然后在底瓦上铺仰板瓦。瓦陇上用灰泥铺筒瓦,这样瓦陇与椽数一致,并且在檐端椽头上钉封檐板,宽大整齐,不露椽头,这是地道的南方做法。重庆地区建筑几乎全用这种较为正式的形制。此外,瓦顶在檐口处的收头处理也体现出官式建筑和地方民居做法的双重影响。筒瓦屋面的收头有两种,一种比较正式的,"有勾滴",即有筒瓦勾头和板瓦滴水,勾头、滴水还装饰有各种吉祥图案和文字。另一种"有滴无勾",即有滴水而无瓦当的做法,只是将檐口处筒瓦的端头用白灰堵上,刷上油彩。这就是典型的重庆地方做法,叫"火圈子(火连圈)"[1]。而小青瓦屋面基本就是民居才采用,它的收头有两种:一种是有完整的小青瓦勾滴,同样施以装饰。一种是将檐口盖瓦稍稍仰起,下面填充一块楔形白灰泥与盖瓦结合,外端面在盖瓦沿抹成扇形,素雅大方。

另外,值得关注的还有建筑屋面排水的处理。普通民居双坡顶基本采用自然无组织排水,屋顶组合复杂的大中型建筑,出现了有组织排水方式。一是组织排水,雨水汇聚于地面庭院里的暗沟排出建筑。二是天沟排水,对于组合屋顶中无法自然排出的雨水,在天沟两端设置(一般贴柱或者贴墙)垂直排水陶管,管子接地下排水系统排出室内。在高大封火墙与屋顶交接的位置,一般并不设置天沟排水,而是在山墙上墙体与瓦沟相接处凿开一排排水洞,使瓦沟雨水直接排出墙外,这也是地方独特做法,比较简单实用,唯一不好的是容易污染和浸泡墙体。

四川地区小青瓦屋面的椽子呈扁平状,本地称其为桷子[2],其尺寸的制订基本上都是按照当地约定俗成做法来做。一般建筑的椽条宽度在100毫米左右,而厚度在30毫米左右。椽子的间距多为250毫米(椽子的中线距),其形状相对于北方的方形或圆形的椽子来说,略显单薄,所以也叫桷板。桷子之间的留的空挡约120毫米,工匠流传有"三寸桷子四寸沟"的口诀。工匠的做法也比较简单,将几个常用的尺寸刻在了钉锤上,在钉椽条的时候直接在钉锤上比刻度而不用丈量,此法极为快捷与准确。瓦的尺寸往往根据椽径来确定,"选择近似尺寸的规格,宜大不宜小"[3],根据实测总结,重庆地区建筑筒瓦尺寸110毫米,板瓦尺寸180毫米左右,接近于《中国古建筑瓦石营法》中记载的2号,基本符合规制。

4.4.4　歇山屋顶地方做法

四川地区会馆建筑的重要殿堂多用歇山屋顶,但是与《则例》规定的做法不尽相同。具体做法主要区别在于收山的位置、歇山产生的方法以及山墙面山花板和博风板之间的关系,主要有"收山

1　四川省建设工程造价管理总站编《四川省仿古建筑及园林工程预算定额解释》1994年版(内部资料)。

2　《辞海》解释,"桷,方的椽子"。

3　刘大可.中国古建筑瓦石营法[M].北京:中国建筑工业出版社,1993.

位置有于山里一间屋架梁柱上做歇山""收山分位于尽间和稍间间广二分之一处使用顺梁和递角梁做歇山""利用左右廊做歇山和利用山墙加披檐做歇山"等多种方式。

1）悬山加侧披檐的做法

这种做法最具四川地区地方技术风格特点，即"古制遗存和灵活自由"相结合。基本方式是直接在双坡悬山屋顶两侧山墙一定高度外加披檐，与悬山屋顶的檐口交接围合形成四坡屋面，整个屋面不举折，仅在四角端部位置直接发戗形成高高的翼角起翘（图4.74）。考察历史遗留下来的早期歇山屋顶，以上做法应该属于歇山屋顶构造技术发展初期形态的地方遗存。

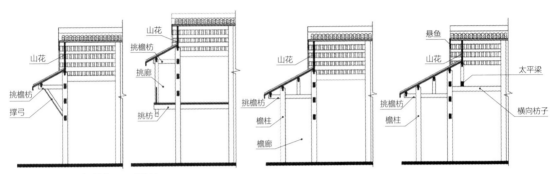

图 4.74　悬山加侧披檐的几种做法
图片来源：张新明.巴蜀建筑史——元明清时期[D].重庆：重庆大学，2010.

本地这种基本做法还演变出多种形态。例如，披檐下不落柱。这种方式广泛运用于一些等级不高的民居建筑及重要建筑群的厢房、配殿位置，既技术简便、造价低廉，同时保证了艺术效果。悬山檩头钉博风板，无山花板，直接见山墙穿斗柱枋。披檐下落柱。这种技术在清中期以前的重要殿堂可见使用。由于披檐屋面悬挑过长，结构无法支撑，就在披檐下增加排柱，在平面柱网上表现出外廊，但观察其结构与主体梁架是完全脱开的。而且由于屋脊没有收山，表现出正脊比较长，檐口没有升起，仅在角部起翘，山面三角形部位面积比较大，一般也不做山花板，直接可见山墙穿斗柱枋。目前留存的建筑中梁平双桂堂文殊殿较为典型。翼角不起翘或者起翘不高，整体风格上更加硬朗质朴。两侧有外廊的建筑会利用外廊这一有利条件，在相当于七架梁位置的山墙穿斗梁架上置枋木以承山椽尾；山花板直接钉在前后金山柱、老金山柱及山柱上，从外观看形成双步廊的收山。

2）利用山里一间屋架的做法

在前一种做法的基础上，还有另一种不用踩步金梁，直接利用山里一间屋架做歇山的做法。即直接利用屋架上之平梁承托对应山面椽尾，檩头悬出，在其上钉博风板；于山椽上立草架柱子然后钉山花板；山花板较博风板收入。整体形象表现出歇山正脊较短，山花收入大，风格接近于唐宋之制。重庆地区清中期以前修建的寺庙道观可以偶尔找到这种做法，并不多见；但是重庆地区建筑戏楼却常见这种做法（图4.75）。

3）利用顺梁和递角梁的做法

这种做法指收山位于正面尽间某个位置，用顺梁法做歇山顶，或者顺梁和递角梁并用。一般收山分位即在正面尽间和稍间的中线分位，于顺梁上立蜀柱，十字拱托山檐下平抟；檩上承山椽尾，且

图 4.75　綦江南华宫戏楼翼角构造示意
图片来源：重庆大学建筑城规学院测绘组

在其上再抬蜀柱、平梁，功用犹如清制中踩步金梁；各檩端头悬出，上钉博风板；山花板内凹，钉在草架柱的外侧；山檐屋面嵌入博风板后。还有比较少见的做法是：顺梁上用驼峰架双步梁以承托山檐下金檩，在前后双步梁的中部立童柱（清称为交金橔）支撑踩步金梁，其自山檐正心桁分位向内收入两步架的距离；踩步金梁以上的结构与中部五架梁上同，用于承托前后檐出挑的檩枋；山面檩枋悬挑至山檐下金檩中线分位，上钉山花板，山花板外皮钉博风板。（图4.76）

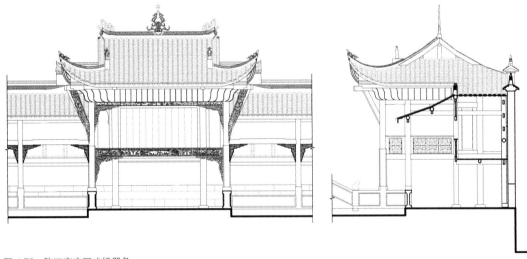

图 4.76　陈万宝庄园戏楼翼角
图片来源：重庆大学建筑城规学院测绘组

　　总体来看，本地歇山屋顶地方做法有两点好处：一是利用山墙穿斗构架的有利条件，取代用料大而且复杂的顺梁或递角梁，精简结构，节约材料；二是充分发挥了山墙穿斗构架抗风能力强、结构整体性好的优点，使两山承受风力的能力大大增强。即使是与《营造法式》和《清工部做法则例》所载接近的做法，在造型形态上，重庆地区建筑歇山屋顶的收山均较大，尤其是"在山里一间的柱梁上做歇山"更是古风犹存，几乎和唐代中原地区做法一致，表现出建筑技术上的滞后性和工匠在处理具体情况时的灵活性。

4）歇山翼角做法

四川地区歇山屋顶的翼角起翘不似北方建筑之平缓，而是具有江南建筑翼角造型的特点，起翘高，曲线优美，喜用戏曲人物、卷草纹样装饰。尤其是大门、戏楼的屋顶，翼角层叠成为建筑造型的重点。具体到建筑技术层面，重庆大部分地区的建筑无论规模大小、建造年代早晚，基本采用的是本土发展出来的"爪把子、爪、虾须及平行布椽"的翼角独特做法，它被称为"爪角"。

比较北方官式和江南地区两种主流做法，本土的翼角技术特点主要体现在两个方面（图4.77）：

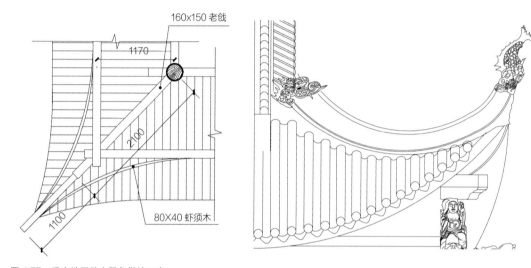

图 4.77　重庆地区歇山翼角做法示意
图片来源：自绘

一、手法简练，部件少而实用。

在顶层纵向和横向挑檐檩相交成十字交口，沿45度安装老角梁（川东地区称"爪把子""龙头木"），爪把子头仅露出檩外少许，后尾则压在两金檩交点之下。老角梁其上安仔角梁（川东地区称"爪""大刀木"），或者由几块枋木拼成巨大的爪形构件，或者由整块实木切削而成，高高翘起，尖角弧度依照翼角起翘的高度与形态而定。通过榫卯或者铁箍绑扎的方式将老角梁和仔角梁连接在一起（如果采用榫卯插接，在老角梁和仔角梁之间还要加扁担木，但是没有类似江南地区菱角木等；如果采用铁箍绑扎，连扁担木也没有，处理更加简单，类似北方官式建筑的变形）。仔角梁两侧用重庆地区建筑翼角之独特构件"虾须木"支撑，保持构件稳定。虾须木为曲线性圆木，直径约三、四寸，一头连着仔角梁，一头钉在挑檐檩外皮上（起钉位置与翼角起翘点基本一致），三者形成一个稳定的三角形，中间填以垫板。

二、翼角起翘部分的椽子与正身部分椽子平行排列至端部。

并没有采用明清北方官式建筑中翼角椽子渐次变更方向，呈放射状直到末一根椽头与老角梁头紧贴的做法。这一点成为明确区分重庆地区与国内其他地区翼角做法的又一重要特点。使翼角部分凹曲面得以形成和平行椽的支托主要依靠的就是椽子下面的"虾须木"。这种做法在我国汉唐时期比较普遍，从目前保留的遗物看，北齐定兴石柱上的转角出椽即为平行，椽子断面扁方形，永靖炳灵寺石窟某塔柱的转角出椽形式也是如此。明清以后，国内其他地区已经没有如此做法，但这在重庆地区却是非常普遍的做法。

到了清代后期，这种本土特色的翼角处理方式也并没有随外来技术的引入而衰弱，反而在民间继续大量应用。究其原因，应该是：用虾须木支撑飞椽的做法较好地解决了翼角和前后檐塌陷问题；平行布椽的处理方式较之扇形布椽更加简便合理，便于材料加工和施工操作。

4.4.5　檐部做法

1）挑檐

明清以后，四川地区木建筑技术的一个重要趋势就是简化和清晰木结构建造逻辑，建筑构造和受力关系更加简明，一些复杂的技术做法逐步被取消，其中就包括斗拱的结构功能被减弱。这带来了建筑前后檐部处理的很大变化，深远的"挑枋出檐"的做法变得普遍而丰富。其原理是以一种悬臂构件来解决屋檐出挑的问题，即以长短不等的挑枋穿过檐柱，承托挑檐檩及屋面重量。传统建筑前后挑檐的形态和方式非常多样，主要包括单挑、双挑及三挑三大类。为增加挑枋的承载力，在挑枋与檐柱之间往往有各式斜撑。深远的出檐一方面出于防雨防晒功能的考虑，另一方面是为了形成深广的檐下"灰空间"，与场镇街道连成一体，成为城镇居民半公共的交往生活空间。（表4.7）

表 4.7　重庆地区挑檐做法示意

出檐形式分类						
单挑出檐			弧形挑枋出檐	双挑出檐	三挑出檐	捆绑式结构出檐
硬挑	软挑	加撑弓出檐				
图示 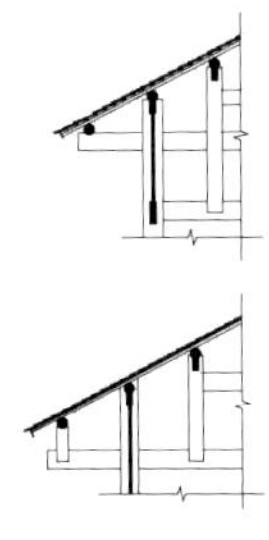 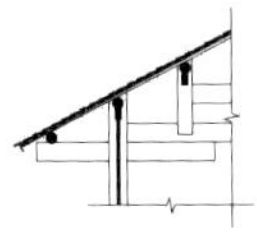 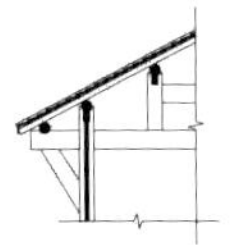 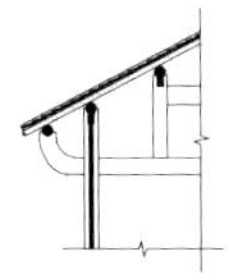 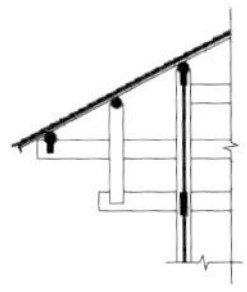 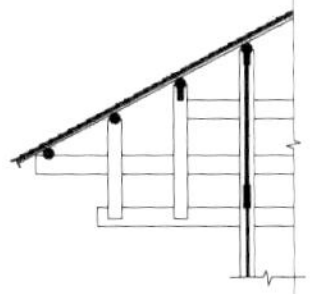 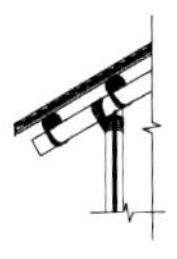						

图表来源：自绘

"单挑出檐"是由一根挑枋承挑屋檐，屋面出檐宽度一个步架。由于单挑出檐出檐长度并不太大，再加上挑枋下面多安装斜撑（在重庆叫"撑弓"）辅助受力，稳定性好，民居建筑中使用最多。

按照挑枋受力状况，单挑出檐分为硬挑和软挑两种。"硬挑"是以一根穿枋穿过前后柱的柱心，然后直接伸出以承挑檐檩，也称为"挑穿"。"软挑"是挑枋只穿过檐柱柱心，以前端承挑檐檩，后尾则压以梁枋。为了提高枋、檩构件衔接处的稳定性，在挑檐檩与挑枋之间加瓜柱，坐于挑枋之上，称为坐墩。挑头上的瓜柱包过挑头而下垂的叫作吊墩。为加强装饰效果，坐墩或者吊墩下端常刻为花篮、莲花或瓜形,四川称之为"吊瓜",它与斜撑(本地称"撑弓")、雀替及额枋等一起,丰富了稍显单薄的建筑檐部造型。撑弓有"棒棒撑(圆木)"及"板板撑(扁宽长条形木)"之分,可做精细的雕刻及彩画,圆木多被施以透雕,主题有人物、风景等,扁宽木多装饰几何纹样。撑弓两端用榫眼及铁钉与挑枋、檐柱固定。

"双挑出檐"即是用两层出挑,挑出两步架,有双挑坐墩,双挑吊墩等做法。双挑出檐最大深度可达2米余。还有一个重要之处在于,各地城镇民居挑檐做法不尽相同,各自有一定特色和规律,可以作为区别某个地区建筑技术风格的重要特征。

有时为了获得更为深远的出檐,在双挑出檐下再加一步挑枋,形成比较少见的"三挑出檐",出挑长度可达3米余。有的一层坐墩与二层挑枋之间距离太远,则施加撑弓。

本地传统建筑不仅前后檐出檐深远,两面的出山(出际)也较大(汉族建筑比土家族、苗族建筑小),目的是利于山墙面的防雨防潮。具体做法和尺度大约是"将檩子到两山头出挑,铺设4到8条椽子,上面再铺瓦。在最外边的椽子和檩子头上钉博风板,用以封檐和防止雨水侵蚀檩子"[1]。

2)披檐

除了屋面的直接出檐,为了遮蔽风雨、防晒等功用,对高大的建筑或楼房,将常在屋身中段或者楼层分段处附加短小的出檐,本地又称"披檐、腰檐、眉檐"等(图4.78)。其做法多数由檐柱、山墙柱软挑而出,因而挑出宽度一般在一个步架左右。

3)轩廊和轩棚

四川地区建筑因保持通风、减少自重等需要,室内多数采用"彻上明造",暴露梁架。在主要建筑前檐廊(进深达2~3个步架)或者比较讲究的建筑前后外檐部,经常施以曲线和色彩非常优美的"轩廊和轩棚",形成类似卷棚的天花造型,以起到突出和美化的作用(图4.79)。

轩棚的具体做法是先用极薄的分板做成"卷叶子"(类似"弓"形曲线),钉在"卷椽子"上(椽子的本地称谓)。"卷椽子"用一二寸宽的椽子做成卷形,它的距离约略同椽子,轩棚的宽度可以上下伸曲随意。因其椽子的形状还可分为"鹤颈轩、菱角轩、船篷轩"等。为进一步突出富丽精美的效果,轩棚下面的短柱多采用雕饰丰富的驼峰、小斗等造型;在色彩上,板面刷白漆或红漆,卷椽子刷深褐色或黑漆,两者对比鲜明,十分醒目。

此外,为了获得丰富的艺术效果,还出现了不少装饰美化梁架构件的做法。比较简单的就在建筑正殿正梁下施以彩绘描画。更加盛行的处理方式是将室内几榀梁架中的短柱由造型多样、雕刻精美的驼峰代替。室内同榀屋架上、下梁枋之间原来缩短跨度才采用的雀替,被形式更加华丽精巧的造型代替,类似划分室内空间才采用的罩的做法,这在主要殿堂里使用得非常频繁。

1 吴樱.巴蜀传统建筑地域特色研究[D].重庆:重庆大学,2007.

图 4.78　某重庆民居山墙侧披檐　　图 4.79　前檐廊 "轩廊"
图片来源：李忠摄　　　　　　　　图片来源：自摄

4.4.6　墙体做法

1）竹编夹壁墙

竹编夹壁墙（又称 "夹壁墙"）的使用历史已经很长，从四川地区出土的汉画像砖上的图画推断，穿斗屋架之间的墙体已经采用了类似墙体做法（表4.8）。《营造法式》中称夹壁墙为 "隔截编道"。由于主要材料竹子、草筋及黏土等不仅容易获取，造价低廉，施工简易，而且轻薄的墙体具有良好的透气效果，很好地适应了本地温暖潮湿的环境，所以竹编夹壁墙的做法被各种类型的建筑采用，尤其在穿斗式民居建筑中使用更加普遍。其具体做法是：在每榀穿斗屋架柱枋之间放置编好的1~2层竹篾网作为壁体的承力骨架，竹篾卡在周围的枋或柱子上；然后在壁体内外糊上黄泥浆，即黄泥里拌入稻草筋、糠壳、发丝、糯米浆等作拉结纤维，它们与竹篾网结合在一起，形成整体。待泥稍干后，抹平磨光，反复操作多次，使墙体达到一定的厚度和坚实度。清代中后期喜欢在黄泥表面再用白石灰罩面、压光，以保护墙体。这样整个墙体厚约一寸多。此外，当夹壁墙用于山墙面时，还常用木条作镶边，可以起加固作用，同时又取得一定的装饰效果。在某些民居中也可以看到更简单的竹编墙做法，即不施泥浆的竹编墙，其透气、透光性更好，又具有墙的围合作用。由于竹编夹壁墙不耐潮蚀，房屋会在容易被雨水溅湿的墙裙部位采用本地石材或者木板材围砌，夹壁墙只作为墙体的上半段，墙体石材本身并不作太多处理，保持质朴本色。

表 4.8　竹编夹壁墙构造示意（单位：毫米）

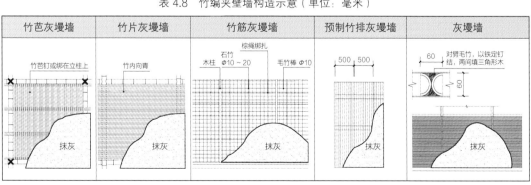

图片来源：自绘

2）木镶板墙

木镶板墙（又称"装板墙"）较之夹壁墙更为考究，成本也比夹壁墙高，因此在公共建筑和城镇大中型民居或者林区民居中使用较多（图4.80）。其具体做法是由木立枋与穿枋形成枋框，作为骨架，然后将加工好的木板镶嵌在方框内，木板的厚度一般为30毫米，比较考究的做法会将木板相接处做榫口，使得木板的连接更为紧密。为了保护木板不受侵蚀，通常在木板表面做多遍油饰。

图4.80　木镶板墙
图片来源：自摄

3）砖墙

砖墙墙体分为墙基、墙身、墙檐三部分。墙基为多用青条石砌筑而成，墙基高度依照地形条件变化，高300~1000毫米。墙身的砌筑方式有实砌墙和空斗墙两种类型。实砌墙有全丁、全顺、一顺一丁、两平一侧、三丁一顺等。对高大的封火山墙，为了减轻自重，也为了节省材料，常用空斗墙。砌筑空斗墙的砖，本地人称之为"盒子砖"，它是由南方移民带来重庆地区的，与重庆地区本土的土坯砖比较，盒子砖用黏土烧制，砖色青灰，其强度、耐磨、耐火性能等方面都较土坯砖（又称"水砖"）大为提高。此砖的尺寸长宽虽与土坯砖差不多，但是厚度比本地砖薄了近一半。其规格尺寸约在200毫米×140毫米×25毫米、240毫米×115毫米×53毫米和240毫米×160毫米×30毫米，不同区域不同时期也不完全统一。这也反映出技术引进过程中的变化。空斗墙的基本做法通常是将砖立摆，中间空心，用碎砖石或黏土填心。具体砌法有多种，包括高矮斗、马槽斗、盒盒斗等。（表4.9）

表4.9　空斗砖墙的几种砌法（单位：毫米）

名　称	立　面	轴　侧	剖　面
马槽斗1	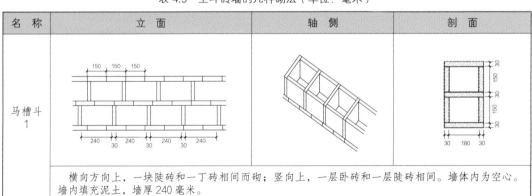		
横向方向上，一块陡砖和一丁砖相间而砌；竖向上，一层卧砖和一层陡砖相间。墙体内为空心。墙内填充泥土，墙厚240毫米。			

续表

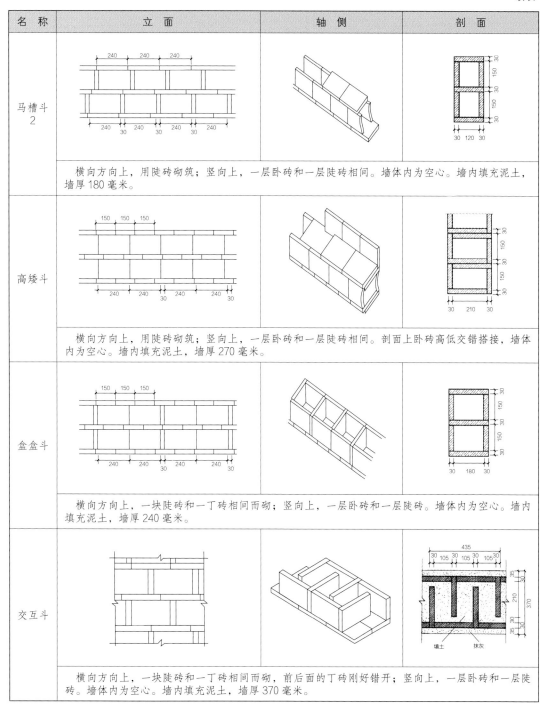

名　称	立　面	轴　侧	剖　面
马槽斗2			
	横向方向上，用陡砖砌筑；竖向上，一层卧砖和一层陡砖相间。墙体内为空心。墙内填充泥土，墙厚180毫米。		
高矮斗			
	横向方向上，用陡砖砌筑；竖向上，一层卧砖和一层陡砖相间。剖面上卧砖高低交错搭接，墙体内为空心。墙内填充泥土，墙厚270毫米。		
盒盒斗			
	横向方向上，一块陡砖和一丁砖相间而砌；竖向上，一层卧砖和一层陡砖。墙体内为空心。墙内填充泥土，墙厚240毫米。		
交互斗			
	横向方向上，一块陡砖和一丁砖相间而砌，前后面的丁砖刚好错开；竖向上，一层卧砖和一层陡砖。墙体内为空心。墙内填充泥土，墙厚370毫米。		

图片来源：曾宇.川渝地区民居营造技术研究[D].重庆:重庆大学,2006.

　　墙檐是整个封火山墙细节处理最讲究的地方。封火墙墙体与墙檐的结合部一般会使用弥缝抹灰，做出宽约350毫米光滑的白色横条带,讲究的还做成彩绘装饰,题材多以祥禽瑞鸟、富贵花饰和传统的图案符号为主。为形成墙檐出挑,一般采取砖叠涩挑出的方式,其形式有叠直檐、半混檐、棱角檐等多种,上覆以小青瓦或者筒瓦(也有的地方喜欢直接在砖面上抹出一道高高的灰塑面)。

封火墙墀头的做法大致分为一次出挑和两次出挑两种。出挑的做法也有两种:一种为用砖出挑,出挑长度一般不超过一块砖的长度;另一种为用木板出挑,将木板砌筑在出挑的墙体下面,大部分埋于墙内,小部分出挑支承上部墙体。木板与墙等宽,也可选窄条,不外露出来,出挑的距离较大。出挑时可平挑或斜挑,斜挑挑面还可抹成弧形。

封火墙脊头的做法是在墙脊端头砌一块凿成斜角的砖或是直接砌筑一块带花边形的青砖,稍微出挑一点;或是在脊头处用瓦或砖垫高,其上砌竖立小青瓦成各种纹样向上高高翘起;还有泥塑的脊头,一般都是藏入铁丝为骨,层层加厚灰泥而成,铁丝直径大小不一,约1~3分,骨架之下还伸出一段支脚,以便插入脊顶之内有效固定。泥塑的题材很多,有花草类,也有游龙、飞凤及其他吉祥物。

由于空斗砖墙的整体承载能力较差,高大的封火山墙与主要木构架采用脱开的立贴式做法,封火墙主要作为外维护墙体不承重。为了稳定墙身,在封火墙和建筑木梁架结构之间产生了一个特殊构件——蚂蝗攀(又称"蚂蝗钉")。这种稳定墙身的办法,是在墙身上部用铁栓、蚂蝗攀分别攀贴在墙上,穿进墙内拉接在贴墙的木构架上,使高大的山墙与木构架紧密相连,收到木构架稳定墙身的良好效果。视不同情况,一柱之上采用1~2个拉铁构件,拉铁多为铁质,也有木质的。

4)夯土版筑墙和土坯砖墙

重庆地区乡村民居中常见土墙做法,主要有夯土版筑和土坯砖砌筑两种方式。其中,夯土墙技术历史悠久,商周时期已经有版筑城墙的记载。巴蜀地区夯筑土墙的工具主要为木夹板,其他还有墙杵、撮箕、铲子等。材料一般采用黏土或灰土(土与石灰的比例为6:4),某些地区夯土墙也有采用石灰、沙子、鹅卵石混合形成的三合土来夯筑土墙,密布的鹅卵石可以有效地增加墙体负载能力。夯土墙在夯筑过程中通常要加入竹筋进行加固,竹筋可以平行放置,也可以"做成八字筋的形式,相互套接"(川东南地区)[1]。在每版夯土墙中,平列竹筋三层,每层铺竹筋两道或置八字筋两个。夯筑时,每版长度约2米,高度不过40厘米,要分三次夯筑完成,每次夯筑完成之后在上面放置一层竹筋。上下夯版要错缝布置,而且要等下层干透后方能夯筑上层。夯土墙的厚度一般为370~400毫米,底部通常为砖石基础避免潮气侵蚀。为了防止风雨的侵蚀,夯土墙的外侧可以用草泥或白灰抹面,面层厚度可达5毫米。[2](图4.81)

从夯土墙到砌筑的土坯墙,是建筑材料的一大革新,可以说它为砖的出现做了准备。土坯最早出现在汉代,当时称为土墼。"敦煌等处汉代土墼的亭障遗物是很多的,西安也有西汉的土墼墙遗物,可见墼是很早、很普遍的建筑材料,而且相当耐久,它就是未烧的日晒砖或土坯。"[3]重庆地区用于砌筑墙体的土坯砖采用的是自然的水湿坯,具体做法是选择平坦潮湿的田地,用铁锹挖出土坯

1 曾竞钊,付羽茜,郭军,等.川东南地区民居典型夯土墙体探讨[J].成都:四川建筑科学研究,2008(10):182-184.

2 张新明.巴蜀建筑史[D].重庆:重庆大学,2010.

3 刘致平.中国建筑类型及结构[M].北京:中国建筑工业出版社,2000.

块。挖制土坯前，要预先保养坯地，就是在稻田里放水之后，保留稻根。待泥土到半干时，用石碾压实压平，其中的稻根成为天然的骨材。然后用铲刀按土坯的尺寸划分若干小块（通常比砖略大），再用铲刀挖起，将土块翻出后晒干，并将土块移至屋檐下放置，待到次年完全干燥后方可使用。土坯砖筑墙的技术要求较之夯土墙要低，而且也更为灵活，通过不同的砌筑方法可以砌出不同形式的墙体。土坯墙在砌筑时以泥浆作为黏合剂，在砌筑墙体时有的还要在泥浆层中加入草筋，以提高墙体的强度。土坯墙的墙面一般也要用灰泥抹面，以防止雨水的侵蚀。[1]

　　由于是手工制作，用处各异，所以品类较多，规格上参差不齐。另外，土墙怕水，不耐冲淋，土墙体下一般都有砖石墙基，同时建筑周围也特别注意排水。由于土墙自重较重，不便开较大的窗洞，所以整体比较封闭，一些建筑下半段墙体采用土筑墙，与屋面相接的上半段则采用夹壁墙，便于开窗通风，也形成底部厚重敦实，顶部轻巧灵动的建筑风格特征。[2]

　　5）石墙

　　重庆山区多石，根据形态和加工方式，有毛石、卵石、条石、石板等。石材质地坚硬，抗压耐磨且有防潮和防渗的特点，所以本地通常将石材用于有耐磨、防潮需求的特殊部位，如铺地、基础、墙裙、台阶、柱础等。有些建筑还以石柱代替木柱，使整体结构更为经久耐用。在石材较多的地方，民居中也将各种石料作为一种墙体材料。石墙的主要砌法有几种：乱石砌筑，也称虎皮石墙，厚度500~600毫米不等，视高度而定，通常用石灰浆灌砌，开窗洞时多需借助木质过梁；毛石墙，利用石材天然的形状通过垫托、咬砌、搭插等技术干砌而成；卵石墙，多为干砌的技法筑成，卵石的规格要统一，通常底部的卵石较大，上部的较小；最为考究的是条石墙，石料加工较为精准，多修整为统一截面的矩形条石，长短不一，通常为错缝干砌，开窗洞则多用长条石作为过梁。除了砌筑墙体，也有将石块加工成薄石板直接竖置作为墙体的，这种墙体通常与木梁架相结合，作为夹皮墙的下半段。（图4.82）

图 4.81　涪陵大顺乡夯土民居碉楼
图片来源：自摄

图 4.82　巫溪宁厂镇石墙民居
图片来源：李忠摄

---

1 张新明. 巴蜀建筑史——元明清时期[D]. 重庆：重庆大学，2010.

2 吴樱. 巴蜀传统建筑地域特色研究[D]. 重庆：重庆大学，2007.

6）墙基

基础是中国传统建筑非常重要的部分，对于整个建筑的稳定性有着至关重要的作用。中国人在长期的建筑实践中对于基础的营建积累了很宝贵的经验，在宋代李诚编撰的《营造法式》以及清代的《工程做法则例》中都对基础的具体做法进行了详细的规定，而在大量的民间建筑中，虽没有什么强制的规定，但大致也有一定的规律可循。中国传统建筑采用的是柱网式的框架体系，和现代建筑的结构体系几乎完全一样，所以两者的建筑基础也有很相似的地方。大致可分为两种形式：一种是槽形基础，一种是满堂基础。槽形基础即是按照建筑的柱网按纵横方向开挖槽沟，槽沟内铺灰土、码礅墩、砌拦土，以此作为整个建筑的基础。满堂基础是将建筑的基地全部作为基础进行铺砌，下面置灰土，上面铺石材，基础的整体性强，防潮好，但造价也很高。

（1）线形基础

为了节约材料、人力，线形基础是运用最广泛的一种做法。先在建筑物柱网纵横方向开挖槽沟，川渝地区槽沟的宽度一般为墙宽的两倍，与《工程做法则例》中规定的相同。沟槽开挖的深度为，普通的墙基开挖约3尺深，两层楼高的墙需开挖4~5尺深。然后再在沟槽内加灰土，或者是沿建筑物柱网纵横方向铺青条石，一般为墙宽的两倍左右。[1]（图4.83）

灰土一般使用的是传统建筑常用的三合土，三合土各地方的做法不一，有的用石灰加黏土加河沙，有的用石灰加黏土加渣土（如煤渣），有的用石灰加黏土加细小的鹅卵石。沟槽内的灰土为分层捣筑，一般每层先虚铺20~25厘米，捣实后约为15厘米厚，然后每层叠加，直到离地面约一尺的高度为止。灰土的做法如下：先将沟槽底部的素土夯实；配置三合土，将生石灰泼水后过筛，再将黏土、渣土或卵石过筛，然后按体积比进行拌和；将拌和好的灰土在槽内虚铺20~25厘米，然后找平夯实再找平；用水泼在夯实的灰土之上，这叫"落水"，目的是让未熟化的生石灰完全熟化，水一定要吃透；再在灰土的表面撒渣土，使表面的稀土变得干舒一些；最后再进夯实找平。

以上为一层灰土的做法，每层灰土都应该按照这种顺序进行夯筑。当灰土夯筑到离地面约1尺高度时，上面如果为墙体，就可以做石勒脚，如果为独立的柱，则用礅墩。本地盛产青石，石勒脚一般用青石砌筑，宽度同墙厚，高度为2尺，留在地下1尺，露出地面1尺。本地还喜欢用"连礅"，其做法是将每个柱脚独立的礅墩联系成一整条，称为连礅，一般露出地面150~200毫米。

（2）面式基础做法

面式基础的做法较之线式基础要复杂一些，造价更高，四川地区的面式基础做法同北方官式建筑严格意义上的面式做法又有所差别。即先按线形基础的做法在柱网的纵横方向上开挖沟槽，沟槽内分层填实灰土进行夯实，直到离地面约1尺的高度；沟槽与沟槽之间同样要进行开挖，但开挖的深度不必同沟槽的深度一样，同样也要进行分层夯实，直到离室内地坪约30厘米的地方为止；然后再在上面铺一层青条石。（图4.84）

1 陈丽莉, 侯颖. 川东巴渝地区民居营造技术浅析: 以四川安岳县九龙乡镇子地区想吐建筑为例[C]//第十七届中国民居学术会议论文集. 郑州: 中国民居学术会议, 2009.

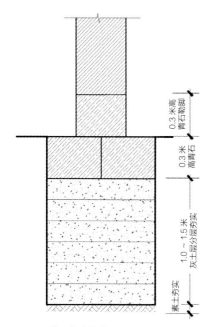

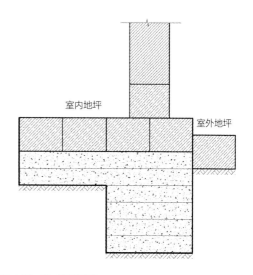

图 4.83　线形基础做法
图片来源：曾宇.川渝地区民居营造技术研究[D].重庆：重庆大学，2006.

图 4.84　面式基础做法
图片来源：曾宇.川渝地区民居营造技术研究[D].重庆：重庆大学，2006.

（3）桩基

在遇到建筑下面的基础较软或是有地下水的时候，一般要使用桩基。桩基是用长4~8尺的柏木下面套上锥形的铁套构成。木桩的布法主要有梅花桩、莲三桩、排桩、马牙桩等，墙体之下一般用排桩和马牙桩，柱顶石之下一般用梅花桩和莲三桩。待桩基打入沟槽的底部之后，上面的做法如同线式基础。[1]

4.5　小结

海德格尔所提出的"栖居"，将建筑的本质意义从描写和表现的准确性，提升为场所的发现与建立。在此理论基础下，建筑被理解为整体环境场所精神的具体化，建造是理解场所的活动，人类只有归属于场所才可以在日常生活中获取存在之意义。有关场所意义的追寻实质上提出了一种精神层面的物我一体的整体系统环境观，营造行为被作为人与自然、宇宙对话的一种媒介和途径而存在，尊重自然既是个体和族群繁衍生存的客观基础也是精神归依。

在地理条件复杂的四川地区，山形水势所构成的宏大地景和其他自然生态特征成为建筑活动首先要理解和关注的重要场所要素。在这里，传统文化中注重把握天、地、人三才关系的思维方式主要通过中国传统风水文化，使人们理解和利用环境的方法笼罩了一层深厚的文化意蕴，经过风水师所整理和再定义的自然山水环境由此具备了特定的场所精神。随之逐步展开的栖居形态，从传统聚落到建筑再到居住活动本身就拥有了共通的气息，成为整体环境系统即场所精神得以优势发挥

1　曾宇.川渝地区民居营造技术研究[D].重庆：重庆大学，2006.

的各级因子。四川会馆建筑对区域自然环境的应对策略就始于此,体现在从建筑选址定向、建筑形态到建造技术活动等各方面,形成了地域性特征,丰富了我国会馆建筑形态与文化。

附录

四川川东地区构件称谓比照表

一般称谓	四川叫法	一般称谓	四川叫法
虾　须	爪梆子	门边框	蹬　枋
枕头木	斗　板	地　栿	建筑正背面称为"水壁(避)石"(便于开门,一般较低);山墙称为"排山枋"(不开门时,一般较高)
翼角端部	爪尖子	垂带石	梯　档
大刀木	爪　角	随梁枋	陪　枋
柱　础(素鼓盆形)	柱头礅、鼓儿礅墩	随檩枋	挂枋(所谓"双檩双挂")
柱　础(带雕刻)	礅　墩	瓦　当	掉(吊)檐瓦
门上枋	天落檐	滴　水	滴水瓦
门下枋	下落檐	戗　脊	找角脊
门外框(与柱子连接)	抱柱枋	搏　脊	围　脊
柱　子	中柱,前一(二、三)金柱,后一(二、三)金柱,瓜童柱,檐柱		
铺　地	沿庭院、天井四周铺条石一圈,称"踩面";天井侧面称"街沿"		

参考文献

[1] 司马迁.史记[M].哈尔滨:北方文艺出版社,2019.

[2] 杨天宇.周礼译注[M].上海:上海古籍出版社,2004.

[3] 陈梦雷.古今图书集成[M].北京:中华书局, 1934.

[4] 王松寒.我看风水的心得[M].台北:武隆出版社, 1995.

[5] 卜应天,徐试可,等.地理天机会元:上[M].郑州: 中州古籍出版社,1999.

[6] 朱文一.空间 符号 城市——一种城市设计理论[M].北京:中国建筑工业出版社,1993.

[7] 李先逵.中国民居的院落精神[C]//高介华.建筑与文化:1996国际学术研讨会论文集.天津:天津科学技术出版社,1999.

[8] 王贵祥.东西方的建筑空间[M].天津:百花文艺出版社,2006.

[9] 侯幼彬.中国建筑美学[M].北京:中国建筑工业出版社,2009.

[10] 冯俊杰.山西神庙剧场考[M].北京:中华书局,2006.

[11] 理查德·桑内特.肉体与石头:西方文明中的身体与城市[M].黄煜文,译.上海:上海世纪出版集团,2006.

[12] 赵玉莹.中国传统民居建筑空间的模糊性研究[D].深圳:深圳大学,2009.

第5章 移民建筑文化与四川会馆建筑

5.1 移民建筑文化在四川地区传播衍化的总体特征

在人类历史发展进程中，一定地理范围和社会内逐步累积形成了具有相同文化特征或包含相同文化要素的区域，它们各自具备相对稳定的文化结构和形态。但地区间差异和隔离也会因为不断产生的政治经济往来、人口迁徙甚至侵略与战争等因素被打破，产生交流和信息传递。明清以来，随着长江上游和中下游地区间交通条件的改善，贸易活动更加频繁，社会流动性加剧，再加上"湖广填川"移民潮的推动，周边地区尤其是长江中下游地区与四川地区之间的建筑文化交流也得到迅速发展。这种以相对集中的一段时期大规模"单向"人口迁徙和中后期持续的商贸活动为主要推手的信息传播模式使移民建筑文化对明清四川地区建筑总体发展的影响有以下几个特点：

第一，文化信息传播受时间和空间环境的制约。

依靠移民迁徙和商贸交流而逐渐展开的文化信息传播，其途径主要依靠移民的迁徙路线和贯通川内外的各级商贸路线，"自东经过湖北至川东再至川西、川北地区；自南经过湖南、贵州部分地区至川南、川东南再至川西地区"。主要移民聚居城镇和商品产销集散地城镇成为移民文化信息交会和扎根的重要节点。在建筑形态的比较研究中可以看到这样的变化过程。按照信息传播基本原理，"输入式信息"的传播受时间、空间两种因素的影响与制约。在时间轴上表现为"愈早建者保存原来的信息愈多、愈纯正、愈完整，愈晚建者保存信息愈少、愈杂乱"。在空间轴上"随迁徙深度的推进，散失的信息愈多，愈难以建立与信息源的关系"。因此以就近原则，东、南、北、西各部受周边邻近地区、民族的建筑形态影响最突出。如川东三峡地区主要受湖北地区建筑的影响较多，川东南地区可以看出受湘西、贵州土家族、苗族建筑的影响较多；而川西、川北地区受陕西、关中地区建筑的影响较多。另外，移民文化信息的传播受移民入川迁徙路线，移民地理空间分布，后期商业活动范围、类型等多种因素决定，因此不同籍贯、不同类型移民对四川各地的影响力是不同的。表现为川东地区主要受到湖北、江西、江浙地区文化影响，川东南地区主要受到江西、广东、福建客家文化影响，川西和川北地区主要受陕西、湖广以及客家文化影响。

第二，不同来源的建筑技艺杂融混处、优胜劣汰。

与之前的"秦移万家入蜀"等移民活动不同，明清移民在人数上以东南部省份移民为主，中原移民为辅，五方杂处。同时这一时期国内各个地区均受到南方建筑技术新的影响，其影响力有逐渐超过中原地区的趋势。在这种历史环境下，总体来讲，清代以来四川地区建筑受南方地区影响比较大，而大移民更加快了这种影响力自东向西的传播。在表现形态上，不同于一般本土文化圈与外来文化之间的关系呈现强弱对峙，原生形态和移入形态界限分明的状况，四川地区移民建筑文化形态以早期保持"差异性"到中后期逐渐表现为"杂融混处"为主要特征，多元并存的状况十分显著。保持"差异性"是早期移民维护原籍建筑文化信息纯正，标识移民身份和展示移民团体凝聚力强弱的重要方式。这种特点在清中期及之前修建的重要移民会馆、家族宗祠类建筑中表现得比较明显。城镇中一些有实力的会馆在建造之初会直接聘请故乡工匠队伍，重要建筑材料不远万里自原籍运送而来，技术工艺严格遵循故乡的习惯做法，这种跨越时间和空间的"直接移植"，是为了使原籍建筑文化信息的表达和保存更加纯正、完整。但是，因民系、族群关系造成明显差异和彼此的长期隔离不同的是，这种对峙很快走向调和。四川地区各方移民和土著居民彼此之间形成的是一种"保持差异性和接受趋同"杂融并存的文化。也就是说，虽然不同区域形成了特色上的差异，但是彼此界限并不十分鲜明。四川地区对外来建筑技术逐渐接纳，并使之本土化，表现为最初以移民的习惯性延续，下意识与自发性为主，而在后来的过程中优胜劣汰，先进代替落后，适宜技术代替不适宜技术。随着时间的推移，外来建筑形态与技术差异因为受到功能法则和技术法则制约，建筑空间形态与建造技术层面保留下来的信息渐趋零散，部分不适宜的技术做法消失。如为了适应本地湿热气候，屋面构造趋于轻薄，取消了望板和苫背层等。移民建筑文化特征更多地表现在建筑造型、装饰和图像层面，并且也出现了文化信息新的解读、繁衍和重构，逐渐融于四川地区原来的建筑体系。

5.2 四川会馆建筑封火墙形态的多源杂融性

5.2.1 封火墙的源流及南方地区封火墙主要形态

封火墙的起源和应用主要是与元明以后南方城镇建筑逐渐密集所带来的防火需求的增大有直接联系。在明代《徽郡太守德政碑记》中提到，鉴于徽州地区地少人多，建筑密集，火灾屡见，延烧房屋无数，为防止火灾连营，明弘治年间，徽州太守何歆以政令强制推行筑高墙以阻隔火势之举，"每五户相连的民居组成一伍，共同修筑防火墙，每五户人家缩地六寸，临街的人家则缩地一尺六寸让出火墙基础，其余四户出钱出力，如有违令者将予以严惩"。山墙因防火功能的要求必须高出屋架，使之在火灾时能有效隔断火路，防止火势蔓延，故称之为"封火墙"。高大的封火墙还有防盗、防风的功能。明代《广志绎》中记载："南中造屋，两山墙常高起梁栋五尺余，如城垛然其近墙处不盖瓦，惟以砖成路，亦如梯状，余问其故，云近海多盗，此夜登之以了望守御也。"这表明风火墙的应用进一步被推动，随着砖石加工及施工工艺逐步成熟，在今天的浙江、江西和广东等地区逐渐普及。在纯粹的功能性外，高大突出的封火墙也丰富了明清时期南方城镇建筑外立面的造型。因所处地域环境和寓意的不同，封火墙在造型、装饰和技术细节处理上逐渐产生差异，表现出不同的区域建筑文化特点。

1）徽州、浙江

徽州民居一般为天井式合院，砖木结构，多为两层楼房，少量三层或两层与三层组合。房屋四面围封，瓦不外伸，屋面水不外流，没有脊饰且立面上看不见屋脊，仅外墙上部及门楼处做一些形式变化。立面以墙面为主，形成方正、封闭的建筑外观。正立面上部墙体呈水平直线，或者两侧高墙向内中心递降形成井口，形成矩形或"凹"字形的墙面基本形态，对称均衡。侧立面从墙顶最高点起随屋顶坡度层层跌落，形成阶梯状的建筑外轮廓，当地人称作"马头墙"。除此以外，还有硬山结合阶梯形以及弓字形，只是"马头墙"这种形式最为普遍和典型[1]。明代以后，墙体多以空斗砖墙砌筑，抹以白垩，屋面为黑色小青瓦。建筑外部形态融入马头墙的节奏，屋顶退居到次要地位。大片白粉墙与精美的门楼、深色的线性墙脊形成强烈对比，构成"青瓦出檐长，马头白粉墙"的建筑形象（图5.1）。

图5.1 安徽黄山市黟县宏村某民居
图片来源：单德启.安徽民居[M].北京:中国建筑工业出版社，2009.

　　"马头墙"的形制差别主要体现在"阶梯"级数和"座头"（或称"马头"）式样的选择。同一标高的一段，谓之一"档"，根据建筑进深决定山墙阶梯数及尺度，称作"定档"。进深大档数随之增加，但每坡屋面一般不超过四档，多数为二、三档，称"三山屏风"和"五山屏风"（俗称"五岳朝天"）。"马头墙"座头（马头）的式样依房主身份、地位、财力、追求的不同而造型各异，主要有坐吻式、印斗式、鹊尾式。座头的式样主要分为坐吻式、印斗式、鹊尾式、朝笏式等。坐吻式为马头墙中制式最高一类，因墙脊设有窑烧构件"坐吻"得名，主要见于祠堂、社屋、寺庙；印斗式是在座头前端放置形似方斗的砖石得名，其中印斗式还可进一步分为"坐斗"和"挑斗"两种，座头造型本身象征了古代官印或官帽，有说法其屋主多为文人或朝廷文职官员[2]；鹊尾式因其墙檐砖作类似于喜鹊尾式构件得名，构造简洁，是徽州民居马头墙中最多的一类。当建筑群前后进马头墙制式不同时，常以鹊尾式居前，印斗式殿后，按所谓"前武后文"分置。据此可知，印斗式制式略高于鹊尾式。[3]还有一种朝笏式是在座头位置使用雕凿成形似朝笏的砖石，或者直接反放一块瓦片象征朝笏，以表达屋主对步入仕途的追求与向往，其属于简易型马头墙的一种。（表5.1）

表 5.1　徽州地区马头墙分类表

地 区	类 型	图 例

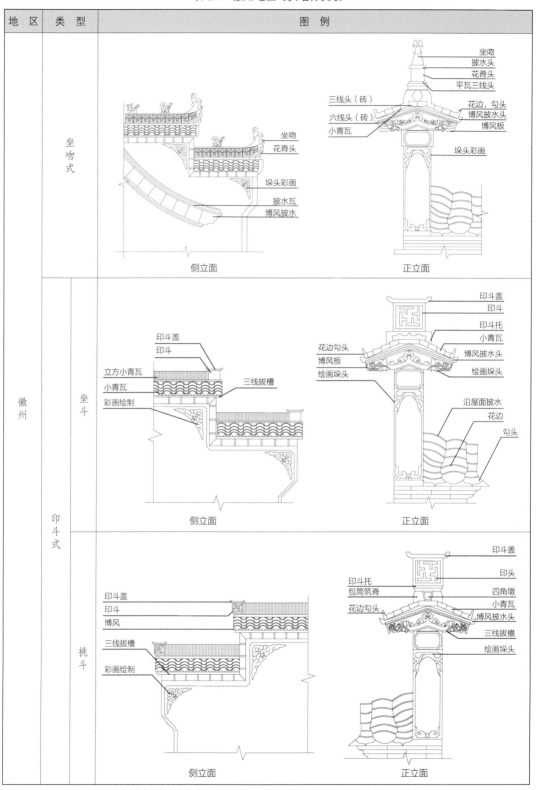

续表

地 区	类 型	图　例
徽州	鹊尾式	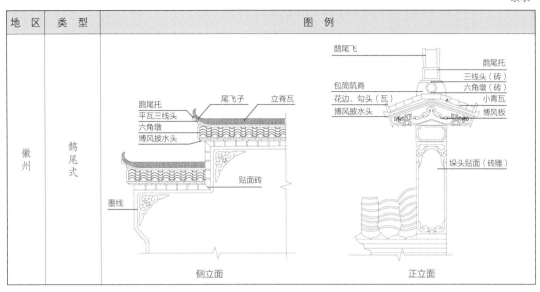

侧立面　　　　　　　　　　　　　　　正立面

资料来源: 单德启.安徽民居[M].北京: 中国建筑工业出版社, 2009.

　　因浙江临近徽州, 两地民居有相通之处。其中浙西民居马头墙的围合方式、外观色彩近乎徽州民居, 跌落阶数少, 涩檐少, 客顶多做水平线条, 以功能性为主。浙东民居则不再遵循封闭的外观, 正立面上开门开窗多, 山数多有七山, 甚至九山, 每一级客顶上翘厉害, 装饰性较强, 且山墙往往前后不对称。如绍兴民居前面做马头墙, 和宁波、台州地区相似, 后面只做普通山墙与屋顶交接。浙中民居正立面不用墙围封, 有的还把中间大门加高, 山数多为五山, 但不全用马头墙, 也搭配硬山式或采用硬山结合阶梯形。东阳、义乌一带客顶上翘, 比浙西复杂, 比浙东简单, 具有由浙西到浙东过渡型的特点[4]。到了浙南, 马头墙翘得更甚。(图5.2)

　　2)福建、岭南地区

　　福建与江西、浙江两省交接, 福建闽北地区也有类似徽派的"跌落状"马头墙。闽南民居以合院

a　浙东马头墙　　　　　　　　　　　　　　b　浙中马头墙

c 浙西马头墙　　　　　　　　　　　　　　　　d 浙南马头墙

图 5.2　浙江各地民居马头墙

图片来源：丁俊清，杨新平.浙江民居[M].北京：中国建筑工业出版社，2009.

式为主，多以红砖墙体做外墙封护，大门比前墙面凹进几步，俗称 "塌寿"，也称 "凹寿" "凹肚"，屋顶为双向曲线（即屋面是曲线，屋脊也是曲线），正立面露出屋顶。沿海一带民居山墙与广东潮汕地区及台湾大部分地区相一致，做硬山式屋顶防止台风侵袭，主要为 "厝角头" 山墙（或称马背山墙），即在山墙顶端鼓起，与前后屋坡的垂脊相连，墙头造型受到五行学说影响，地方特色明显。（图5.3）

"五星（行）者，金木水火土也金头圆而足阔，木头圆而身直，水头平而生浪，火头尖而足阔，土头平而体秀。" 还派生出 "大幅水式" 等多种变体。至于山墙须用何种形式，则由堪舆家视环境而定，主要取相生相克的五行关系。墙头压顶多用几层凹凸线条，增加阴影变化以加强轮廓线，有的还采用彩画、灰塑或嵌瓷作为装饰。

闽东民居以多进天井式布局为主，封火山墙以青砖、生土砌筑，有弧形、弓形、云形等形式，其中福州为独特的马鞍形封火墙，多以生土夯筑，因墙体顶端的天际轮廓线呈曲线 "几" 字形，状如马鞍，故称之为马鞍墙。马鞍墙上贴一层瓦以防雨淋，称之为 "穿瓦衫"。与闽南纤细的燕尾式飞翘有所不同，福州封火墙的起翘较为大气，称鹊尾式。[5]（表5.2）

图 5.3　鼓浪屿大夫第四落大厝

图片来源：戴志坚.福建民居[M].北京：中国建筑工业出版社，2009.

表 5.2　福建地区封火墙分类表

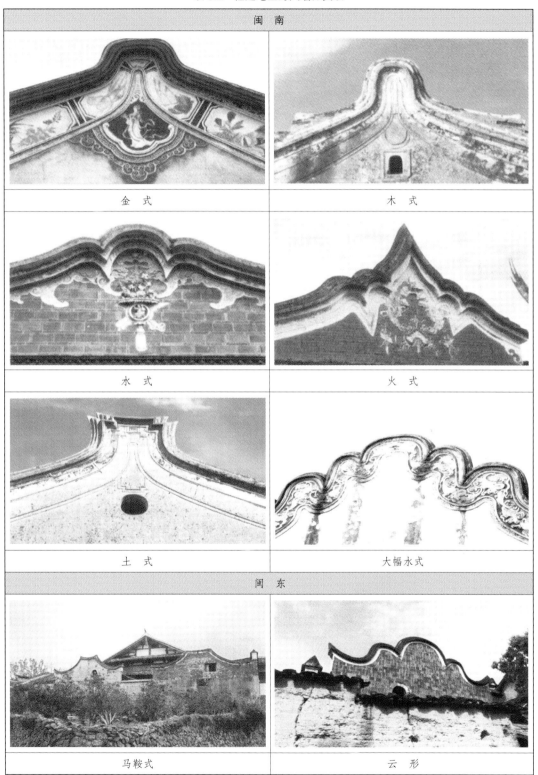

图片来源：戴志坚.福建民居[M].北京：中国建筑工业出版社，2009.

　　　　陆琦.广东民居[M].北京：中国建筑工业出版社，2008.

岭南地区包含广东、广西、海南、香港、澳门三省二区,其建筑根据民系分为广府建筑、客家建筑和潮汕建筑三大体系。广府民居封火墙分为四种:人字形山墙、镬耳山墙、三拱山墙和方耳山墙(表5.3)。镬耳山墙在外观造型上最突出特点是建筑外立面两侧高高凸起,是形如圆镬把手的高大山墙。根据五行之说,镬耳山墙外形属金,而广府地处南方属火,建造镬耳山墙有取金生水,以水镇火之意,同时将山墙的博风部分刷成黑色,黑色在五行中属水,有压镇南方火邪和住宅丁火的祈盼寓意。人字形山墙因侧立面酷似汉字"人"(当地工匠称"金字")而得名,其特征为前后坡两条垂脊相交于山墙顶端并明显高于屋面正脊,由于人字形山墙造型简单,建造成本低廉,在广府民居中普遍使用,依形制分为"直带式垂脊"和"飞带式垂脊"两大类。方耳山墙主要用于广府地区大型民居和祠堂,其形制类似徽州马头墙,但每级之间夹角为70~75度,有别于马头墙90度的夹角。三拱山墙的山墙轮廓由三个圆形拱起组成,中间圆拱高大,两侧拱起矮小,造型似波浪,造型上受到福建移民的影响。

潮汕民居封火墙造型与闽南地区封火墙比较接近。客家民居封火墙的种类多样而分散,镬耳山墙相较广府地区表现为体量小、装饰简约;五行山墙相较潮汕地区多以基础形制出现,较少有复杂的变体;人字形山墙在客家民系范围内也有一定的数量;徽州"跌落状"马头墙在客家古村落中也有出现。

表5.3 广府地区封火墙分类表

| 人字形山墙 | 三拱山墙 |
| 镬耳山墙 | 方耳山墙 |

图片来源:王凌枫.皖南与岭南古民居在封火墙造型及装饰上的比较研究[D].合肥:安徽工程大学,2016.
罗意云.岭南传统民居封火墙特色的研究[D].广州:华南理工大学,2011.

综合起来，徽浙地区封火墙的造型较为平实，一般采用阶梯形式，白墙黛瓦，线条较平直。往南到广东、福建地区，台风暴雨频繁，封火墙形式与这种气候相适应，造型多样，色彩丰富，讲究五行象征寓意并且受到海洋渔民文化的影响。此外，由于遮阳防风的需要，封火墙的高度和宽度都有所增加，整体形态与其他地区民居的封火墙相异甚远。

5.2.2　封火墙在赣、鄂、湘地区的传播与形态演化

1）江西

江西一面受到中原汉族传统文化的深刻影响，另一面又受到周边如徽州、客家等文化因素的影响，形成三种传统民居建筑形式——赣派民居、徽派民居和客家民居。赣东北邻近徽州地区为徽派民居驻地，延续了白粉墙、封闭外观的形象。赣中属"庐陵文化区"，代表江西本土风格[6]，多天井式布局，大量使用清水墙体，以青砖为主[1]，大门门楣为装饰重点，正立面露出坡屋顶。封火墙亦称马头墙（又称"屏风墙"），也是平行阶梯式跌落的造型，檐下通常做白粉饰带、墨绘甚至彩绘装饰带。跌落脊的配置通常是对称的，但也有不对称的。跌落阶梯每次起山的宽高比例基本在2：1左右，与这里民居四分半水至五分水的坡度相一致。闽广移民从粤北、闽南进入江西南部和西部的山区，为便于防卫，建造了大量聚族而居的"围屋"，与闽南的土楼、粤北的围垅屋一起成为客家人居环境的代表。围屋以清水砖墙砌筑，体量庞大，外观封闭，但四面屋顶露出，且未使用封火墙区隔。（图5.4）

图 5.4　江西吉安市渼陂村某民居
图片来源：姚赯，蔡晴.江西古建筑[M].北京：中国建筑工业出版社，2015.

---

1 少数地区由于材料工艺的变化，有近似于红砖的地方砖材，但仍然使用类似青砖的砌筑工艺。资料来源：姚赯，蔡晴.江西古建筑[M].北京：中国建筑工业出版社，2015.

2）两湖地区

　　江西到两湖地区[1]移民自唐代以来便已有之。元末明初时期，又发生移民史上所说的"洪武大移民"，江西籍移民占主流。明朝永乐年间到明朝后期，江西等省移民仍在源源不断地迁入两湖。明末清初，为了隔离沿海人民与郑成功及其他反清力量的联系，强迫浙江、福建、广东沿海居民内迁，造成现今两湖和江西地区客家人的大量分布。[7]江西不仅是两湖移民的主要输出地，也是其他如闽、粤、苏、皖等地移民进入两湖的主要通道。两湖处在"江西填湖广，湖广填四川"的第三次移民大潮的通道上，兼具过渡性和"通道"的作用。因此，两湖地区封火墙样式和造型受到南方各省风格的影响，其中鄂东南和湘东北基本为赣语方言区，仅部分夹杂客家语区。

　　两湖民居的山墙形式除悬山式外，更多的还是硬山山墙。鄂东南传统聚居方式以宗族血缘型聚落为主，多数为早年从江西移民而来的家族定居发展而成。其典型民宅外墙一般以石基清水砖墙为主，左、右、后三面均不开窗，仅在前墙处开有少量窗洞。主入口多居中，做成内凹式槽门[2]，因墙退而檐口不退，自然形成一间高大的入口门廊，正立面屋面露出，近檐口处以叠涩处理，并和退进的入口开间以白灰粉刷，讲究一些的，在檐下施以水墨彩绘，有的在入口两侧和山墙面均设封火墙。入口也有平开式[3]、落地牌坊门形式。鄂西北民居外墙实墙较多，封闭性更强，开少量石雕漏窗，山墙形式多样，有马头墙、"猫拱背"、镶耳墙等，受到南北多方文化的影响。[8]（图5.5）湘东北地区正立面多悬挑屋

图 5.5　湖北通山县王明璠大夫第家祠入口
图片来源：李晓峰，谭刚毅.湖北古建筑[M].北京：中国建筑工业出版社，2015.

图 5.6　湖南浏阳市新开村沈家大屋
图片来源：柳肃.湖南古建筑[M].北京：中国建筑工业出版社，2015.

---

1 两湖地区，地理上概指以江汉平原—洞庭湖平原作为核心区域，以长江为分界的湘、鄂两地。湖南和湖北地理上相连，文化上相近，有着密切且难以分割的联系。资料来源：李晓峰.两湖民居[M].北京：中国建筑工业出版社，2009.

2 在鄂东南地区，宅地通常设槽门以强调主入口。槽门一般设于当心间中轴线上，即由当心间的外墙整体向内推进1.5～3米不等，并有设双立柱成门廊形式。门洞口常用上好的石料镶砌成"石库门"，门头上方有牌匾。槽门檐下一般设一道横置的梁枋以承载外挑的屋檐，称"看梁"，檐下常以曲面的轩拱作为装饰。

3 平开式是直接在外墙上开设门洞，不做凸出或凹进式的处理，门上一般会装饰门头，但出檐较浅，只做装饰与强化入口的作用。门头下方皆有题字的门楣匾额。

面,有的形成柱廊,封火墙墙身部位有用土砖,或者清水砖墙到顶,完全裸露材料的本色。湘南民居也是清水砖墙,山面为有一定曲度的跌落式马头墙或人字曲线形硬山墙,正立面近檐口处以叠涩处理或屋面伸出,亦勾白边,入口一般也如两湖东部地区一样做推进的槽门,当地多称"门斗",只是推进不深,许多大门为木构门框。(图5.6)

江西移民先进入的鄂东南地区,民居封火墙普遍采用"跌落状"马头墙,封火墙山宽和山高比例接近2:1,埠头构造和样式与江西地区也基本接近,其他样式仅少量见于宗祠、会馆建筑。如鄂东南宗祠中往往会把第一进和最后一进的封火山墙做成云墙样式,一般由2~4段弧形或半圆形组成,无论从哪个方向上观察,都可以看见封火山墙上像有两条龙头部高高昂起,垂脊多用数层小青瓦堆叠而成,有的多达5层,颇似龙身之龙鳞,这种形式的封火山墙规制比较高,称"滚龙脊",又叫"猫拱背",且有"五花猫拱背"和"三花猫拱背"两种。同样处于移民西进方向上的湖南省,亦形成"猫拱背"等做法。曲线形山墙除了滚龙脊山墙,还有弧形、半圆形、弯弓形等,一般两端做平脊上翘,一层叠落或不做叠落,墙端多覆以望砖或镂空的花砖做装饰。

"一字形"封火墙指呈一条直线无起伏变化的高大封火墙体,也常被看作其他不同形态封火墙之间的连接部分。湖南洪江城内多窨子屋,两进2层或两进3层,四周都是青砖砌的封火高墙。山形封火墙中,一种垂脊略高于两坡屋面,并与正立面的檐墙突出的墀头连接起来,山墙中间为三角形。这种做法类似于北方的硬山山墙做法,但是构造方式简化了许多,同时增加了出檐部分的墀头部分。还有一种"人"字形山墙,天际线较柔美,是山形山墙的一个变体,湖南民居中"人"字形山墙较普遍,曲度较大。[8]如果是多进院落,跌落状、山形、曲线形三种形式可能同时出现,这种组合形的构成还有单一墙体上出现多种形式的糅合,如湖北秭归县新滩南岸桂林村的江渎庙,前殿的封火墙就是三角形和弧形结合的形式。

在移民进入江汉平原并且继续西迁过程中,新的变化和地方特色做法开始出现,丹江口鄂西北地区民居封火墙做法倾向于仅在檐口处砌成形如封火墙的封火墙垛,截断檐口的左右邻居而已,形成一种"简式",既保持了连绵的坡屋顶关系,在街景立面上又增加了封火墙的审美趣味,这明显受到陕西汉中地区硬山墙做法影响,但防止火灾的功能已大大降低。(表5.4)

表 5.4　两湖地区封火墙分类表

阶梯形	
湖北大冶水南湾祠堂	湖南永州宁远黄家大屋

续表

一字形	
湖北通山江源村王南丰老宅	湖南洪江窨子屋

山　形			
三角形	湖北利川石龙寺	人字形	湖南道县楼田村"五星列照"民居

曲线形			
弧形	湖北恩施武圣宫	半圆形	湖南凤凰陈家祠

曲线形	
滚龙脊	湖北通山县大路乡王明璠大夫第

复合型	
湖北十堰丹江口饶式庄园	湖南浏阳谭嗣同故居
并置型	简式
湖北秭归县新滩南岸桂林村的江渎庙	湖北罗田屯兵堡

图片来源: 李晓峰, 谭刚毅.湖北古建筑[M].北京: 中国建筑工业出版社, 2015.
柳肃.湖南古建筑[M].北京: 中国建筑工业出版社, 2015.

通过表5.5可以粗略看出不同山墙形式的特征。另外, 两湖地区传统民居的封火山墙墙头起翘也是多种多样, 主要分为四种形式, 分别是墙头自身起翘、叠瓦起翘、饰物起翘和砖石起翘, 充分体现了民居营造的多样性。

表5.5 封火墙墙头起翘形式

墙头自身起翘	叠瓦起翘

续表

| 饰物起翘 | 砖石起翘 |

图片来源：李晓峰,谭刚毅.湖北古建筑[M].北京:中国建筑工业出版社,2015.
　　　　柳肃.湖南古建筑[M].北京:中国建筑工业出版社,2015.

综合来说,湘、鄂、赣三省气候相似,住宅两侧山面设封火墙,屋后用墙体围合,但为硬山屋面,墙不出屋顶,正立面露出坡屋顶。所以这三面墙真正突出的是两山之封火墙,每隔两三个开间就设一堵。正立面从形态看,竖向挺拔的封火墙与横向舒展的坡屋面形成对比,从颜色看,墙体的白色或浅青灰色和小青瓦屋面的深黑灰色形成对比,统一中又有变化,相比徽州做法不显封闭。并且这几省民居类型变化极多,不像皖南徽州系民居那样特色强烈。

5.2.3　四川地区会馆封火墙的主要样式

清中后期,四川城镇里会馆、祠庙、庄园民居等较高等级的建筑多采用封火山墙围合,以求防火防盗,同时彰显威仪。而受三峡地区山高水深地形条件及经济因素等影响,在少数地势平坦、人口稠密、经济较为发达的场镇,如巫山大昌古镇,资中罗泉、铁佛古镇,双流黄龙溪,雅安上里,青神汉阳和重庆酉阳的龙潭、龚滩,忠县洪安等古镇中,普通民居之间也采用封火墙分隔[9]。它既是城镇建筑密集后防火的需要,也增加了新的建筑造型要素,有别于川渝地区传统建筑小青瓦出檐深远、深色穿斗式木构架和白色竹编夹泥墙的典型形态,丰富了本地区建筑造型语言和形态。而四川封火墙的样式和形态受到南方封火墙形态很大的影响,表现出对江浙、闽粤地区建筑审美观念的认同。这在主要受中原文化和荆楚文化影响的明以前是比较少见的。

按照信息传播基本原理,输入式信息的传播受时间、空间两种因素的影响与制约。因此以就近原则,在东、南、北、西各部受周边邻近地区、民族的建筑形态影响最突出。另外,移民文化信息的传播受移民入川迁徙路线、移民地理空间分布、后期商业活动范围、类型等多种因素决定,因此不同籍贯、不同类型移民对四川各地的影响力是不同的,表现为:川东地区主要受到湖北、江西、江浙地区文化影响;川东南地区主要受到江西、广东、福建客家文化影响;川西和川北地区主要受到陕西、湖广以及客家文化影响。

四川会馆建筑封火山墙的基本形态有四种:阶梯形、山形、一字形和曲线形。其中"阶梯形"封火墙按照进深大小分为三台下降(三山式)和五台下降(五山式),偶见多者可达七山式甚至十一山。

实例如自贡富顺江西会馆、重庆江津白沙张爷庙、洛带江西会馆等。阶梯形山墙的檐脊起翘有两种形式: 一种做法是在脊下加六角墩, 使得脊吻和瓦脊翘起, 但拔檐及滴水仍然平直。另一种做法是拔檐以下的墙体做升起, 从而整个拔檐、滴水、瓦脊均往上起翘。两种山墙的定档方式一样, 即设挑檐檩和脊檩水平长度为L, 挑檐檩和墀头出跳水平距离为L_1, 挑檐檩下皮到扶脊木上皮垂直距离为H_1, 扶脊木上皮到瓦立脊垂直距离为H_2, 那么三花山墙则把垂直距离平分两段, 即为$(H_1+H_2)/2$。第一级宽度为$(L_1+L)/2-H_2$, 第二级宽度为$(L_1+L)/2+H_2$。(图5.7)

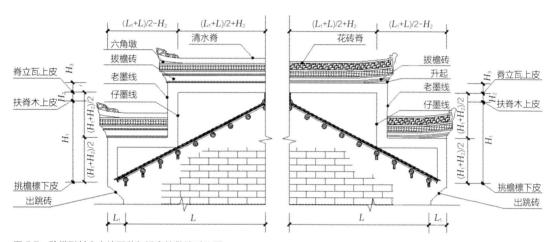

图 5.7   阶梯形封火山墙两种起翘定档做法对比图
资料来源: 张潇尹.基于移民影响的巴渝传统民居形态演进研究[D].重庆: 重庆大学, 2015.

"山形"封火墙类似两湖地区做法, 典型实例有富顺火神庙、自贡西秦会馆等。"一字形"封火墙典型实例有重庆广东会馆等。"曲线形"封火墙形态为圆曲线形, 地方俗称"猫拱背""拉弓墙", 典型实例有洛带广东会馆、自贡仙市南华宫等。还有"简式", 不作山式, 仅在前檐出一垛头, 主要起装饰作用, 典型实例有大昌古镇民居。人字形封火墙的第一级定档方式与阶梯形相似, 但第二级拔檐、滴水等平行于屋顶坡度(图5.8)。拉弓形封火墙第一级定档方式与前面两种形态的封火墙做法一致, 山花的弧形以挑檐檩和脊檩垂直相交点为圆心, 至瓦脊上皮距离为R画弧。为取得不同的圆弧效果, 圆心点再移到上部檐檩或金檩和脊檩的垂直相交点上(图5.9)。

由此可以看出, 封火墙技术起源在于其防火方面的优势。而清代以来受地形环境限制下的四川传统场镇一般规模不甚大, 不需要使用费工费时的新技术; 同时这一技术是否完全适应四川地区多雨、潮湿的气候, 在民间还并不被完全认同; 再加上技术力量的缺乏, 材料和造价等因素也是这项技术未得以全面被运用的原因。这也充分说明, 主流建筑技术文化的传播和流变呈现相对稳定的线性过程, 它需要较长时间的推进和社会经济、文化、技术综合环境的变化。

在以上几种基本形态的基础上, 多样的组合形式和混合形态也是四川会馆封火墙造型的重要特点。组合方法主要分为同类组合、多类组合以及多类混(复)合三种。其中前两种属于各地比较常见的组合形式。"同类组合"既指一组建筑群体中有多个单种样式的封火墙, 也包括一道连续的封火墙由单种样式的封火墙组合而成。"山形组合形"即是将两个山形封火山墙通过中间一道水平的

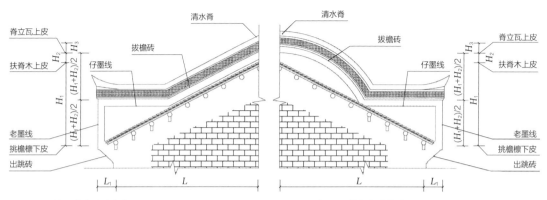

图 5.8　人字形封火山墙定档图　　　　　　　　　　图 5.9　拉弓形封火山墙定档图

资料来源：张潇尹.基于移民影响的巴渝传统民居形态演进研究[D].重庆：重庆大学，2015.

山墙联系起来，如四川富顺火神庙。"阶梯组合形"是指多个三（五）花山墙通过中间一道水平山墙相联系成组，整个山墙在立面上很有层次感和韵律感，如四川平昌白衣镇永延钱庄等。"曲线组合形"即前后两道山墙都为猫拱背，中间用一道横的山墙相联系。除此之外，一组建筑群体中有多种样式的封火墙或者一道连续的封火墙由不同样式交叉搭配，就出现了在一组建筑群体中有多种样式封火墙的做法，即"多类组合"。由于这种方式使封火墙造型更加丰富，建筑形象更加活泼生动，因此也是最广泛使用的方式。第三种"多类混（复）合"是四川地区会馆中最具特色的封火墙造型形态，指两种封火墙基本形态以"复合形"在一个单体建筑山墙上出现。其主要包括："曲线形与山形组合"，即用一个（有时也用半个）猫拱背与山形相连接，中间有时用一道短的水平横墙，有时也不用，如自贡西秦会馆耳房两侧封火墙、仙市南华宫山墙；"曲线形与阶梯形组合"，即将一道或两道猫拱背与一道或两道阶梯形（有时也用半道）封火山墙相连接，中间可用横墙，也可不用，如自贡牛佛万寿宫封火墙、仙市南华宫等。（表5.6）

表 5.6　四川会馆封火墙造型形态览表

山形	
富顺火神庙	自贡西秦会馆

续表

续表

同类组合型

位置不明	江津石蟆镇清源宫

位置不明

多类组合型

大昌帝王宫

四川某地七滴水大封火墙与弧形组合	四川某地七滴水大封火墙与弧形组合

多类混合型	
封火墙（一）	封火墙（二）
四川江津白沙镇桓侯宫十三滴水封火墙	四川自贡某会馆封火墙

图片来源: 自摄

5.2.4　四川地区会馆封火墙形态的地缘、地域特色

四川会馆封火墙的形态主要受到以下两种因素的影响: 其一, 不同省籍会馆倾向于保持移民原籍地区封火墙形态的特色; 其二, 受周边邻近地区影响。如大昌、开县两地封火墙和湖北地区的多种做法接近, 酉阳龙潭封火墙与湘西凤凰古城封火墙造型接近, 但是它们又都保持着与江西民居、徽州民居做法的基本渊源关系, 而与粤闽地区做法差距较大。从文化层面深入分析, 其丰富性恰好反映出移民地缘性文化要素在四川地区会馆建筑中的多样化表现形态。

第一, 受到移民来源地影响的地缘性特征。

移民原籍地的封火墙造型特点尤其是其中最有代表性的特征会直接影响本籍移民会馆封火墙造型形态, 它作为重要的"文化符号"成了区分会馆类型的重要标志。这些文化基因具有较强的顽固性, 一般不会因移民迁徙时间和距离的远近轻易改变。这一点在原籍地封火墙本身使用比较普遍的地区更加突出。江西会馆普遍使用直线平行阶梯跌落式封火墙造型, 保持与原籍地的一致性, 这也成为辨识四川地区江西会馆的重要标示。这在四川洛带江西会馆、自贡仲权万寿宫、酉阳龙潭万寿宫、泸州屏山楼东万寿宫等与贵阳青岩万寿宫、镇远万寿宫和思南万寿宫都得到了印证。而广东、福建客家会馆多用曲线形封火墙是它们的主要特征。自贡仙市南华宫、天后宫、自贡大岩南华宫封火墙造型与潮汕、客家地区民居和祠堂家庙常用的五行山墙基本一致。作为湖北宗祠建筑封火墙最有地区代表性的"滚龙脊"做法就成了湖广会馆封火墙的重要标志,如重庆渝中区齐安公所龙形山墙、成都洛带镇湖广会馆龙形山门外墙就是例证。

四川最大的客家移民聚居地成都龙泉驿洛带古镇,四处会馆"广东会馆、江西会馆、禹王宫以及川北会馆"共处古镇主街前后,修建时间相近[广东会馆和禹王宫均修于乾隆十一年(1746年),江西会馆修于乾隆十八年(1753年)],但无论平面布局、空间形态还是建筑风貌,差异都很大,各自还保存着本籍建筑文化特点。其中客家移民修建的广东会馆和江西会馆虽同属客家会馆,但由于省籍来源不同,差异也较大。广东会馆占地面积广,由高大封火墙三面围合,面街的玉皇殿体量居古镇之首,两侧"大幅水"造型的封火墙鲜明地昭示自身文化渊源。江西客家会馆平面接近赣南民居平面,中间设置小戏台的做法在规模不大的会馆里非常少见,和赣南民居"堂屋-影壁"的做法接近,封火墙采用了江西地区典型的阶梯跌落式做法。禹王宫正立面采用云形封火墙造型和客家会馆保持差别。而川北会馆作为本地土著会馆相对位置独立,也没有使用高大封火墙。通过和原籍封火墙造型进行比较,这个时期无论是广东会馆的"水形山墙"还是江西会馆的"阶梯形山墙",都比后期更完整地保持了各自的风格特征。

在原籍地不使用封火墙的会馆建筑,以上这种特性就不明显,如陕西移民所修建的西秦会馆并不在封火墙造型上有固定做法,多使用略高于屋面的山形、一字形山墙将建筑群体封闭,起到防火、防盗的功能,在形态上比较接近于北方硬山屋顶的做法。而在绝大多数会馆建筑使用封火墙的情况下,少数建于清后期的川主庙以及一些行业会馆仍然固守着四川传统民居悬山出檐不使用封火墙的做法。

第二,四川内部各地区的差异性。

川内各地区各种类型会馆封火墙造型中的趋同性变化可以看出地理区位因素,地区的经济环境、产业类型和移民数量、移民籍贯比例状况等社会因素的影响,以及文化杂处交融过程对原来文化结构的解构和重组过程。

川东地区总体受到湖北荆楚文化影响最深,湖广籍移民数量也最多。因此,以湖北"滚龙脊"为原型的连续龙形封火墙造型所出现的比例要明显高于四川其他地区,它不仅出现在湖广会馆,一少部分广东会馆、福建会馆也开始采用此式样。如綦江东溪几处会馆封火墙造型都采用了滚龙脊做法。川南产盐区由于强盛的经济实力和南北商贸往来频繁,不仅会馆类型非常多,封火墙的装饰丰富而华丽,而且各地建筑文化"多元并置到杂交融合"的程度明显高于其他地区,有各种"混合型"封火墙样式出现。据考察,盐都自贡地区一共有各类会馆17座,封火墙造型20余种,其中复合型封火墙样式有9种之多。各地盐商之间的攀比意识和"拿来主义"的文化态度,是这一地区在短期内产生如此多变化形态的诱因。究其根本,其产生和运用反映出原本具有"文化基因"意义的封火墙造型在四川地区产生了独具本土特征的杂交型,是文化移植到融合、再生的典型例证。

地域性特点也体现在封火墙墙檐、墀头及脊部等细部处理方面。四川地区封火墙墙体和墙檐的结合部一般会使用弥缝抹灰,做出宽约350毫米的白色饰带,讲究的还做成彩绘装饰,题材多以祥禽瑞鸟、富贵花饰和传统的图案符号为主。在顶部一般要叠涩挑出，做法有叠直檐、半混檐、棱角檐等，上覆以小青瓦或者筒瓦（也有的地方喜欢直接在砖面上抹出一道高高的灰塑面）。墀头的做法大致分"一次出挑和两次出挑"两种。出挑的做法也有两种：一种为用砖出挑，出挑长度一般不超过一块砖的长度。另一种为用木板出挑，将木板砌筑在出挑的墙体下面，大部分埋于墙内，小部分出挑支承上部墙体。木板与墙等宽，也可选窄条，不外露出来，出挑的距离较大。出挑时可平挑或斜挑，

金堂土桥禹王宫　　　　　　中江仓山帝主宫　　　　　　　　江津塘河王爷庙

资中盐神庙　　　中江仓山帝主宫　　　重庆齐安公所　　　川南地区的宜宾李庄天上宫

滇南馆　　　　　　宜宾李庄禹王宫（特征最明显和统一）

图 5.10　四川各地区会馆封火墙"墀头"细部做法示例
图片来源：自摄

斜挑挑面还可抹成弧形。檐面上有的地方用瓦盖顶，有的地方不用瓦，直接在砖面上抹出高高的灰塑面。屋脊一般做成灰塑的脊，但是脊头的做法各地区都不一样，一般是一个城镇基本会统一。如川东地区普遍采用"悬山"压顶的做法。脊头起翘部分，川东地区喜欢用发戗，完全是用灰浆抹出来的，形式类似于水戗发戗，檐头的基部仍然是平的，只是翼角飞出。川北地区喜欢做成平直的，在端头上大加装饰。川南地区自贡、宜宾一带大部分会馆封火墙脊头都采用类似庑殿顶的形式，顶部发两条戗脊的造型格外突出。仅见资中罗泉盐神庙一座会馆内同时使用带戗脊和无戗脊两种做法。（图5.10）

5.3 四川地区会馆建筑装饰技艺的多源杂融性

会馆建筑装饰是考察移民社会和新兴市民阶层审美和文化价值取向的最重要证据依托之一。它的发展受到清代社会建筑装饰艺术整体水平和审美趋势的最直接影响，保持了与其他地区文化和技艺水平的基本一致；它也是清代四川地区移民社会文化的集中体现，反映出会馆主体建造者独特的思想情感和价值取向，而会馆建筑复杂多样的功能也对其选择、安排及艺术表现手法等提出要求；此外它还受到四川地方传统文化和风俗民情的滋养，具有十分鲜明的地方民间文化气质和艺术表现性，充分体现出装饰文化与社会伦理的结合，以及地域性和地缘性的结合。

5.3.1 会馆建筑装饰题材及文化内涵

四川地区会馆建筑的装饰题材既有普遍传统建筑装饰题材选择上的共性：如大量运用的祈福纳祥、神灵崇拜等反映社会普遍价值体系和信仰内容的题材。除此之外，还出现了体现会馆文化内涵的专门题材；或反映忠、孝、节、义等与社会规范和商业道德相关的内容；或反映市井生活情趣的如男女情感生活、神话传说、戏曲故事等内容，大多隐喻会馆主人身份或体现移民原籍文化背景。还有一些展示四川本地自然景观风貌和移民生活状况的题材，其中既有对正统文化传统的遵从，也出现了新的文化价值取向，尤其是普通市民自我意识的觉醒和张扬。

1）祈福纳祥、神灵崇拜

祈福纳祥、神灵崇拜的内容主要反映新移民趋吉避凶、追求平安祥和生活的文化心理，它包括几何纹样、神仙人物、祥禽瑞兽、花卉植物、吉庆文字及器物六大类。

四川地区会馆建筑常使用的几何纹样类有锦纹、万字纹、角背纹、钱纹、拐子龙纹、冰裂纹、回字纹、步步锦纹、菱形纹等，分别代表辟邪祥瑞、福寿吉祥、深远绵长、万福万寿不断头之意。人物、动植物图案类主要指一些被赋予吉祥寓意和伦理道德观念的人物、动植物等。神仙人物有福禄寿三星、道教的八仙、佛教的罗汉等；动物有龙凤、狮、鹿、羊、猴、麒麟、松鼠、仙鹤、喜鹊、鸳鸯、蝙蝠等；植物有石榴、葡萄、松、竹、葵果、莲蓬、柑橘、仙桃等；花卉有菊、梅、兰、牡丹、荷花等；吉庆文字及器物类有福、禄、寿、喜字，博古架和博古架上的玉器花瓶[1]，以及琴棋书画等。还有一类就是神仙使用的法器，常见"八宝"和"暗八仙"图案。八宝为佛教中的八种法器，组合并不固定，宝珠、宝

---

[1] 宋宣和时王黼奉敕编著《博古图》著录皇家所藏商代至唐代的铜器，后人便将有铜王等古器物的图案称为博古图。博古的装饰表达了主人对高度文明生活的一种追求。

钱、方胜、菱镜、玉磬、卷书、犀角、艾叶较常见，也有由如意、珊瑚、元宝、祥云、拂尘、灵芝、银锭、画轴组合的八宝图案。暗八仙指道教中八位神仙使用的法器。

2）反映儒家忠孝节义思想

反映儒家忠孝节义思想的内容主要包括宣扬孝道的二十四孝图，歌颂忠义思想的《三国演义》《水浒传》《西游记》《封神榜》等古典名著以及历史故事，如自贡西秦会馆中《纪信替主》（忠）、《失代州》（孝）、《王宝钏》（节）、《韩琪杀庙》（义）等。之所以此类题材被大量运用，一是清代四川移民社会创建之初，人与人之间的情感联系亟待建立，社会需要更强的道德约束规范彼此行为，对上述题材的广泛宣传能够起到教育教化民众的作用；二是移民流落在外，家庭关系不十分稳定，节孝思想对于安抚思乡情绪也具积极意义。以忠义思想作为经商行为规范中诚信思想之精神核心获得社会普遍认同后，此类题材在会馆装饰中也占据着重要位置，经常作为主题性装饰题材在大门、戏楼等显著位置和构件上使用。

3）弘扬正义、歌颂美好情感

相比较弘扬正义的内容多以正史历史人物和故事作为主题而言，歌颂美好感情这一类内容多取材于地方戏曲、民间传说，以贴近生活的普通人的故事折射现实社会和境遇，同时反映新移民的生活理想和精神追求。题材中既有鞭挞邪恶、歌颂正义与善良的作品，如《贺后骂殿》《黄泉会》等；也有歌颂美好爱情的戏曲故事，如《翠香记》《琴房送灯》等；除此之外，一些普通民众喜爱的喜剧、谐剧故事，如川剧折子戏《赶潘》《辩琴》《王母献寿》《八仙过海》《三击掌》《文王访贤》《荆轲刺秦》《收烂龙》等也广受欢迎。根据目前资料统计，明清流行于四川地区的重要戏曲剧目上千个，几乎都可以在会馆装饰中找到其身影。盐都自贡在清代的常演川剧剧目主要概括为"五袍""四柱""江湖十八本""四大本"及"四小本"。"五袍"指《青袍记》《黄袍记》《白袍记》《红袍记》《绿袍记》，"四柱"指《碰天柱》《水晶柱》《九龙柱》《五行柱》，"江湖十八本"指《幽闺记》《彩楼记》《荆钗记》《玉簪记》《白罗帕》《百花亭》《葵花井》《鸾钗记》《白鹦鹉》《三孝记》《槐荫记》《中三元》《聚古城》《铁冠图》《全三节》《汉贞烈》《五桂联芳》《蓝关走雪》，"四大本"指《金印记》《琵琶记》《红梅记》《投笔记》，"四小本"指三国戏、列国戏和东窗戏（以岳飞故事为主的戏）、水浒戏，其他的还有《玉蜻蜓》《南华堂》《目连戏》也是常演的连台本戏。[10]西秦会馆在献技楼和钟鼓阁楼沿木雕的208幅画中，有以高浮雕手法雕刻的川剧、秦腔剧目场景达19幅，仅在会馆戏台栏板处就雕刻着《李逵负荆》《陈姑赶潘》《截江夺斗》等。叙永春秋祠雕刻有《三异图》《引凤楼》《仙姬送子》等，隆昌禹王宫山门牌坊雕刻有《黄泉会》《水漫金山》《戏仪》《黄泉会》《三家店》等。

4）褒扬和歌颂家乡先贤人物事迹

为了表现自己的身份，鼓舞本籍移民志气，会馆装饰题材选择也有所区别，多以展示各自故乡先贤人物事迹故事为重点。这一点和他们选择供奉的神灵是有一定关系的。如宜宾李庄禹王宫有大量有关大禹治水的雕刻，而天后宫的正脊和封火山墙外立面上的浮雕就是妈祖的形象。自贡西秦会馆为秦人所修，馆内装饰除了大量表现先贤关羽事迹的三国故事外，还有许多其他秦地人物的事迹。如《黄金窖》中的秦穆公,《杨门女将》《杨宗保挂帅》中的杨家将,《九老图》中的白居易,《卸甲封王》中的郭子仪,《算粮》《大登殿》中的薛平贵、王宝钏,《苏武牧羊》中的苏武等,他们都是山陕地区历史上的杰出人物。会馆通过艺术手段宣扬和表彰同乡人,把家乡的杰出人物树为典范,既可引以为自豪,又可激励来者,为后世树立榜样,寓教化于其中。

5)记录移民生活和清代四川城镇风貌

除了反映社会道德规范和价值观念的题材外,四川地区会馆建筑装饰中也有不少充满自然淳朴气息,直接取材移民的日常生活场面,反映城镇景观和风物的地方特色题材。由于会馆建筑文化整体的俚俗性,这些在生活中常常见到的内容很容易就被民间工匠信手拈来,加工创造成生动的画面。如泸州叙永春秋祠最重要的主题装饰内容就是著名的叙永八景。重庆龙兴禹王宫戏楼和齐安公所戏楼台口栏板上也有不少描绘清代重庆城镇沿江商贾来往贸易热闹场面的浮雕。画面上青山环绕绿水恰是重庆山水城市的缩影,若隐若现的城墙、寨堡、风水塔气势雄伟,与穿斗民居连成一片,足见当年城镇格局已具规模,江上行船、挑夫和城镇街道建筑一起,构成了一幅幅重庆城镇民俗生活的真实画面。

6)反映移民心怀、托物言志

中国建筑装饰中还有一种独特的类型,即悬挂于建筑中的楹联、匾额,或立在殿堂中的石碑文字等。不论其艺术水准的高低,最重要的是它们往往是会馆主人直抒心怀、表达意趣的手段。其中,作为身份标记和思乡情绪表达的佳作最多。成都洛带的广东会馆著名的玉皇殿楹柱上的对联"云水苍茫,异地久栖巴子国;乡关迢递,归舟欲上粤王台",道出了会馆的来龙去脉,抒发粤民不忘故土情。成都市郊大面镇(俗称"大面铺"),因镇西有大面山,镇因山而得名。镇中禹王宫大殿石柱上刻有"枕面山而隆庙祀,千秋俎豆接荆州"也是托物言志,抒发移民思乡之情的佳联。

还有托物言志,表达政治抱负的作品。西秦会馆中的正殿旁边有两副对仗工整、寓意深刻的楹联,其中就假借颂扬关公之忠,暗含民间尊汉排满(清)的思想。其一为"钦崇:历有唐、有宋、有元、有明,其心实唯知有汉;徽号:或为侯、为王、为君、为帝,当日只不愧为臣";其二为"萃不泯之忠魂,浩气长留,屡向本朝昭义烈;翊将衰之火德,英风永著,犹从此地郁炎精"。第一联起首的"钦""徽"二字,暗指北宋亡国之君、徽二宗,宋亡于金人之手,而金实乃清之前身,特于此点出两位罪魁祸首之名,分明是念念不忘汉民族的亡国之痛。煞尾的"汉""臣"二字,暗指关羽之所以值得后人钦佩,实不愧为汉臣之忠义代表。这一联语中,上联有唐、宋、元、明等朝代,但偏偏就没把清列进去,而且特别强调"心实唯知有汉",把满与清完全抛到了九霄云外。这样的联语竟然会产生于文字狱盛行的清代,非常值得重视。再看第二联,明指关羽的忠魂不泯、浩气长留,实乃屡向本朝昭义烈,其中的"本朝"二字,"屡向"二字都十分发人深思。下联的"犹从此地郁炎精",更是明目张胆地表明会馆的建造者们要在此地发扬汉家正统的精神。其尊汉排满的政治倾向已甚为明显。

5.3.2　会馆建筑装饰图像的建筑性审美

1）装饰题材与建筑

（1）主题与呈现

以意义呈现为导向的装饰题材的选择中，首要特征就是主题鲜明（意指明确）、重点突出。题材主题鲜明指每个会馆使用什么样的主题性装饰题材，具有宣告会馆身份的特殊意义。它们包括表明会馆主人身份（籍贯或者行业）、主要价值取向和宗教信仰等方面的内容。自贡西秦会馆戏楼正面台口雕刻主题取材自传统戏曲《黄金窑》，表现秦穆公寿庆大典的热闹场面，之所以选择这个场景，除了祝寿喜庆寓意祥和外，与建馆的商人们为宣扬他们家乡所属之地曾有过的秦朝政权属于天命神授，以及讴歌家乡人物、弘扬本土历史文化的思想意识有关。

重点突出指主题性、标志性题材必须处于建筑装饰的最重要位置。其重要性主要从两个角度考虑：一是观看者的生理指征，即处于人们视线的主要落脚点、视觉重点及视线焦点的位置，如大门、戏楼台口、两侧厢廊、建筑檐下部位、梁枋及屋顶屋面、脊部及翼角部位等。二是使用者的行为中心，即处于建筑群体中间的重点建筑，包括大门、戏楼、看厅、正殿等。以上两者有很多交集，而这些位置更是会馆建筑装饰的重中之重，工艺技艺相对也是最讲究的。自贡西秦会馆全馆有人物、故事情节的石雕、木雕共127幅，其中献技楼、金镛、贲鼓二阁台口和楼沿栏板上的雕刻就有81幅，所占过半。

这样的要求也会反馈到图案选择本身。一些易于图面化的主题被经常使用。设计者还需要根据装饰部位情况，如尺幅大小，构件形状、高矮等选择不同题材组织构图。例如，宣扬孝道的二十四孝题材就常被使用在画面需要多幅连续的位置，重庆齐安公所戏台厢房木栏板就由28幅连续几近正方构图二十四孝线刻组成。而当时流行的戏曲剧目中那些人们熟识的经典演出场面也被直接转移到构件上，其中一些人物众多的庆典场景或者宏大的战争场面会被用在尺幅大的部位，如自贡张飞庙戏楼梁枋上全幅的《忠义堂》木雕就将故事情节、人物安排和场面气氛与长且窄的构件结合得恰到好处。而一些小题材的故事传说等，因人物情节及场面的相对集中，被处理在斜撑、门窗等部位。

（2）整体性

四川会馆建筑装饰分布很广，几乎遍及建筑组群的各个部位和构件，如屋顶部分的脊、瓦、屋面、博风板等，屋身部分的戏楼台口、斜撑、吊瓜、罩、檐部、门窗等，墙垣部分（主要指山墙）的埠头、墙檐、脊头等，台基部分的柱础、抱鼓石、铺地、栏杆、台基等，室内部分的梁架、天花、家具及室内隔断，此外还有各类小品。如何避免杂乱，强调整体感，就非常重要。

首先是题材系列化。会馆建筑装饰题材具备系统性特征，除了主题性装饰题材外，其他内容也会是主要题材的发展、变形或者适当重复。自贡西秦会馆八仙系列就是典型代表。它不仅包括常见的八仙人物、暗八仙法器，还出现了后殿屋脊上站立的空八仙、抱厅石壁上的水八仙以及分布在各个撑拱上的木雕散八仙等。

其次是布局序列化。一般将相近形式、相同主题内容、相同工艺手法的系列作品以左右对称、配搭成组的方式布置在建筑中,体现出对对称、均衡古典审美趣味的遵从。从整个建筑组群的对称布局,到装饰部位在建筑中的对称,再细到每个装饰部位上构图形式的对称,使会馆建筑处处体现着一种理性精神。例如,自贡西秦会馆的贵鼓阁、金镛阁及其楼檐栏板上的装饰木雕,不仅体现了建筑布局的对称形式,而且也体现了装饰部位的对称做法。由于二阁栏板上的木雕均用贴金彩底勾勒,远观时有相同的艺术效果,产生平衡感;而走近细看,其人物内容各有不同,又不会使人产生厌倦感。再进一步仔细研究,贵鼓阁、金镛阁都是把主要作品如《忠义堂》《王母寿》等的构图作为主体处理,安排在正中。这些作品除自身作对称构图外,还以此为中心,左右作品也相互形成对称,并在严格的对称中求变化。另外,"留三日香"客廊门前左右斜撑上的《鸣锣道情》《连厢女》和"胜十年读"客廊门前左右斜撑上的《陶渊明爱菊》《林和靖爱梅》既相互对称,又隔着参天阁形成雅俗对比,整个装饰手法对称而又重点突出,给人以方整有序的观感。

2)装饰分布与建筑

四川会馆建筑既在局部上采用适形状态进行装饰,同时又兼顾整体空间中人们的观赏角度,形成和谐的三维空间组合效果。因此,装饰部件在建筑中并非平均分配,而是依照建筑结构的变化安排位置和密度,形成相互照应的关系,从而与环境空间自然融合。

(1)点——结构交接的结点位置

建筑构件结点,作为形体结构转折的关键而成为装饰的首要部位。结点装饰的美学意义在于使线形看上去更加完整挺拔,同时,实际功能上又具备一定的保护和加固作用,因而十分重要。例如,建筑正脊两端饰有兽吻,垂脊末端则有垂兽,山面博风板交接处饰悬鱼,柱的上端与梁枋结点装饰雀替,柱础不仅有形态的选择,上面还饰以相应的图案,山门的柱脚处则常放置抱鼓石(图 5.11),而檐部出挑则以精巧的吊瓜、斜撑作为形体的结束。

图 5.11 自贡西秦会馆大门抱鼓石上的雕饰"鲤鱼跃龙门"(左)和"富贵锦绣"(右)
图片来源:自摄

（2）线——形体转折的边界

线的交接为点，面的转折则反映在边界（线）的处理上，因而，边界周围的装饰自然比较丰富，四川的工匠们根据会馆建筑的体与面的关系，逐步确立了带状化、系列化的组合手法。

四川会馆建筑最主要的体面转折就是屋顶与屋身的结合部位，这里也形成了最主要的一条装饰带。这条装饰带的内容极为丰富，从上至下依次为瓦当、滴水、飞椽、檐椽头、轩棚、梁枋、雀替等，它不仅代表了会馆建筑中结构最为精巧复杂的部分，同时也形成了最引人注目且装饰密度最高的区域。除此之外，另一条重要的装饰带位于会馆戏楼的台面周边，主要是因为这一带是人们视域最佳区域，这一装饰带以木雕作品为主，是各地会馆竞相展示实力的主要表现区域，形式上更显丰富。在这两个主要装饰带以外，建筑中其他很多装饰部件也是依托形体边界而呈系列化排布，如屋顶正脊、垂戗脊饰位置，在造型和位置上相互配合，进而产生彼此呼应的整体效果。

在建筑中，采用面状装饰的部位与人们观赏角度间的关系最为密切，因此，面状装饰主要集中于建筑中观览效果较好的看面之内。而且与点状和线状装饰的强烈效果不同，传统建筑中的面状装饰显得非常谨慎，一方面十分注重表现内在的取舍和主次关系，另一方面倾向于采取组合式（或说团块式）的布局方法，从而使空间体面之间条理清晰、泾渭分明。如室内天花的装饰，虽有藻井、轩棚等多种处理手法，但都遵循着严谨的排列秩序等且自成一体，与墙壁和地面形成鲜明对照。再如隔扇门与窗，作为建筑空间中的另一种主要看面，往往集中了大量精湛的木工工艺和生动的装饰图案。连排使用的布局使其在造型上也形成了近似性和一致性，从而避免杂乱的感觉。还有槛墙及室内的中堂等主题性墙面的装饰，多以突出主次关系为主，并强调空间中的视觉中心感，因而，虽不像天花或隔扇组合那样采用平行阵列排布，但对称的布局也形成了良好的视觉效果。

3）建筑装饰造型的审美

（1）曲直相和、刚柔互济的线条

四川会馆的木结构建筑内外以直线结构为主，空间意向趋向刻板，而以曲线为主的装饰造型便成为其中调和与平衡的重要因素，这正是装饰造型曲直相和的意义所在。其中屋顶部分体现得尤其突出。《诗经·小雅·斯干》有一段描述周宫室的诗句，"如跂斯翼，如矢斯棘。如鸟斯革，如翚斯飞，君子攸跻"，以形象的比喻概括了建筑屋顶曲面和翼角飞扬的态势。四川会馆建筑延续了这一构思，虽然屋面举折并不明显，但是高翘的翼角，以卷草、龙凤、人物、水纹等图案形成的脊饰造型，成为建筑整体造型中动感最鲜明的部分。诗中提到的"如矢斯棘"一词，对檐下连续的山节与立柱的组合形象进行了比喻。而由于受观察者视线的角度所限，传统建筑坡屋顶的檐口线以及屋顶与建筑墙体交接部位往往成为比脊线更关键的形象要素，而山节正是作为屋身与檐口的衔接性构件，以连续排布的短弧线轮廓，在垂直的柱面与水平的檐口间形成顿挫的过渡。四川会馆建筑也非常注重檐下空间的处理，在柱子与屋面的过渡空间运用了如意斗拱、轩棚等方式来处理这部分的连接，轩棚虽没有结构作用，但其极具韵律感的造型与《诗经》的描述极其吻合，从视觉上完善了檐下连续弧线的节奏。而一些会馆建筑的如意斗拱，其节奏性弧线的装饰意义则更是大于承挑屋檐的结构意义了。可见斗拱和轩棚短促而富有弹性的曲线节奏应和着檐口舒展的直线节奏，正是曲直相和原则的深刻体现。

四川地区会馆建筑在塑造具体的装饰图案中,这一原则被应用得更加普遍,一方面源于建筑物内外以直线为主的构图特点,另一方面更是出于对建筑审美的追求。由于建筑装饰图案的造型较为固定,强调远观之整体感觉,并多以华丽严谨为宗。因此,由曲直相和原则所衍生出的刚柔互济的视觉效果就显得尤为重要。线条刚柔互济的组合中,"直限曲"是最典型的一种,它与普遍意义上的适形纹样近似,但又有自身特点,多以直线构成框架和界限(这些直线本身也是图案的组成部分),内部饰以曲线的动态形象,造成强烈的对比映衬效果。很多天花、墙壁、裙板图案都倾向于这一形式,如重庆广东会馆戏楼上的方八角藻井,以相互套叠的矩形框架为构图骨架,与空隙中嵌绘的若干如意纹、云纹一起,共同烘托处于中心位置的一条盘曲翻腾的金龙,形象稳固而具有活力。

另一种被称为以曲破直方式。木构建筑中大量柱、梁枋、檩条等都是以直线条为基础,多以曲线形打破直线骨架刻板的形态,形成柔和的视觉效果。这一特点在清中期以后建造的建筑中体现得越发突出。在具体的处理上,或者将梁枋构件端头进行装饰,或者在梁柱交接点处辅以装饰效果很强的雀替、斜撑、罩和挂落等,或者以驼峰代替短柱,这些都是结构部件装饰化的代表,同时也是以曲破直的体现。在装饰细节上也遵循这一原则,如隔扇门中的二交六碗、双交四碗菱花,就是按照直线杖条的骨架,加上不同形式的曲线装饰,从而拼合出各种图形,从而弱化和隐藏了直线的生硬。

(2)内外相斗、动静互生的体势

雷圭元先生在《图案基础》一书中提到中国传统图案所讲求斗意。何谓"斗"呢?我们把青花瓷加彩称为斗彩,把木工中的拼合做法称为斗样、斗缝,说明斗带有冲撞并融合的意义,而这种斗意表现在图案造型之中,就是一种对立而不相抗的平衡趋势。四川会馆建筑中许多部件的装饰图案往往依构件形态而形成一个个独立的图案单元,在每一个单元内部,以及各单元之间要保持密切紧凑的联系,就需要产生相互对立、呼应并融合的关系,因此,表现斗的体势便成为一种主要的构图形式。通过这种对立与呼应的构图,辅以曲直相和的线形,装饰图案在建筑中产生了动静不同的趋势。

造型遵循稳定的轴线而形成左右对称、米字格或九宫格样式的布局,尽管图形的线条飞舞,但均齐的对比却产生了整齐严谨的效果,称为以斗生静。建筑中大部分背景式的或大量重复出现的装饰都倾向于这一形态,比较典型的有资中铁佛南华宫正殿中的天花、石蟆清源宫戏楼上的天花等,都是以丰富饱满的曲线严格按照对称原则结体造型,每一幅图案内部以及组合后的整体都显出稳定的节奏,使人近看和谐精致,远观则秩序井然。这一手法在连续出现的梁枋装饰中也得到广泛运用,而且其中斗的关系更加复杂,图形之间的效果也更微妙。可以看到,梁枋木雕的造型基本遵循中轴对称的原则,每个主题单元两端都以指向中心的找头烘托枋心图案,使枋心处的图案处于一组"<>"形的"括号"之中,从而大大加强了视觉中心感和稳定感。

表现斗意的另一方向,就是在图形相斗的过程中追求动态的体势,称为以斗求动。这种方式虽然也是按照对立平衡的原则饱满构图，但却打破了固有轴线的束缚，使图案在限定的框架内此消彼长、你出我进，具有强烈的个性和张力。会馆建筑中多数中心性或单独出现的纹样倾向于这种方法，而且以动态鲜明的龙、凤、狮、云水纹居多。例如李庄禹王宫中雕刻的九龙壁图中龙形飞舞，水浪翻腾，表现出非凡的气度与力量；还有一些影壁或槛墙的中心图案，如洛带江西会馆影壁墙陶塑飞龙纹样，也通过强调斗意的方式，使形象栩栩如生，生动、活跃。

在四川的会馆建筑中以斗生静和以斗求动这两种造型方法如果同时存在于一个建筑之中时，它们所占的比重是不同的，这源于会馆建筑崇尚庄重稳固的审美标准。前者在运用的数量上占有绝对优势；而后者则因其鲜明的视觉效果而往往成为点睛之笔，虽不多用，但总是出现在某些特定的部位，使之形成视觉中心。二者之间的这一关系，是在建造过程中匠心独具的地方。

（3）疏密相间、离合互应的布局

要理解会馆建筑装饰造型的布局关系，应以国画中经营位置的态度推敲其中的规律，但要分为两个不同的层面：一是要总结装饰图案本身的构图方式；二是要把握建筑中各类装饰的位置及比例关系，从整体角度认识装饰部件的空间构成含义。将两者有机地结合，即总体上强调对立与均衡，细节上突出动态与章法，才能真正体会建筑环境中疏密相间、离合互应的装饰意境。但如果单纯从构图的角度看，画面饱满、重心居中应是其最明显的两个特征。

首先，会馆建筑装饰图案大多以接近饱和的密度来表现画面，使纹样以适形状态"挤"在边框之内。虽然这种方式在其他传统装饰领域的应用也十分广泛，但在建筑中无疑是最为典型的。从各种梁枋雕花的样式到各类天花、藻井图案，再如形态多样的砖、木、石雕图案，无不力求饱满充实，而且，如果某些纹样的主体造型无法占满整个图面，人们便通过加强背景和底纹的刻画来形成更强烈的视觉冲击力。

其次，建筑装饰图案的饱满构图并非简单的图案填塞，无论是米字格或九宫格布局的向心图案，还是两两相对的中轴对称图案，都表现出对中心的偏好，即使一些非对称布局的自由造型，也体现出明显的重心居中倾向。重庆齐安公所中，描写三英战吕布的画面中主要人物被放大，中间的吕布被三员战将包围在中心位置，双方众多士卒也面向中间冲杀，形成一股向心的合力，使得乱中有序、主题鲜明。还有以吉祥图案为题材的木雕、砖雕作品，同样讲求居中的趋势，利用树木枝叶组成的主体相互均衡，配合点缀其间并彼此照应的花朵、果实或动物形象，使画面的重心凝聚在中间位置，在纷繁中产生平稳的视觉效果。

会馆建筑环境中的装饰数量是相当庞大的，要协调如此众多的图案在空间中的秩序性，最好的办法就是使其每一个元素都具有稳定一致的视觉密度和方向性。形态饱满的构图是密度最平均，同时也是最稳定的表现形态；而重心居中的画面则没有明确的指向性和朝向感，所以也是最容易形成一致的组合单元。因此，正是这些紧凑向心的图案，为会馆建筑装饰疏密相间、离合互应的整体效果提供了基本元素。

（4）根据材料性能和视觉效果采取针对性手法

建筑装饰造型的审美和一般工艺审美的不同之处还在于它的实用性和场所性。从这个角度看，四川会馆建筑装饰的特点还体现在合理运用雕饰技巧，注重从对象条件出发（材料性能、构件形态、所处部位和功能）选择运用技巧。尤其是清中期以后，建筑装饰的雕饰技法发展迅速，大量高超的雕饰技艺被开发出来，浮雕、透雕、圆雕、镂雕、玲珑雕等多层次立体化雕饰技法取得了长足的发展。如何合理运用这些手法达到完善的艺术效果，需要工匠们具备从空间到时间上做出系统的控制和整体调度的能力。

就木雕而言，其在四川会馆建筑中绝大多数位于室内或檐口部位。屋架、穿枋等高远之处，宜用通雕或镂空雕法，人与物形态夸张，有阴影效果加强体量感，宜于远观。而位置较低的门窗、栏板等木雕则用浅浮雕、线雕等手法，工艺精致、细腻入微，适于近观。例如重庆广东会馆戏楼正殿的斜撑，通过浅浮雕、高浮雕与透雕相结合的技法，画面层可多达六七层。前面人物用圆雕，远看栩栩如生，给人以鲜明的印象；中景花卉树木用透雕或深雕，衬托得当；而背景则用浮雕，景与物前后紧贴。人物、山水、树木、亭榭等层次分明、情景交融。会馆戏台额枋上雕饰二龙戏珠，龙头采用镂空圆雕，龙嘴内含珠可转动，而龙身则采用浅浮雕，整体形象活灵活现。江津石蟆川主庙会馆正殿斜撑"陈抟老祖弈局"里，人物雕刻都用透雕，使观赏者在正反两个角度均能看到完整的人物形象。而其他背景景采用高浮雕、镂空雕为主，辅以平雕、线雕，尽量使之浑然一体，上下连贯，使人物形象呼之欲出。

同时，雕刻的技法会考虑到建筑结构、构件承重的要求，如木雕一般构图都以圆木周边宽度为限，雕饰中既做到不伤其结构整体，又尽量做到构图得当、图案完整。主要的承力构件诸如驼峰、初等构件多采用线雕和浅浮雕，而雀替、挂落等则大胆地使用透雕手法。雕刻技巧既讲究刀法和风格，也善于利用木材本身的特点去寻找其内在的表现力，在表面的色泽、纹理、结构等微妙变化中相形度势、因材施艺、量形取材。为丰富观赏者的艺术感受，利用观赏视线角度的不同，还创造了焦点透视、散点透视、破时空透视等艺术形式，广泛利用有限的空间，以起位升降、线条流动、光影处理等造成的视点错觉，达到巧妙的艺术效果。

5.3.3 会馆建筑装饰技艺的地缘性特征

四川会馆建筑装饰除了普遍意义上的审美，也通过传承移民原籍建筑装饰艺术风格和手法技艺，满足着移民的审美习惯。这是除了在装饰题材上有针对不同移民来源的身份表达，还通过其他途径表明各自不同的文化背景和技术渊源。

叙永陕西盐商修建的春秋祠建筑装饰手法与陕西家乡民间工艺手法和技巧就保持着很强的渊源关系。从装饰题材的选择上，多处使用北方民间喜用的百鸟朝凤吉庆图案，增添富丽喜庆之气。凤鸟图案的形式和色彩搭配采用了饱和度和明度都很高，对比强烈的红绿色系，图案造型浑圆结实，动势强烈，尤其是正殿斜撑上振翅欲飞的凤凰形象，是在减弱了材料受力性能的基础上创造的艺术形象，整体充满力度感，雕刻手法简练朴素，这些都具有北方建筑木雕艺术的基本特征。

这种装饰艺术风格和工艺技法的延续一方面源自审美惯性，另一方面也源自工匠移民手艺技巧的承袭，他们带来的南北各地自成体系的做法在四川地区汇聚，使四川会馆建筑装饰艺术呈现多样性特征。如同样是大门石狮造型，由陕西工匠塑造的自贡西秦会馆石狮高大威猛，雕刻手法粗犷有力；而由广东籍工匠塑造的刘营南华宫大门石狮体量较小，造型憨态可掬，石雕技法细腻，强调细节，还结合了彩绘手法。这种差异通过对同一地区会馆建筑群中不同类型会馆的比较研究反映得尤其充分。以重庆湖广会馆建筑群为例，不同省份移民所建广东馆、齐安公所和禹王宫装饰在主题、艺术风格和艺术手法的选择和处理上，在看似统一的状况下却具有各自特色和标志性。总体来看，广东地区雕饰手法喜用曲线和复杂的技巧，如圆雕、透雕等；湖北地区喜用平板线刻和曲直结合的手法，刀法刚直，明显受到了中原北方地区的影响，它们使用的龙形图案和传统楚汉地区龙造型有明显的渊源关系。（图5.12、图5.13）

a 禹王宫：抽象卷草、水纹和龙形图案主题装饰

b 广东会馆：自然花卉和龙凤图案主题装饰

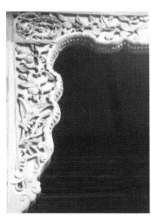

c 齐安公所：自然植物和抽象回字纹图案主题装饰

图 5.12　重庆湖广会馆木雕装饰

图片来源：自摄

图 5.13　比较重庆湖广会馆齐安公所与江南会馆在处理龙形图案时手法的差异
图片来源：自摄

　　地区装饰手法和习惯的差异性也体现在对彩画的运用上。总体来讲，四川地区会馆建筑运用彩画者不多。因为明代与清代对民间建筑施用彩画都有严格的规定，清代以前都是不准施彩画的，清代较明代明显放宽，但对彩画的内容、色彩及贴金的程度还是有明确的规定。明代《舆服志》载："家庙……梁栋斗拱檐确彩绘饰，门窗杨柱金漆饰。一品二品厅堂梁栋斗拱檐桶青碧绘饰，门……黑油铁环。六品九品厅堂梁栋饰以土黄……品官房舍一般民居以青、赤着色绘彩，梁柱门窗漆以朱色。宗祠的梁架多以黑色为主调，局部红色，或反之……"

　　四川地区会馆现存施用彩绘者主要有自贡西秦会馆、叙永春秋祠、自贡仙市南华宫、天上宫与重庆湖广会馆建筑群。自贡西秦会馆和叙永春秋祠的彩画都体现出北方官式做法的诸多特点。图案以几何形纹样为主，辅以自然花卉，有苏式彩画和旋子彩画的多种风格糅合，色彩以绿色为主，金、黄、粉红、黑色为辅，明快轻松，与白墙灰瓦、红柱的整体效果相映成趣。重庆湖广会馆建筑群则不同，馆内木作皆刷深色素桐油一层，只在重要装饰部位和构件上以金粉勾勒内容，既类似广东木雕中金漆木雕做法，整体用金又保持一定的度，因此色彩风格大方凝重。砖石雕部分，重庆湖广会馆所有门楣在砖雕造型的基础上喜用工笔施以彩绘，笔法流畅，画面层次分明。设色以石青、石绿、朱砂、珠粉填色，描金生漆勾勒，线条明快，色调柔和，工艺精致，体现出不同特色。自贡仙市南华宫、天上宫的彩画主要出现于封火墙顶部山尖、内外檐的梁枋及室内天花、藻井和柱头上，构图与构件形状密切结合，绘制精巧，色彩艳丽丰富，大胆使用青、蓝等原色，体现出福建广东一带彩画技法特色。

木雕方面，徽州民居木雕和江南地区木雕的技法和艺术风格在各籍会馆中的影响也各不相同。如酉阳万寿宫系江西客商聘请江西工匠所建，建筑从梁枋尺寸、雕刻细部均显示出江西徽派建筑的特点，主轴线上的几进厅堂梁架用料都较周围其他建筑硕大，横梁中部略微拱起，类似徽州民居冬瓜梁做法，梁两端雕刻笔法秀雅，三架梁中段也施以雕刻，整个梁架未施彩漆或者深色桐油而髹以素桐油，这些都使它在当地建筑中独具一格。金堂五凤南华宫梁枋间的装饰带有江南《营造发原》所载山雾云、抱梁云做法的特色，檐口和雕板上细腻的形态也明显承袭了南方木雕艺术细腻秀雅的艺术风格。

5.3.4　会馆建筑装饰技艺的地域特色

1)"打破程式"的地方处理方式

在中国传统建筑中，装饰部位和装饰题材、手法之间有一定的对应关系。建筑的等级和装饰的等级是一致的，在清代这种规定更加严格。同时，装饰题材和建筑的性质是一致的，如皇家建筑对龙凤题材的专属。四川地区会馆建筑装饰根据会馆功能特点和意义，对装饰题材和技法的选择上有一定规矩。与此同时，也有不少打破规矩、不拘手法大胆创新的做法。例如，自贡王爷庙戏楼屋面上齐聚的道家众神仙几乎占据了屋面近半的面积。贡井南华宫戏楼屋顶正脊中央道士抱铜钱惟妙惟肖的形象代替了常见的中花造型，歇山翼角的仙人走兽也被卷草纹样、草龙形象代替，柔和的曲线和镂空的形态突出了翼角的灵动感。特别是成都陕西会馆看厅重檐歇山翼角"哪吒闹海""孙悟空三打白骨精""武松打虎""鲁智深倒拔垂杨柳"四组生动的灰塑，将市民喜爱的民俗戏曲主题表现得无所不在，也充分体现出各地移民文化的交融与共生。

在会馆建筑装饰图案符号化过程中，还有一种重要变化是将已经程式化了的吉庆图案根据建筑构件的特定装饰区、材质、制作工艺特点进行地方化、专门化变形处理。它们的出现一是受到移民工匠各地做法的影响，是文化融合的产物；二是由于通过不同的组配，对固定意义的重新定义和补充。例如，四川民间对龙凤题材所做的地方变形，虽然受到僭越制度约束，装饰中还是大量运用龙凤图案，之所以如此大胆，是因为龙的形象经过了变形，俗称草龙、鱼龙，它可以逃过礼制规则的管辖。自贡西秦会馆中殿檐下斗拱采用了大象、龙、凤三种动物形象作为挑头造型，其中象居最下，龙居中，而凤居上。这种方式既源自《易经》所说凤翔于天，龙潜于渊，因此凤上龙下；大象除了体现坐斗承重的功能，也寓意太平有象。而重庆湖广会馆齐安公所戏楼翼角下"凤踩龙"题材，根据建造时间推算却是影射当时慈禧垂帘听政之时局政治之作（图5.14）。

2)四川传统装饰技艺在会馆建筑中的应用

四川地区一些传统的优秀装饰技艺和民间建造方法仍然具有强大的影响力，它们通过本地工匠的建造活动传播开去。其中最重要的包括石雕工艺、"大漆（土漆）"及色彩做法。它们使得各省会馆建筑具有了相对一致的地域性特征。（图5.15）

图 5.14　重庆湖广会馆齐安公所"凤踩龙"翼角造型和自贡西秦会馆中殿"大象、龙、凤"造型斗拱
图片来源: 自摄

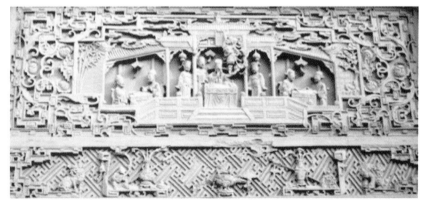

图 5.15　四川地区会馆建筑石雕艺术的代表作"隆昌禹王宫山门石坊"和当地古牌坊群
图片来源: 自摄

（1）石雕

　　四川地区岩石主要以侏罗系、白垩系的红色砂岩为主，夹砂质泥岩和泥岩组成，适合作为建筑材料且宜进行雕刻。再加上四川地区有开凿石窟造像的悠久历史和卓越成果，传统石雕工艺技艺精湛，工匠技艺多有传承且流派众多。如大足、安岳、乐山等石刻之乡，工匠家传已逾十代者有之。他们

在本地建造行业中占据着重要地位, 也使得会馆建筑中石雕的数量和技艺水平很高。除木雕以外, 四川地区会馆建筑中多采用石雕, 而少见砖雕, 这是与同时代其他地区会馆装饰不同之处。代表作有宜宾滇南馆入口石牌坊和隆昌禹王宫山门石牌坊。尤其后者, 究其成因多为当时隆昌兴修石牌坊风气日盛、工艺技法纯熟和工匠众多所致。（图5.16）

图 5.16　徽州石牌坊（左一）与四川隆昌地区古盐道上石牌坊（左二、三）造型比较
图片来源: 互联网, 包括影像网四川地区老照片

会馆建筑在石雕装饰部分体现地区特色的主要有两方面: 一是喜欢用瑞兽形态的柱础。如重庆梁平双桂堂大雄宝殿前檐柱分别以狮、象和麒麟作为柱础, 其上承整石檐柱。这种做法典型的还有自贡西秦会馆的大门石狮柱础, 高近2米, 威武雄壮。刘致平先生考察四川地区民居建筑的时候就曾注意到这种特点, 并提出这属于汉代以来留存下来的较古做法。二是柱础即"礩墩"的形态也保持地方特色。四川地区本土民居中流行盘礩做法, 即在礩石上面带六方或圆形平盘一层, 且礩墩"础肚上不喜施用雕刻只保留素石形态"。国内其他地区普遍为早期采用圆柱形和圆鼓形的柱础比较多, 并在清中期形式开始变化, 首先是尺寸加高, 道光以后圆鼓形柱础已渐消失, 代之而起的是下半部已有明显内缩的形式, 到晚期形式变化更加丰富, 础肚上多施以雕刻。在会馆建筑中, 地区传统做法和国内其他地区的特色都不同程度地被表现出来。如川主庙、禹王宫多采用鼓形礩墩, 表现出本土的典型特征; 南华宫柱础多借鉴上部带盘礩的做法, 下部与广东地区原来的做法关联性更强, 装饰效果也更强。（图5.17）

（2）漆作（土漆、大漆）

我国用漆由来已久,《韩非子·十过》记载,"尧禅天下, 虞舜受之, 作为食器, ……流漆墨其上, 输之于宫, ……舜禅天下而传之于禹, 禹作为祭器, 墨染其外, 朱画其内"。四川地区传统漆作工匠的手艺和甘肃武都土官的技艺尤为出色, 且有"素工、髹工、上工、涂工、画工、清工、雕工"之分。因为漆颜料中含有铜, 不仅可以防潮、防风化剥蚀, 而且还可以防虫蚁, 因此最初它是对木结构进行保护的重要手段。明清以前对木材表面直接处理（打磨、嵌缝、刷胶）, 外刷漆。清代中期以后普遍用地仗的做法, 即用胶合材料（血料）加砖灰刮抹在木材外面, 重要部位再加麻、布, 打磨平滑后刷油漆。而漆的色彩成为各个时代表示建筑等级和性格最重要的一种手段。《春秋谷梁传疏》中记载:"楹, 天子丹, 诸侯黝垩, 大夫苍, 士黈。"楹是指堂屋前的柱子, 由此可见自古色彩就是社会等级的标识物。清代《大清会典》载:"公侯以下官民房屋……梁栋许画五彩杂花,

柱用素油,门用黑饰;官员住屋,中梁贴金,……余不得擅用。"而源于五行学说的"红、黄、蓝、黑、白"被古人视为古利祥瑞的"正色",也是我国传统艺术用色的基本准则。四川地区艺术风格趋于古拙,民间柱梁枋漆作基本以暗红褐色及黑色为主色。其漆刷工艺主要有"推光漆罩面、广漆罩面、光油罩面和胶质松烟罩面"。长期以来在与夹皮墙做法搭配使用的过程中逐步形成了四川民居"青瓦出檐长,穿斗白粉墙"的色彩体系。

图 5.17 各式柱础[有"盘礤"做法的柱础(第一组),"盘礤"向鼓形柱础的演绎(第二组)]
图片来源:自摄

从大量实例考察可以看出，四川地区会馆建筑在借鉴传统四川穿斗民居色彩体系和漆作工艺的基础上形成了以下特点：一般除封火山墙和围墙用青砖外，会馆建筑多用粉白色的墙、青黑色的瓦、褐色的木结构，或者色深似黑的柱梁构架、红褐色木门窗、白粉墙；总体少用彩画，多用雕刻，呈现出质朴明快、对比鲜明的色彩装饰风格。强调封火墙大面积涂料色和青砖本色勾缝。在檐端墙肩交接的地方常用石灰墁成一尺左右的宽边，边上刷饰各种色彩，颜色多用红绿黄等色相兼使用，然后用黑色作界线，显得富丽。为了获得隆重的装饰效果，广泛采用在雕刻形象表面"贴金、勾色"的工艺作为主要构件的装饰方式。也形成了独特的"黑、红主色调搭配悦目的金色"的色彩面貌。如自贡西秦会馆，《忠义堂》木雕，以深绿色作基层面主色，其上突出篆刻人物造型不下百人，不光神态各异、比例匀称，或将或卒，或文或武，都以金粉遍涂，局部辅以红色、黑色，使人物更加突出。少数会馆运用了彩画技术，使用的范围主要在重点部位，如天棚藻井、主要殿堂部分梁架、如意斗拱以及斜撑、雀替等处。

3）外来技艺的本土化

除了尽力保持个性，在不断融合的过程中，装饰技法的彼此借鉴也是必然趋势。由于这个过程非常漫长，一些过渡性特征还是保留了下来。以广东、福建移民引入四川的嵌瓷工艺以及在脊饰中的运用为例。嵌瓷（又称"瓷片贴"），即以各色碎瓷片作为材料，拼成花鸟、蔬果、植物和云纹等各种图案。这种手法在福建漳州、广东潮州等地运用广泛，当地俗称剪碗、聚饶、贴饶或扣饶。其装饰效果强烈，而且不怕日晒雨淋，利于脊部稳定和耐久，四川地区重要建筑逐渐普遍借鉴使用。不过与广东等地的嵌瓷工艺比较，四川地区尤其喜欢用蓝白青花瓷碎片拼贴成平面或者浅浮雕式图案，多用在脊饰嵌边和建筑门头部位，整体感觉色彩素雅。

虽然嵌瓷做法在川内比较普遍，但是各省会馆还是根据自己的审美习惯和工艺基础创造出丰富多样的形式。以自贡贡井地区南华宫和自流井地区的西秦会馆作比较：前者沿袭了自身工艺特色，强调复杂的形态变化，脊饰翼角多采用镂空卷草图案，突出线条感，风格细腻；而后者的脊饰仍然以北方做法为基础，蓝色瓷片仅起色彩点缀的作用，风格雄浑。

在融合了各个地区技术手法的基础上，一些四川地区独特的装饰工艺和技法开始出现。例如，建筑屋脊装饰做法地方化特色较强，一般由三部分组成：一是脊座，通常用片瓦、线砖砌成，呈喇叭形坐于中梁之上，作为屋脊的基础，基高约占屋脊的三成。二是脊身，通常用线砖砌成或用脊筒瓦安砌，也有用嵌瓷手法处理的，中为空心，外表多分段成凸堂和凹堂状，是屋脊造型的重要组成部分，一般用灰泥塑成云纹者多，其高约占屋脊的三成。三是脊帽，用砖、瓦砌成，往上逐步收缩呈帽状，其高约占屋脊的三成。在屋脊细节装饰上除了龙、鱼、瑞兽的形态，还喜用神仙、戏曲人物、花草纹样等来代替。类似情况在木作雕饰上也体现出来。如清代官式建筑常将梁枋端作成桃形（桃尖梁）、云形（麻叶头）、拳形（霸王拳），拱端则有菊花头、三岔头、三幅云等形状。在四川地区会馆建筑里，这部分花样很多也比较自由，常常雕成各种植物和龙、象等兽头形。

5.4 四川地区会馆观演空间与戏台

5.4.1 川剧的形成发展与"湖广填四川"移民

明清"湖广填四川"移民孕育出的文化艺术成果中最重要的当数川剧。这种以四川本土神仙剧、傩戏及酬神表演等戏曲形式为基础，融合外来戏曲艺术逐渐形成的独特剧种，集"昆（曲）、高（腔）、胡（琴）、弹（戏）、灯（戏）"五种声腔为一体，自清乾隆年间形成成熟后逐渐流行于四川各地及云南、贵州部分地区，它独特的表演技巧和声腔特点无不反映出各方移民的影子。

据蒋维明考证，高腔源于明代流行于江西等地的"弋阳腔"，结合四川民间秧歌演变而来。弋阳腔极有可能是从酉（阳）、秀（山）、黔（江）、彭（水）一线，沿"酉州通道"入川。雍正二年（1724年），有湖南湘剧班二十余人来泸州，招收学员演高腔戏，他们吸收了泸州的秧歌、清歌及川江号子，可视为川剧高腔的发端。高腔的蓬勃发展与雍正皇帝提倡目连戏有很大的关系。高腔入川后，把"目连救母"的故事扩展为105出，如此浩大的连场演出无疑为高腔戏作了最佳的宣传。常见川剧大戏如《柳荫记》《白蛇传》，折子戏如《评雪辨踪》《思凡》等，都是高腔戏。昆曲则源自苏州的昆山腔，相传是清康熙年间传入四川的。胡淦《蜀伶杂志》记载："康熙二年，江苏善昆曲八人来蜀，俱以宦幕，寓成都江南馆合和殿内。时总督某，亦苏人，因命凡宦蜀得缺者，酌予捐资，提倡昆出，以为流寓蜀中生计，蜀有昆曲自此始。"胡琴戏由徽剧和汉剧演变而来，大概在清嘉庆、道光年间才最后完成。清乾隆五十五年（1790年），浙闽总督伍拉纳率四大"徽班"进京，全国戏风由此一变。徽调进京，在北发展为京剧，在南发展为黄冈、黄陂一带的"皮黄"。皮黄入川演变为川剧胡琴戏。李调元说胡琴戏"如怨如诉，盖声之最淫者"，是说它的吞吐断续千回百转无以复加。川剧《五台会兄》《三祭江》《柴市节》等都是胡琴戏。灯戏是四川固有的戏种，由民间小曲演变而来。过年时各地的民间演出"推么妹""采莲船"之类，就是灯戏的原始形式。乾隆年间，灯戏吸收了其他剧种的程式，发展成川剧五大声腔的一种，但仍以表现俚俗的故事见长。灯戏代表曲目有《滚灯》。弹戏的源流是陕西的秦腔，清道光年间传入四川。因此，弹戏又叫"川梆子"，是用梆子在乐器中调节节奏表现一种激情倾诉的场面。其曲目有《拷红》《杀狗》等。《啸亭杂录》记载，清乾隆三十九年（1774年），金堂人魏长生到北京演出川梆子《滚楼》，引起轰动。"凡王公贵位，以至词垣粉署，无不倾掷缠头数千百。一时不得识交魏三者，无以为人。"这也标志着川剧的成熟和作为独立剧种的地位受到普遍认可。

清代四川地区便捷的水上航运给戏班跨区域演出提供了便利，这种到处流动演出的生活被称为"跑滩"。久而久之，不同流派和特色的戏班各自活跃的地区主要也以航道为主要网络，根据川剧以各种声腔流行地区和艺人师承关系的不同，以"四条河道"为中心，逐渐形成四种各具特色的流派："资阳河派"，主要在资阳、自贡及内江地区城镇，以高腔为主，艺术风格最为谨严；"川北河派"主要在南充及绵阳的部分地区，以唱弹戏为主，受秦腔影响较多；"下川东派"主要在以重庆为中心的川东一带，包括江津、合川、大足、酉阳、秀山等地，以唱胡琴为主，特点是戏路杂，声腔多样化，受徽剧、汉剧影响较多；"川西派"主要流行于以成都为中心的川西坝子。由于清前期受官员所提倡，这里也成为昆腔的主要流行区域。"花雅之争"之后,高腔、灯戏发展迅速,成为主要的腔调,昆腔逐渐衰落。这种局面的形成与该地区移民籍贯的分布情况也比较一致,移民的数量和籍贯地理分布特征直接影响着川剧中不同腔调比重的构成。(图5.18)

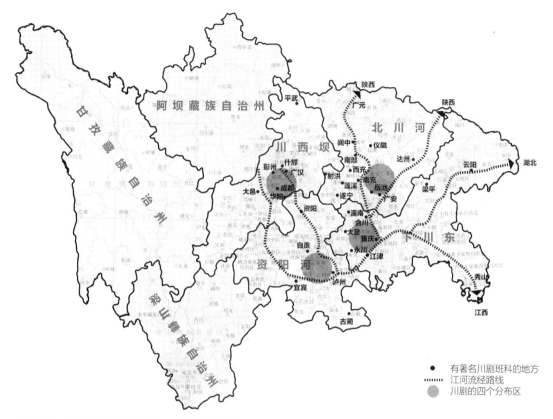

图 5.18　川剧的流行区域和科班、戏班的地理分布
图片来源: 安民.川剧简史[M].成都: 四川省戏曲导演进修班,四川省川剧学校,1982.
转引自: 钱强,崔陇鹏.四川会馆建筑与川剧[J].华中建筑,2008,26(4):4.

　　四川地区传统的戏剧表演很多依托于唐以后逐渐兴起的民间庙会活动。每当会期来临,人们聚集会场巡神祭拜、观看戏剧、交易商品,庙会成为乡村社会里信息、物资交流汇聚的重要场所。南宋庄绰《鸡肋编》有关于四川各地杂戏演出盛况的记载。当时演戏场所多称为"棚",与京都汴梁的"勾栏瓦舍"相类似。明清代以后四川地区庙会活动繁荣:一是宗教发展旺盛,佛、道教的发展都有扩大之势;二是民间信仰更为泛滥,特别是由于外来移民的填入,移民带来了其原籍的某些信仰神,进入四川后又开始接受新的神祇,四川各地供奉的区域神日益增多。清代四川各地庙会活动以巡神和演戏为主,各地又有差异。从地域分布上讲,川西盆地的庙会娱乐性盛于其他区。各类迎神赛会皆多娱乐内容,据《新津县志》记载,"每年逢神会必演戏庆祝,祈福还愿,皆携楮酒谷致敬尽礼焉。"[11]川东区多演戏而少游神,川南区重游神,轻演戏。[1] 早期戏班演戏的场所多不固定,一般场

1　牟旭平.清代四川庙会地理分布研究[D].重庆: 西南大学, 2015.

镇以庙内祭祀神灵,庙宇周围或空旷之地临时搭台演戏为主。清中期以后随着城镇经济的发展,社会环境的稳定,人们希望拥有更加丰富的娱乐活动,茶馆酒肆日益增多,观戏活动日益成为民间世俗生活的重要内容,城镇里面开始搭建固定的"万年台(戏台)"和独立戏楼,各类寺观祠庙也修建戏楼满足酬神娱人的需要。《巴县志》记载,"旧俗戏剧皆演于各会馆寺观,城乡皆建万年台。"相较于寺观戏台,独立的万年台戏楼和码头、街道空间的结合方式多样,有的临水而建,有的跨街而建,修建成过街楼形式,平时人们可以从戏台下穿行,演戏时便以街道为地坝,可供立观。此种形式的戏台,现存以犍为罗城镇戏台最精致。(图5.19)

图 5.19 眉山市东坡区盘鳌万年台(清乾隆)
图片来源: 自摄

移民会馆的大量兴建,更是大大改变了四川城镇里面临时搭台唱戏、露天坝子观戏的简陋观演方式。这一时期的地方史料中逐渐有了关于会馆演戏酬神、赛会合乐,甚至几个会馆"约费千余金",轮番"斗戏"的盛况记载。《成都竹枝词》记载了当年成都陕西会馆唱戏的场景,"会馆虽多数陕西,秦腔梆子响高低,观场人多坐板凳,炮响酬神散一片",描写的就是陕西会馆内一个戏台上唱着秦腔,另一边则演着梆子,你来我往,此起彼伏的场景。自贡盐都各地商贾云集,品戏斗戏自乾隆年间西秦会馆建成后蔚然成风。据记载,"清乾隆元年(1736年),自贡的陕籍商人致富后,在自流井合资修建同乡会馆,会馆建成时,有戏班'踩台'庆贺……咸丰年间(1851—1861年)'大名班'在内江、自流井、富顺一带活动……同治十一年(1872年)自流井王爷庙建成,'凤仪班'常在此演出……咸丰三年至光绪三年(1853—1877年),为川盐史上的'川盐济楚'时期,自贡班社云集,名角荟萃,各种会戏频繁,有'品仙台'之称"[12]。

这样的社会环境无疑也大大促进了川剧艺术的发展,这一时期除了川剧几大流派逐步成熟,有影响力的戏班也伴随成长起来,他们分布的地区基本上也是会馆分布比较集中的地区。(表5.7、表5.8)

表 5.7 清咸丰到民国四川著名川剧科班、科社

地 名	科社名	地 名	科社名	地 名	科社名	地 名	科社名
成 都	舒顺班	泸 州	庆华班	合 川	燕春班	资 阳	大名班
泸 州	鹤龄班	成 都	三庆会	成 都	来云班	资 阳	三字科班
射 洪	桂华科班	西 充	三益科班	成 都	和丰科班	重 庆	裕民科班
自 贡	品玉科班	大 邑	鹤鸣科班	南 部	芝字科班	西 充	大同科班
彭 县	金兰科班	岳 池	荣和科班	平 武	杰英科班	仪 陇	亦乐科班
成 都	文华科班	川 北	九字科班	达 县	金伶科班	巴 中	唱叙科班
宜 宾	钧字科班	大 足	同乐科班	江 北	普益科班	古 蔺	绍俊科社
梁 平	明达科社	合 川	群伶科社	合 川	九思科社	西 充	青华科社
潼 南	清文科社	广 汉	玉清科社	南 充	凤梧科社	大 邑	新民科社
阆 中	振新科社	川 北	一乐科社	成 都	新又新科社	南 充	新民讲演团

资料来源：钱强，崔陇鹏.四川会馆建筑与川剧[J].华中建筑，2008, 26(4):4.

表 5.8 自贡现存清代古戏台建造时间统计表

戏台名称	建造时间	戏台名称	建造时间
自贡西秦会馆戏台	乾隆元年	南和村南华宫戏台	光绪十七年（1891 年）
自流井王爷庙戏台	清咸丰年间	永安镇阖乐祠戏台	咸丰元年（1851 年）
自流井桓侯宫戏台	始建乾隆年间	狮市天后宫戏台	清代中期
自流井炎帝宫戏台	嘉庆末道光初	长滩天后宫戏台	光绪年间
自流井川主庙戏台	嘉庆五年（1800 年）	福源灏戏台	嘉庆元年（1796 年）
贡井南华宫戏台	光绪二十四年（1898 年）	长滩禹王宫戏台	清代（具体不详）
贡井贵州庙戏台	同治六年（1867 年）	赵化镇两湖会馆戏台	道光二十六年（1846 年）
贡井陈家祠堂戏台	光绪二十七年（1901 年）	牛佛禹王宫戏台	顺治年间
夏洞寺戏台	顺治十年（1653 年）	牛佛万寿宫戏台	康熙年间
仙市天上宫戏台	道光二十九年（1849 年）	大山铺张爷庙戏台	清代（具体不详）
仙市南华宫戏台	咸丰六年（1856 年）	大山铺陈家祠堂戏台	清代（具体不详）
东湖镇黄葛南华宫戏台	清代（具体不详）	邓官南华宫戏台	清代（具体不详）
胡元和老宅戏台	道光至光绪年间	大山铺南华宫戏台	清代（具体不详）

资料来源：张先念.四川自贡现存古戏台调查与研究[D].临汾：山西师范大学，2013.

5.4.2 四川地区会馆观演空间构成

1）会馆观演空间的基本特征

会馆观演空间与我国其他类型的传统观演空间的基本特征大体一致，即空间的"程式化""随意性""俚俗性"共存。前者表现为会馆观演空间具有很强的共性。会馆观演空间的性质、尺度、交通组织方式等直接和"演与看、聚与散"的观演建筑基本功能关系相关联，在任何一处，会馆都必

须遵循看厅和戏楼正对,两厢围合形成"内聚性"较强的观演空间这一固定的场所形态。几乎各地会馆演剧均脱胎于神庙演剧和宗祠演剧,又多少兼具城镇公共广场演剧和茶园演剧的性质,而会馆演剧和会馆其他主要功能,如祭祀、会谈、留宿等的关系,可以用"空间性质从开放公共到私密封闭,使用对象从大众到小众,空间气氛从热闹到安静"等来形容。在功能组织方面,会馆演剧空间处于建筑前区中轴线上,往往利用第一进院落空间作为观戏院坝,戏楼和看厅(正殿)分别位于轴线前后两端,彼此呼应。半开半闭的看厅界定了所谓"公私、内外及主客",使会馆在保持公共开放性的同时获得特定身份的定义,既符合礼仪的规矩,也符合功能性质的需要。后者源于中国戏剧表演的"写意性"。中国戏曲时空自由,依靠演员表演确立舞台假定性以及明确的"演戏"观念,使对于专门化剧场的要求并不强烈,换句话说,戏曲并不与剧场形成一种完全彼此依存的发展关系,它通过发展自身的表演程式去弥补场地给场景造成的时空缺陷,但并不强烈提出改进剧场样式的要求。剧场对于中国戏曲来说只是一种工具,一个并非不可脱离的载体,它没能起到制约戏曲的表演精神及其原则的作用。

会馆观演空间也似乎存在着随意构设舞台空间的趋势。全国各地现有会馆戏台,其建筑形制并不统一,常见的种类中"伸出式"和"镜框式"两种样式并存,甚至在相同剧种活动的同一地区同时期内建筑的戏台,也出现这两种不同的建筑样式,这是不能用西方那种戏剧原则和戏剧观念制约戏台样式的理论来解释的。照理,"伸出式"可以供观众三面环绕观看,表演没有一个比较固定的面向,而"镜框式"只能从戏台前面形成一个观看扇面,表演一定是面向前方,两者的戏剧原则是不相同的,西方在后者的基础上导致了"三一律"和完全写实主义戏剧的产生,其极致是著名的"第四堵墙"和"当众孤独"的表演理论。中国戏曲却似乎根本不去注意剧场形制的存在,它只是一如故我地进行假设中的表演,无论在何种表演环境中都以不变应万变,场地对它来说只是一个随手拿起的工具,可用可不用,可有可无而已。究其原因就在于它的表演是非生活化而为虚拟化的,演员的表演重在身段动作的美而不在模仿的真实性,观众对它的欣赏只是对一种表演程式的审美,并没有人去特意追究它的动作面。

中国人的看戏乐趣,除了戏曲本身的声色之美,还有部分内容是它的参与性、随意性以及求热闹的娱乐性心理。所以经常见演出过程叫好、吃喝、说话、吃茶、打牌等活动与台上的表演同时进行,大家不以为混乱喧闹反而各得其乐,这种"俚俗性"也是中国戏剧发展的重要特点。

2)会馆观演空间的构成要素和观演方式地方特点

(1)会馆观演空间构成

会馆观演空间主要由戏楼、耳房、看厅、两侧厢房以及围合而成的院落空间共同构成了表演区(戏台),观众区(看厅、两侧厢房、院落坝)和服务区(耳房)。其他附属于此空间的还有钟楼、鼓楼及山门等。虽然早期以关帝庙形制出现的某些山陕会馆中,戏楼和看厅之间还布置有牌坊等礼制建筑需要的建筑小品,显示出初期会馆演剧空间并不独立,还处于祭祀功能的附属地位。但是绝大多数现存会馆观演空间主要由前面这三部分组成。

戏台作为演戏部分,有两种主要布置方式:一种是戏台位于院落中,相对独立;一种是戏台或者戏楼、耳房和两侧厢房组合为一个整体。无论哪种方式，演戏的戏台布置一般采用朝向主神所居的主座——看厅（正殿）。这是吸取传统神庙戏台建筑的基本规制。相对来说，戏台是一种处于附从、附属的建筑。封建社会对戏曲艺人是鄙视的，所以须在倒座唱戏，服务他人。因此，各类戏台无论是宫廷戏台、私家戏台或民间的庙台、草台，还是最简单的白板木台，都是避开正位（北位）而建造，或坐南面北与主座相对，或东西朝向，且其台面都应面对着主要建筑物。处于东、南、西三个位置都无妨，唯有北座是犯忌的。因为中国封建社会的"礼制"规范：北屋为尊，倒座为宾，两厢为次，杂屋为附属。

四川地区移民会馆往往利用山地地形让戏台一层抬高架空作为会馆的主入口，戏台二层分前后两部分，面向院坝为舞台表演区，屏风后面为伴奏区及候场区，戏楼后台与两侧耳房连通，耳房作为道具、服装和化妆区。舞台面与后台之间左右两侧各开一个小门，作为剧中角色出入的通道，题写"出将、入相"，演员们几度上下就代表着时间和剧情的推移。

在会馆建筑里，从大门进入的首个院坝、左右两厢、戏楼对面的看厅（或正殿）以及挑出平台共同构成了会众聚集看戏的空间。在空间使用上，按照礼仪尊卑的等级要求，以观戏视线的优劣和位置的主次划分观众区。按照等级分："池座"院坝是普通会众立观或者临时加座观戏的场所，容纳量较大；"楼座"为两厢二层，是特殊群体（一般为有一定身份地位的女性观众）的观戏空间；"边座"为两厢一层；"堂座"指中轴线上的开敞看厅空间，为会馆的会首与贵宾端坐看戏之所，容纳量有限。按照礼仪要求分，一般遵循"左上右下，男左女右或者男下女上"原则布置宾客。

（2）会馆观演方式地方特点

四川移民会馆观演方式受到本地经济条件、地形环境和气候等因素直接影响，也和川剧表演形式和舞台要求相关。传统观演建筑空间形态主要分为内聚型、半开敞型、开敞型三种。根据调查，现存四川移民会馆观演空间几何形态主要集中于前两种类型。其中，内聚型占主要地位。这一方面是由于会馆功能的限定性要求，另一方面受到四川山地区相对紧凑的用地和多雨的气候条件的影响。

内聚型空间形态又可分为四面回廊式、三面围廊式、单面檐廊式。四面回廊式，指正厅、戏楼、耳房、厢房（廊）彼此相连通，形成封闭的四合院观演空间。三面围廊式，指戏楼、耳房和厢房（廊）彼此相连，看厅相对独立。这种方式既有利于在观演区形成尽可能宽敞的院坝，而后区空间适当收缩，两侧形成附属小院。以上两种方式因其比较广泛的对地形和多雨气候的适应性成为四川地区会馆观演空间的主要形态。单面檐廊式，这种空间形式是指戏楼的对面只有看台或者看厅，戏楼与两侧耳房相连而无厢房，这种情况比较少见。

半开敞型会馆观演空间主要指会馆与街市结合紧密的情况。此时会馆的观演条件变得不太重要，而配合场镇街道空间，形成人群聚集和热闹的氛围更加重要。

由于受到山地用地条件限制，四川移民会馆观演空间院坝形态比较方正，甚至呈扁宽状，即进深小于面阔。四川地区气候湿热，室内通风条件较差，并且日照时间较少，室内采光问题较难解决等因素，再加上经济条件限制，四川移民会馆主要利用开敞的院坝作为观戏池座，在调研中还未发现像北京的清代福建会馆、安徽会馆那样覆盖着屋顶的剧场式空间。

5.4.3 四川移民会馆戏台形制与尺度分析

1）戏台功能划分与平面形制

戏台的布置受到传统戏曲表演所需场地和空间的影响制约。川剧属于集念、唱、做、打为一体的北方系大剧种，包括昆、高、胡、弹、打五种声腔，音色高亢嘹亮，在伴奏上又讲求锣鼓套打和帮、打、唱得紧密结合，严谨有度，不乱规矩。因此，戏台除需要宽敞的表演舞台外（如西秦会馆戏台、面阔三间，宽9米，前台深4.15米，后台深也达3.2米），还需要安置道具、化妆、器乐伴奏的空间，后台和左右耳房不可或缺。

相对完善的戏台功能组织方式一般将戏台从进深方向划分成"前台和后台"，其中前台用于表演，后台为伴奏、化妆区域。前后之间或以木质隔墙划分分明，或者临时垂挂软幕。有的会馆还将戏楼两侧耳房（楼）划入后台辅助功能使用，这样可以区分男女化妆、更衣以及伴奏和道具空间。这样的结果必然带来更多空间的需要，因此，会馆戏台的布置主要还是与经济实力，包括会馆规模有关。小型会馆若没有足够的空间，则不演大戏，只能以清唱折子戏为主。

罗德胤在《中国古戏台建筑》中谈道："随着戏曲表演的发展和观众对戏曲欣赏环境要求的提高，献殿和舞亭开始分化：献殿仍然维持四面开敞（或前后开敞）的格局，而舞亭则在远离正殿的一面加墙，变成三面观格局，或在两边侧面也加墙，变成一面观的格局。"这样的结论实质上间接对观演空间形态的变迁给出了概括。在这之后的发展过程中，观戏效果更加优化的三面观的变化形式——伸出式舞台逐步代替了观看角度及范围受到严重局限的一面观镜框式舞台。这种伸出式舞台平面扩大了看戏角度，实际上就是扩大了观众容量，同时促成"三面围合式观众区"的产生。内聚型观演空间的成型，促使了中国式观演空间以及后来的室内剧场的成熟与产生。

清代四川地区会馆建筑戏台主要采用伸出式平面，建筑平面上直接保留镜框式戏台的仅见龚滩陕西会馆戏台。不少场镇会馆虽然平面已经突出来，但是两侧山墙面并不敞开，实际观戏角度和镜框式戏台无异。其背后的原因还有待进一步考察。

在平面柱网布置上，四川会馆戏台又分为单开间戏台和三开间戏台。其中后者占主要地位。戏台的木结构一般用料较大，柱的直径甚至大于正殿。为了获得表演区域的大开敞空间，做法中平面柱网在二层多采用"减柱造"，即底层为横向四柱三开间，在二层舞台面上减去中间两排的某些柱。另外再取掉戏台的明间两根檐柱，在原来柱子的位置做吊瓜柱与下面的柱及栏板的望柱相呼应。因梁架用料较大，故并不影响梁架的受力性能。另外还有一种做法：将明间两柱或四柱移柱形成八字形柱网结构，戏台台面形态就分为八字形戏台和一字形戏台。前者造型更活泼，视野更开阔。后者处理比较简单。台中一般是以绘有装饰图案的三星壁或者三星壁装饰图案型的底幕为演出背景，左右挂"出将入相"布帘，作为演员上下场通道。

2）会馆戏台平面尺度分析

由于表演戏剧类型不同，各地会馆舞台尺度也不相同。四川会馆舞台尺寸一般以8米左右居多，浙江戏台舞台尺寸以5~7米见方最多，小到3米多，大至10米不等，据可获资料，平均为5.48米×

5.32米。如此小舞台格局的形成与戏曲演出的特点有关。从高度分析,戏台离地高以1.6米左右最多,从1.06~3米不等,平均1.77米。抬高的舞台有利于视线安排,使之不受遮挡,还可减少声音在传播过程中的附加吸收。(表5.9、图5.20)

表 5.9　四川地区会馆戏台尺度分析表（单位：毫米）

会馆名称	舞台宽	舞台深	台口高	台口下舞台高	后台深	台口高宽比
重庆禹王宫	5235	4037	2964	2010	1992	0.57
重庆广东会馆	8850	5500	2961	2884	3350	0.33
重庆江南会馆	4300	3200	2500	2666	4100	0.58
重庆齐安公所	7149	7256	3079	2278	5550	0.32
重庆綦江东溪南华宫	8095	5095	3220	2746	3025	0.4
重庆綦江东溪万天宫	9100	6090	2790	2990	4405	0.31
重庆綦江东溪王爷庙	4600	5400	2900	2500	1500	0.63
宜宾李庄禹王宫	8000	5200	3240	2750	2600	0.34
自贡仙市南华宫	8890	4770	3512	3000	2154	0.4
成都洛带广东会馆	5450	3525	1606	2500	3075	0.29
宜宾李庄天上宫	7600	7200	2740	2140	6000	0.36
泸州叙永县春秋祠	4650	3700	2672	2547	0	0.57
自贡仙市天上宫	9100	8050	3922	3200	2000	0.43
成都洛带万寿宫	5150	5300	3219	0	0	0.63
酉阳万寿宫	5200	2900	3235	2330	2265	0.62
南充双桂万天宫	7600	8400	2487	2100	1800	0.33
资中罗泉盐神庙	12400	7054	2730	2183	4492	0.27

图表来源：自制

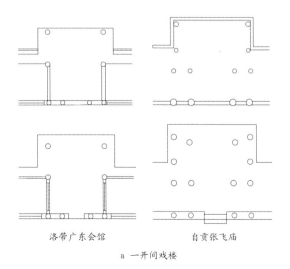

洛带广东会馆　　　　　自贡张飞庙

a　一开间戏楼

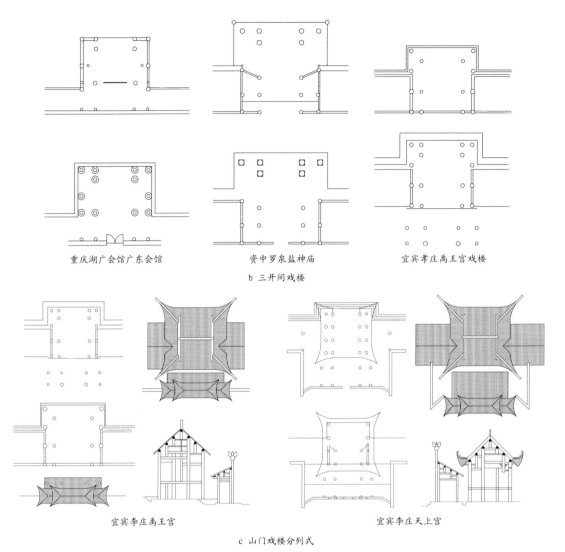

重庆湖广会馆广东会馆　　　　　　资中罗泉盐神庙　　　　　　宜宾孝庄禹王宫戏楼

b　三开间戏楼

宜宾李庄禹王宫　　　　　　　　　　　　宜宾李庄天上宫

c　山门戏楼分列式

图 5.20　四川地区会馆戏台平面图示例——山门戏楼分列式

图片来源：自测、自绘

3）会馆观演空间尺度与界面设计

（1）基于良好视线关系的观演空间

在基本的空间程式结构和随意性较强的基础特征之外，基于良好视线和视听关系的观演空间营建，开始探索利于视听效果的会馆观演空间设计。

首先，按照观演建筑设计的基本原则，从人眼对物象的获得和分辨能力角度以及人耳对音乐和人声（演唱、道白）辨析能力角度出发，结合国人对传统戏剧舞台演出的欣赏习惯和方式，会馆建筑在观演空间的尺度控制上有相对适用的范围，它是所有会馆观演空间尺度控制的基础。

以自贡地区几个典型会馆为例，通过观戏院落长宽比的差异可以看出不同观演空间设计模式，其中大多数的会馆院落长宽比控制在1.0～1.2，院落空间几乎都接近正方形（表5.10）。还有一些会馆把观看视角较好的竖长方形变为横长方形，这样的结果使戏台与观众之间的距离缩短，足见川剧对于"观"的重视，另外也使得两厢几乎失去观赏角度，如自贡炎帝宫。这一现象说明当时的会馆观演区院落空间在看戏需要面积和容纳人数上有所考虑，但对观赏视角的设计还未进入比较成熟的阶段。而且联想到四川地区民间建筑中流行的宽而浅的横长方形天井形式，会不会对会馆建筑的庭院空间也产生了影响，使得会馆建筑在大观赏空间的需要和对民间习惯的继承上折中而形成了这样的院落空间平面形式？这些问题还有待进一步考证。（图5.21）

表 5.10　自贡地区典型会馆观戏院落长宽比调查表

会馆名称	院落横向宽度（米） （厢房檐柱中心点间距）	院落纵向长度（米） （台口到正厅檐柱中心线）	院落长宽比值
西秦会馆	26.0	28.5	1.10
桓侯宫	12.6	20.5	1.63
南华宫	24.5	25.6	1.04
炎帝宫	20.3	12.0	0.59
仙市南华宫	12.6	15.0	1.19
仙市天上宫	14.3	15.5	1.08

表格来源：自制

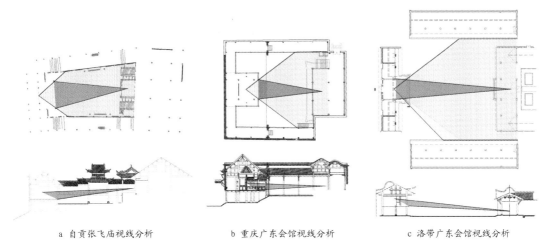

a 自贡张飞庙视线分析　　　　b 重庆广东会馆视线分析　　　　c 洛带广东会馆视线分析

图 5.21　会馆观演空间视线分析图
图片来源：自测、自绘

　　其次，结合戏台的尺度综合考虑视线关系的组织。不仅是要考虑到观众观演的视线远近、仰俯角度，也要考演员在舞台上面的感受，特别是一种"舞台中心感"。重庆齐安公所戏台和看厅及两厢合宜的比例尺度关系也体现在戏台演员的感受方面。从舞台台底正中心看出，越过舞台台口两个檐柱，视线恰好概括看厅完整正立面；从台口两檐柱和金柱看出，视线恰好概括两厢突出双阁的正立面，视觉感受非常舒适。（图5.22）

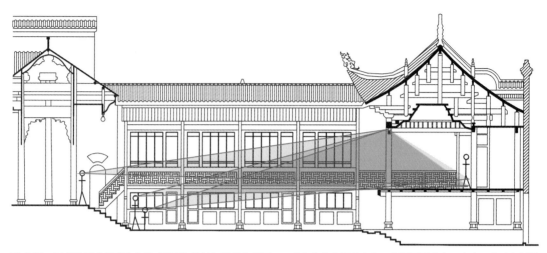

图 5.22 四川地区会馆观演空间"界面"设计与视线分析图——重庆齐安公所（中左：从看厅看戏台；中右：从戏台看看厅；下：从舞台中间看厢房双阁及看厅全貌）

图片来源：冷婕绘图，作者摄影

（2）观演空间界面设计

观演空间质量的好坏，最重要的在于观演效果，其中视线组织尤其重要。四川地区的会馆建筑利用地形条件对戏楼和看厅之间的关系进行调整使观众获得良好的视听效果。

在地势平坦的川西平原地区，为保证下部有高敞的入口空间，同时又不使观戏者有视觉上的不便，一般多以加深戏楼广场，扩大观戏距离的方法来解决，如成都洛带广东会馆（图5.23）、资中南华宫等。这样做的结果必然是会馆占地大，规模大。而规模、占地无法满足此要求的洛带江西会馆为了避免这个问题，则打破了戏楼和大门结合的模式，将会馆戏台放在大厅"背靠背"的位置，直接服务后殿以及后院的"小众观众"，形成类似于住宅堂会演出的布局方法，不失为一种因地制宜的措施。

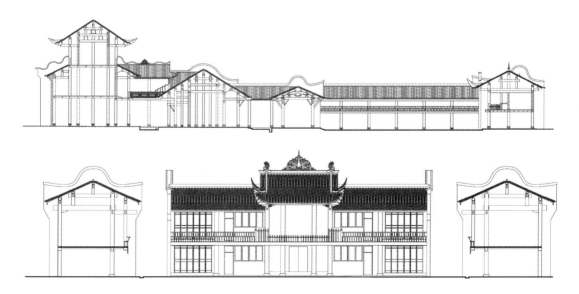

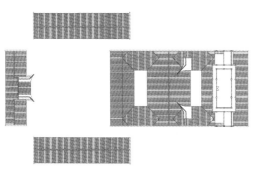

图 5.23　四川平原地区会馆观演空间示例——洛带广东会馆
图片来源：自绘，百度图片（右下）

在地形高差变化大的地区，会馆建筑处理高差的方式往往和观演视听要求结合起来，也就是"分台、筑台"的位置选择成为优化视线组织的有力工具，通过恰如其分地运用地形的自然坡度，有效满足观演距离和视线，使之适宜观戏。结合分台的几种基本模式，进而演变出以下几种做法：①入口部分集中处理主要高差，后区平坦，如自贡桓侯宫。②均匀处理高差，逐步抬高，如自贡西秦会馆。③前区平坦，后区集中抬高，如资中铁佛南华宫。这些剖面形式既丰富了会馆观演空间的层次，又避免了观戏的视线遮挡，提供了更好的观赏角度。总体来说，这些方法使得看厅与戏楼之间的相对高差减小，使看厅正位落座处正常平视时，戏台能有一个最完美的"亮相"，同时最大化戏台台口框，使观戏效果也达到最佳。

从视听效果的角度，四川地区会馆建筑中的观演空间无疑是参与性最强的。在整个会馆建筑中，与后半区（神殿、留宿、办公区）相对封闭的空间特性相比，戏楼为中心的前半区也因公共文化娱乐活动的使用需求以穿透的"虚"空间为主。首先是入口门厅类似"骑楼"式空间。接下来正厅一般为多敞厅五开间，或者正厅前突出一段石筑月台，为显贵绅商看戏之所在，也有在前檐部加大前廊进深，称为"燕窝"。两侧耳楼，也不似北方的传统四合院中的厢房，而类似于"廊院式"，一般多为两层，上层与戏台形成"回廊"，安排茶座吃看戏，而广场一边多设栏杆或"美人靠"，一般不安窗，底层多数开敞，也有少数封闭作仓储用。这戏楼耳楼与正厅（看台）之间围合成"流动的灰空间"，既拓宽了广场空间的尺度感，又使室内外空间产生交流，体现出传统古建筑群落中少有的"万民同乐"的平民意识。而这样的环境和会馆演戏的俚俗性特征结合起来，恰好构成一幅清代四川城镇常见的风俗画。在这里，观众和演员的交流是如此直接，川剧的锣鼓和高腔成为四川人性格的宣泄和表达，"这样一来，观众不仅是戏院这一专属空间中的看客，也是戏剧表演不可欠缺的部分"[13]。

5.4.4　四川移民会馆的"山门戏楼"

1）四川地区会馆山门形制

"明代神庙剧场的锐意改革，主要是在神庙大门或二门上作文章，将戏台与山门合二为一，着眼于前后台、化妆间、看楼以及戏班食宿之处等剧场整体设施的完备"[14]，从而形成"山门戏（舞）

楼倒座"的基本形制。这是中国古代神庙剧场中配套设施最完善的，在清代国内广泛流行。按照《山西神庙剧场考》将清代神庙剧场从其地形、地势、庙院大小、广狭，建筑基础和经济条件等情况出发，分为标准型、简易型和复杂型三种规格的山门舞楼的方式。四川地区会馆观演建筑主要为标准型做法，基本特点是：山门之后建造戏楼，外看是高大的山门，雄伟壮观，里看则是戏台，雕琢华丽。山门戏楼两侧一般建有二层耳房，上层作为专门的化妆间，有门和舞台相通，底层则用作戏班的休息之所。在一些小型会馆里，耳房和厢房也有合二为一的做法，但是总体功能上还是保留耳房作为演出辅助用房的惯例。在山门与戏楼的关系上，四川地区会馆出现以下两种形式。

（1）山门戏楼分列式

山门与戏楼分开设置是传统纪念性祠庙建筑比较常用的手法，容易形成层次丰富、礼仪规制严整的前区空间。但是，由于受到用地条件限制，这种在北方地区比较普遍的做法在四川地区却并不多见。现存实例仅见于宜宾李庄禹王宫（图5.24）和南充双桂镇田坝会馆，它们的山门和戏楼在一条轴线上，建筑各自独立，中间有极小的天井作为过渡。由于建筑周边环境道路局限，山门、戏楼不在一

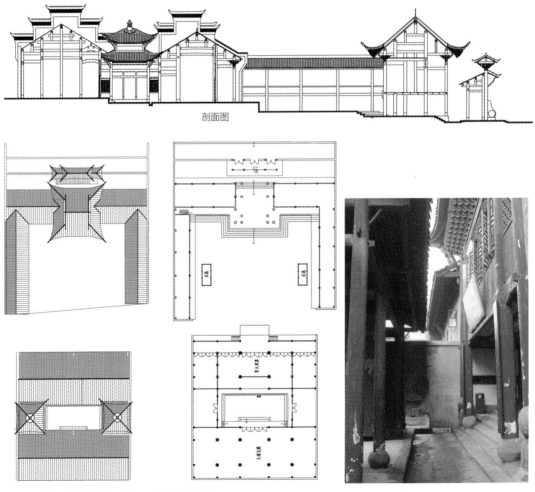

剖面图

图 5.24　山门戏楼分列式示例——宜宾李庄禹王宫
图片来源：自绘，自摄

条轴线上，也会导致山门与戏楼会分开，如重庆齐安公所、重庆走马关帝庙和三台县刘营南华宫。

（2）山门戏楼合并式

除了少数采用山门戏楼分列式布局，绝大多数四川移民会馆建筑采用的是山门戏楼合并式做法，即山门与戏楼背靠背合并而立，成门楼倒座形式。山门就是戏楼的背壁，建筑结构和造型彼此连接成为一个整体进行考虑。依托于体量高大、造型华丽丰富的戏楼，会馆整体形象得到提升。

2）四川地区会馆山门造型形态

（1）牌楼门

为了塑造会馆高大的形象，增添入口空间的气氛，大型会馆建筑的山门被处理成牌楼门以显隆重。按照牌楼门使用材料以及牌楼和戏楼、耳楼的结构关系，分为两种情况，第一种做法是"木牌楼门和戏楼、耳楼三者结合，结构完全构成整体"，主要实例有自贡西秦会馆、遂宁天上宫、李庄禹王宫、铜梁安居禹王宫等。第二种做法是"石牌楼门贴靠于木结构戏楼的外侧，门与戏楼结构分离，但是辅助连接部分将彼此合并在一起"，主要实例有宜宾滇南馆、隆昌禹王宫（目前仅存雕刻精美的石牌楼）、安县龙隐古镇湖广会馆等。

四川地区会馆牌楼门的形态丰富多样。其中，最复杂也是技艺最为高超的代表作是自贡西秦会馆武圣宫（图5.25），大门总宽约32米，形制为"四柱（另有四根柱子不落地）三间三门七楼式"。整座建筑不仅重檐歇山层叠达四层之多，屋面曲线舒展开朗，仅大门上方就有四层共十个高低错落的翼角分别从不同角度飞出，动态十足。再加上由檐下如意斗拱和雕刻精美的吊瓜、斜撑、额枋等构成的华美立面，底部四尊大半人高石狮柱础造像加强整座牌楼门的稳定感，都把这座盐商会馆主人的财力、气魄以及工匠的技艺展示得淋漓尽致。牌楼门八字形排开和檐下层层推进的手法也形成"凹空间"，把入口的位置恰当地烘托出来。大门与献技诸楼前后望去，自成一体，但从基座到屋顶又穿插交错，形成不可分割的复合建筑。献技诸楼屋顶的基本结构为由两个

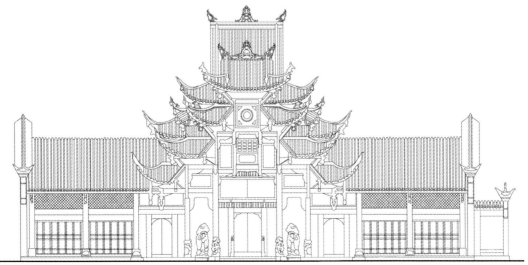

图 5.25　木牌楼门会馆典型实例（一）——自贡西秦会馆武圣宫大门

图片来源：自绘

歇山式屋顶重叠组成并与武圣宫屋顶连成一片,而在屋顶紧靠正脊处又加建了一个六角攒尖屋顶,其后两角则嵌进歇山屋顶之中,组成牢固的复合结构,在外形上构成一个嵯峨雄奇的大屋顶,复合屋顶下,环列24个檐角,起翘修长,参差起伏,造型奇特。

由于西秦会馆建造工匠和材料基本来自秦地,所以武圣宫大门无论建筑尺度、装饰题材、红柱灰瓦的色彩,以及设色鲜艳而图案规矩的旋子彩画等基本遵照北方做法,保留移民原籍建筑风格特征,只有高翘的翼角借鉴了四川民居的技术。

与此相比,遂宁天上宫和宜宾李庄禹王宫的牌楼门尺度较小,处理手法受到更多四川本地建筑技术的影响。木牌楼整体风格更加简练,在造型上突出层叠出挑的如意斗拱的装饰效果,风格特色类似于青城山明代建筑"斗姥殿"。建筑木结构部分基本施以黑漆,仅对如意斗拱施以暗红色漆,既充分凸显斗拱特点,又足见四川本土传统的建筑色彩体系中,崇尚"黑、红、白"审美习惯对移民会馆建筑色彩的影响。具体形制上,李庄禹王宫为"四柱三间三门三楼式",遂宁天上宫为"四柱三间一门五楼式"。 在门与牌楼的关系上,前者门直接设置在明间两柱之间,后者大门比较退后,牌楼的四根独立柱落下限定出入口前面的缓冲空间,和西秦会馆的处理方式一致。(图5.26)

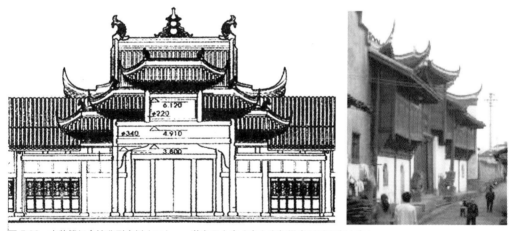

图 5.26　木牌楼门会馆典型实例(二)——遂宁天上宫(左)和铜梁安居禹王宫(右)
图片来源:自绘,自摄

宜宾滇南馆将石牌楼贴靠在戏楼外侧立面的做法非常具有四川地区特色,而它所表现出来的技术和装饰方面的细节又反映出云南移民的习惯和爱好。首先,石牌楼不单纯是石质,为了获得和木牌楼一样高翘的翼角和深远的出挑,这个牌楼使用了石木混合的做法。屋顶部分为木质,按照木牌楼门的做法处理,檐下部分采用云南大理石(梁枋)和四川本地砂岩(石柱)砌筑。牌楼的细节也体现了清代南方地区牌楼特点,即檐下斗拱部分不见斗拱,而用类似"斗形"的雕板所代替,这也是南方和北方地区在清代中后期做法上的一个重要差别。其次,滇南馆石牌楼翼角的弧度和整体比例与云南会泽江西会馆相似,反映出云南地域建筑风格对移民会馆的影响。代替檐下斗拱的几层雕花板的做法和四川本地也不一样,四川本地以"卷草纹样、人物故事"为主要题材,手法以深浮雕、透雕结合为主,也是为了追求与斗拱的效果接近,而滇南馆的做法以浅浮雕几何图案为主,并且施以色彩,这些都与大理白族民居照壁装饰图案更加接近。(图5.27)

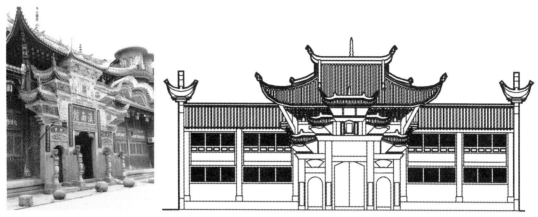

图5.27 石牌楼门会馆典型实例——宜宾滇南会馆
图片来源:自摄,自绘

(2)牌坊门

随着封火山墙的普遍运用,会馆外部形态的封闭性特征也逐步被加强,当两侧的封火墙逐渐围拢来把戏楼、耳房全部围合起来的情况逐步增多时,牌坊式山门的做法比牌楼门变得更加适宜。在四川地区现存会馆里,牌坊门的数量要高过牌楼门。高且宽大的牌坊造型占据了会馆建筑正立面的核心。同时,砖石牌坊可以直接与耳楼外的山墙连接成整体,加强整个建筑的安全性和防火效果。与牌楼门相比,牌坊门的做法也更加简单。它一般不与戏楼发生结构上的联系,柱子和墙体脱开,使建筑木构架关系更加容易梳理,降低了建造难度。在造型上,牌坊门的变化也非常丰富,川内会馆中就有四柱三间一门五楼式(自贡桓侯宫)、四柱三间三门三楼(屏山楼东万寿宫)、六柱五间三门七楼式(李庄天上宫)、六柱一门五楼式(南充双桂镇田坝会馆)等多种样式。(图5.28)

比对北方牌楼、牌坊的做法,四川地区会馆牌坊门形制基本沿袭规矩,也带有地方特点。除了斗拱部分被满布装饰图样的雕板代替外,为了适应大门比例尺度和门上置"门匾"的要求,牌坊门一般都加大了立柱部分的高度,在牌匾和大额枋的下面增添了一块以书写匾额。通常"立式牌匾"书写会馆的名称,如桓侯宫、万寿宫、南华宫等;"横向匾额"的内容各个会馆无一相同,成为会馆的身份标志。如自贡桓侯宫书"灵公阆郡",暗示张飞的身份;屏山楼东万寿宫书"忠孝神仙",道出了许逊作为皇家御赐祭奠之神仙的身份。

(3)随墙式门

随墙式门包括两种形态:一种是将牌楼、牌坊直接贴在山门正面墙壁外侧,起到装饰作用。如重庆广东会馆、江津石蟆古镇清源宫、重庆龙兴禹王宫等。另一种是在小型会馆和地方场镇会馆中比较常见,即大门与戏楼仍采用"门楼倒座"的布置方式,但是大门并不做特殊处理,直接采用四川本地民居大门形式。在形态分类上,位于场镇街道上的会馆常见按照四川民居"朝(槽)门"的处理方式。如江油青林口的南华宫、资中罗泉盐神庙等。位于场镇外围位置相对独立,外部高墙环绕的

金堂土桥镇禹王宫　　　　　　屏山县万寿宫　　　　　　自贡桓侯宫

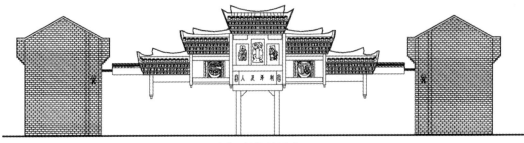

南充双桂镇田坝会馆

图 5.28　牌坊门会馆实例
图片来源：自摄，自绘

会馆，随墙式大门基本采用石过梁石门柱支撑的门洞，另外设门，如綦江东溪万天宫、南华宫，江津真武场万寿宫、万天宫和南华宫等。四川地区会馆建筑这种随墙门的具体做法有一定规矩，自上而下是"立式牌匾、石过梁、石雀替、石门柱、石门槛"，雀替并不在门洞上端，而是在梁与柱之间的构件，和江南地区类似宅门做法有所差别。

　　由于对山门造型本身采取的就是比较平实的处理态度，所以大门一般仅一个，目前只见到綦江东溪万天宫正立面有三个随墙式正门，且高大，其中两个侧门直接开在厢房一层。也有一些会馆将大门正上方墙顶处理成折线"五花"或者曲线造型，也起到指示入口位置的作用，如资中铁佛镇南华宫大门。

　　还有少数会馆大门造型受到欧式建筑风格的影响，如自贡贡井贵州庙山门出现了"发券石拱门以及拱顶石"，南华宫后门正上方突出于山墙的曲线具有明显的"巴洛克"风格的痕迹。这些只能在修建时间靠后的会馆中见到。

5.5　小结

　　五方移民所带来的"荆楚、闽粤、秦陇、徽州"等地建筑文化要素是形成四川地区会馆建筑文化地缘性特征的重要因素。因为会馆建筑所承担的特殊社会、文化功能，相对于民居建筑，移民会馆、宗祠这类建筑对原籍建筑文化信息的保存更加纯正、完整和刻意，往往刻意强调自身的文化标志性和彼此差异性。相对于民居建筑中表现出来的文化信息随时间和空间的推演而呈现出的线性衰减过程,它们在个案上出现了跨越时间和空间限制的"点到点的直接移植"。同时,受制于会馆建筑基本类同的功能和空间形制组合需要,多元的移民文化和地缘因素对会馆建筑造型形态的影响更趋"表面化、片段化和潜移默化"。即在空间形态和布局方式受到一定限制的情况下,差异性主要表现在建筑造型、装饰图像以及部分营造技术层面。此外,地缘性特征带来的差异性随时间的流逝在地方化发展过程中又逐步受到地域性要素的影响,在特定小的地域空间内出现了各种类型会馆建筑造型形态的"趋同性"变化,又从一个侧面反映出地域空间的影响力和共同审美趣味的形成。这些"移植性"建筑造型元素和其他类型的移民文化元素在四川的命运是一致的,它们都经历了从简单移植到多元并存,再到有机融合的过程,其表现形态从一个侧面反映出四川文化本身具有的包容性和兼收并蓄的能力。

参考文献

[1] 胡振楠. 徽州地区古民居建筑形态解析[D]. 合肥: 合肥工业大学, 2009.

[2] 王凌枫. 皖南与岭南古民居在封火墙造型及装饰上的比较研究[D]. 芜湖: 安徽工程大学, 2016.

[3] 朱永春. 安徽古建筑[M]. 北京: 中国建筑工业出版社, 2015.

[4] 丁俊清, 杨新平. 浙江民居[M]. 北京: 中国建筑工业出版社, 2009.

[5] 孙智, 关瑞明, 林少鹏. 福州三坊七巷传统民居建筑封火墙的形式与内涵[J]. 福建建筑, 2011(3): 51-54.

[6] 黄浩. 江西民居[M]. 北京: 中国建筑工业出版社, 2008.

[7] 孙一帆. 明清"江西填湖广"移民影响下的两湖民居比较研究[D]. 武汉: 华中科技大学, 2008.

[8] 李晓峰, 谭刚毅. 两湖民居[M]. 北京: 中国建筑工业出版社, 2009.

[9] 陈日飙. 大昌古镇的历史文化与传统建筑研究[D]. 重庆: 重庆大学, 2003.

[10] 张先念. 四川自贡现存古戏台调查与研究[D]. 临汾: 山西师范大学, 2013.

[11] 王梦庚, 陈霁学, 叶方模, 等. 道光新津县志: 卷15 风俗[M]//中国地方志集成: 四川府县志辑. 成都: 巴蜀书社, 1992.

[12] 牟旭平. 清代四川庙会地理分布研究[D]. 重庆: 西南大学, 2015.

[13] 李晓东, 杨茳善. 中国空间[M]. 北京: 中国建筑工业出版社, 2007.

[14] 冯俊杰. 山西神庙剧场考[M]. 北京: 中华书局, 2006.